# 传感器原理及应用电路设计

主　编◎陈书旺　宋立军　许云峰

北京邮电大学出版社
www.buptpress.com

## 内 容 简 介

本书重点介绍了传感器在不同被测对象中的工作原理及应用电路。全书共分9章，主要内容为：传感器的基础知识，温度、压力、物位、厚度、位移、转速、磁场、气体、声音及味觉的检测方法，传感器在智慧城市中的应用等。全书除介绍传感器原理外，还附有实际应用电路图或应用设计原理图，突出了传感器在实际中的应用介绍。

本书题材新颖，内容丰富，可作为电子信息工程、电气工程与自动化、电子科学与技术、测试计量技术及仪器、物联网技术等专业的高等院校教材，也可为相关行业的技术人员提供实际参考例证。

**图书在版编目（CIP）数据**

传感器原理及应用电路设计 / 陈书旺，宋立军，许云峰主编. --北京 ：北京邮电大学出版社，2015.11
ISBN 978-7-5635-4545-2

Ⅰ.①传… Ⅱ.①陈… ②宋… ③许… Ⅲ.①传感器－电路设计 Ⅳ.①TP212

中国版本图书馆 CIP 数据核字（2015）第 236763 号

---

**书　　名**：传感器原理及应用电路设计
**主　　编**：陈书旺　宋立军　许云峰
**责任编辑**：刘春棠
**出版发行**：北京邮电大学出版社
**社　　址**：北京市海淀区西土城路10号（邮编：100876）
**发 行 部**：电话：010-62282185　传真：010-62283578
**E-mail**：publish@bupt.edu.cn
**经　　销**：各地新华书店
**印　　刷**：北京源海印刷有限责任公司
**开　　本**：787 mm×1 092 mm　1/16
**印　　张**：13.25
**字　　数**：313千字
**印　　数**：1—2 000册
**版　　次**：2015年11月第1版　2015年11月第1次印刷

---

ISBN 978-7-5635-4545-2　　　　定　价：28.00元

**· 如有印装质量问题，请与北京邮电大学出版社发行部联系 ·**

# 前　　言

传感器是信息采集的重要工具，它作为信息获取和信息转换的重要手段，是实现信息化的基础之一。以传感器为核心的检测系统已被广泛应用于工业、农业、国防和科研等领域。

本书主要介绍了传感器原理及其在实际中的应用电路设计。全书共分9章：第1章介绍了传感器的基础知识、测量过程及误差分析，包括传感器的基本特性和测量的基本概念；第2章介绍了温度检测的方法，包括膨胀式温度计、热电阻、热电偶等接触式测温以及红外线等非接触式测温方法；第3章介绍了压力的测量方法，包括应变式传感器、压电传感器、电容传感器等；第4章介绍了物位及厚度检测，包括超声波传感器、涡流传感器等；第5章介绍了位移及转速检测，包括电感传感器、电位器式传感器、光电传感器等；第6章介绍了磁场检测，包括霍尔传感器、磁敏元件等；第7章介绍了气体、声音及味觉检测，包括气敏传感器、声音传感器、电子舌等；第8章介绍了传感器在智慧城市中的应用；第9章给出了本课程基于传感器实验台的一些主要实验。全书除介绍传感器原理外，均附有实际应用电路图或应用设计原理图，突出了传感器在实际中的应用介绍。

本书具有以下特点。

(1) 根据当前生产生活及科研应用的实际情况，从基本物理概念入手，按测量对象分章节进行讲述，重点突出，针对性强。

(2) 检测的方法种类较多，应用领域广阔。

(3) 信息量大，知识面宽，便于读者灵活运用。对于不同类型的检测对象，均提供了几种不同类型的传感器以供选择，实用性强。

(4) 加强了实际应用电路的分析，能够使学生们更好地在分析实际电路的基础上理解并巩固理论知识。

本书题材新颖，内容丰富，深入浅出，具有科学性、先进性和很高的实用价值，在介绍常见传感器的基本原理的基础上，从设计及应用电路出发，介绍了许多实际应用电路实例，可作为电子信息工程、电气工程与自动化、电子科学与技术、测试计量技术及仪器、物联网技术等专业的高等院校教材。推荐理论课时为48学时，实验课时为8学时，可根据不同专业的实际情况进行增减。本书也可为相关行业的技术人员提供实际参考例证。

本书由陈书旺、宋立军、许云峰任主编，负责全书的内容策划、章节安排、文稿组织及审核修订工作。其中，陈书旺、王书海、张英、孙涛、郭靖、曹磊编写了第14章，宋立军、田园园、赵亚楠、路明洋、李岳山编写了第57章，许云峰、张晓文、田峰、景丽编写了第8、9章。

由于作者水平有限，书中难免存在缺点和不足之处，恳请读者批评指正。

**编　者**

# 目　　录

# 第1章　传感器的基础知识

## 1.1　概　　述

### 1.1.1　传感器的概念

国家标准GB/T 7666—2005对传感器(Transducer/Sensor)下的定义是:“能感受规定的被测量并按照一定的规律转换成可用信号的器件或装置,通常由敏感元件和转换元件组成”。传感器是一种检测装置,能感受到被测量的信息,并且能将感受到的信息按一定规律变换成电信号或其他形式的信息输出,以满足信息的传输、处理、存储、显示、记录和控制等要求。它是实现自动检测和自动控制的首要环节。

国际电工委员会(IEC)对传感器的定义为:传感器是测量系统中的一种前置部件,它将输入变量转换成可供测量的信号。

《韦式新国标词典》中对传感器的定义为:“从一个系统接受功率,通常以另一种形式将功率送到第二个系统中的器件”。根据这个定义,传感器的作用是将一种能量形式转换成另一种能量形式,所以不少学者也用“换能器(Transducer)”来称呼“传感器(Sensor)”。

在有些学科领域,传感器又称为敏感元件、检测器、转换器等。这些不同提法反映了在不同的技术领域中,只是根据器件用途对同一类型的器件使用着不同的技术术语而已。在电子技术领域,常把能感受信号的电子元件称为敏感元件,如热敏元件、磁敏元件、光敏元件及气敏元件等;在超声波技术中则强调的是能量的转换,如压电式换能器。这些提法在含义上有些狭窄,而传感器一词是使用最为广泛而概括的用语。广义地说,传感器是一种能把物理量或化学量转变成便于利用的电信号的器件。

### 1.1.2　传感器的组成

传感器的输出信号通常是电量,它便于传输、转换、处理、显示等。电量有很多形式,如电压、电流、电容、电阻等,输出信号的形式由传感器的原理确定。

通常传感器由敏感元件和转换元件组成。其中,敏感元件是指传感器中能直接感受或响应被测量的部分;转换元件是指传感器中将敏感元件感受或响应的被测量转换成适于传输或测量的电信号的部分。由于传感器的输出信号一般都很微弱,因此需要有信号调理与转换电路对其进行放大、运算、调制等。随着半导体器件与集成技术在传感器中的应用，传感器的信号调理与转换电路可以安装在传感器的壳体里或与敏感元件一起集成在同一芯片上。此外，信号调理转换电路以及传感器工作必须有辅助的电源，因此信号调理转换电路以及所需的电源都应作为传感器组成的一部分。传感器的组成框图如图 1.1.1 所示。

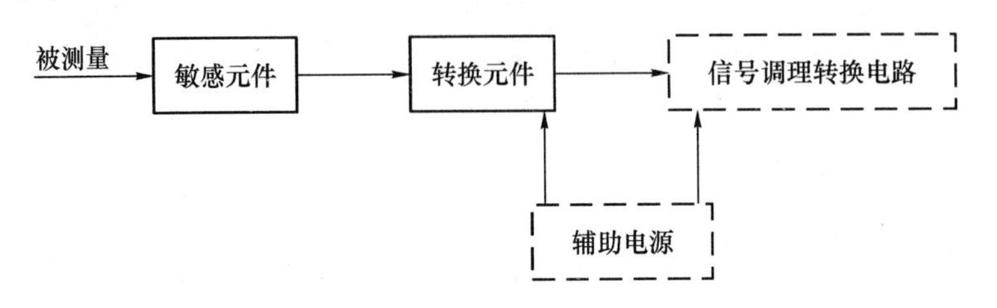


图 1.1.1　传感器的组成框图

敏感元件与转换元件之间并无严格的界限。例如，热电偶传感器直接将被测温度转换成热电势输出，热电偶既是敏感元件，又是转换元件，也不需要信号调理电路。

有些传感器由敏感元件和转换元件组成。例如，电感式压力传感器由膜盒和电感线圈组成，膜盒是敏感元件，电感线圈是转换元件，如图 1.1.2 所示。

有些传感器的敏感元件不止一个。例如，应变式密度传感器中，浮子先将被测液体的密度转换成浮力变化，浮力作用在悬臂梁上使梁产生变形，粘贴在悬臂梁上的电阻应变片再将梁的变形转换成电阻量变化，如图 1.1.3 所示。

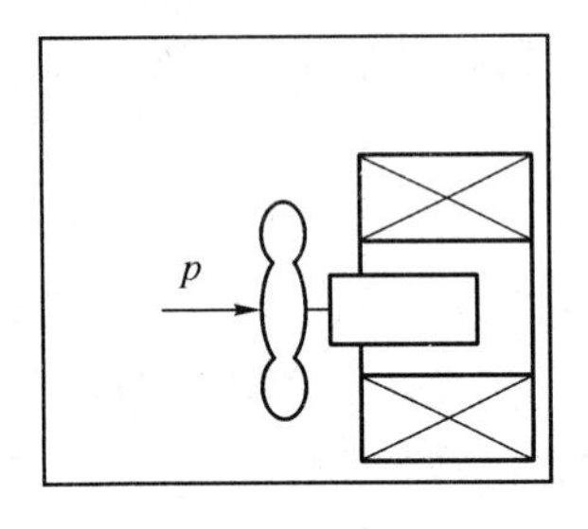


图 1.1.2　电感式压力传感器

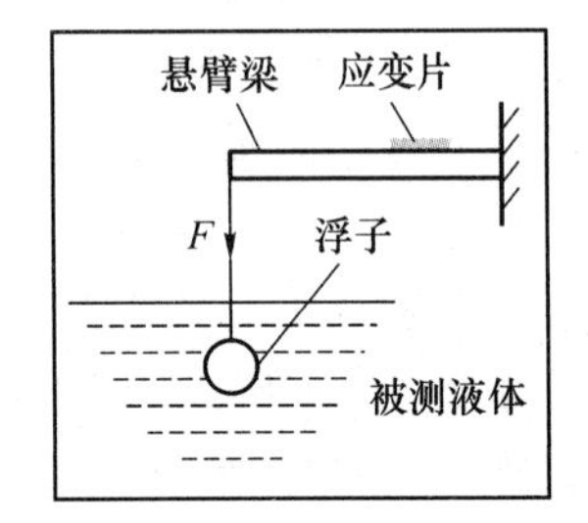


图 1.1.3　应变式密度传感器

### 1.1.3　传感器的分类

传感器按照其用途分类，有：压敏和力敏传感器、位置传感器、液面传感器、能耗传感器、速度传感器、加速度传感器、辐射传感器、温度传感器、雷达传感器等。

传感器按照其工作原理分类，有：电阻、电容、电感传感器，湿敏、磁敏、气敏、光敏、热敏传感器，真空度、压电、流量传感器等。

传感器按照其输出信号分类，有：模拟传感器（将被测量的非电学量转换成模拟电信号）、数字传感器（将被测量的非电学量转换成数字输出信号（包括直接和间接转换））、开关传感器（当一个被测量的信号达到某个特定的阈值时，传感器相应地输出一个设定的低电平或高电平信号）。

# 1.2 测量方法

## 1.2.1 测量概论

在科学技术高度发达的今天，人类已进入瞬息万变的信息时代。人们在从事工业生产和科学实验等活动中，主要依靠对信息资源的开发、获取、传输和处理。传感器处于研究对象与测控系统的接口位置，是感知、获取与检测信息的窗口。一切科学实验和生产过程中，特别是自动检测和自动控制系统中要获取的信息，都要通过传感器转换为容易传输与处理的电信号。

在工程实践和科学实验中提出的检测任务是正确及时地掌握各种信息，大多数情况下是要获取被测对象信息的大小，即被测量的大小。这样，信息采集的主要含义就是测量，取得测量数据。

"测量系统"这一概念是传感技术发展到一定阶段的产物。在工程中，需要由传感器与多台仪表组合在一起，才能完成信号的检测，这样便形成了测量系统。随着计算机技术及信息处理技术的发展，测量系统所涉及的内容也不断得以充实。

为了更好地了解传感器，需要对测量的基本概念、测量系统的特性、测量误差及数据处理等方面的理论及工程方法进行学习和研究。只有了解和掌握了这些基本理论，才能更有效地完成检测任务。

## 1.2.2 测量的定义

测量是以确定被测量的量值为目的的一系列操作。所以测量也就是将被测量与同种性质的标准量进行比较，确定被测量对标准量的倍数。它可由下式表示：

$$x = nu \tag{1.2.1}$$

或

$$n = \frac{x}{u} \tag{1.2.2}$$

式中，$x$ 为被测量值；$u$ 为测量单位；$n$ 为比值(纯数)，含有测量误差。

由测量所获得的量值叫测量结果。测量结果可用一定的数值表示，也可以用一条曲线或某种图形表示。但无论其表现形式如何，测量结果应包括两部分：比值和测量单位。确切地讲，测量结果还应包括误差部分。

被测量值和比值都是测量过程的信息，这些信息依托于物质才能在空间和时间上进行传递。参数承载了信息而成为信号，选择其中适当的参数作为测量信号。测量过程就是传感器从被测对象获取被测量的信息，建立起测量信号，经过变换、传输、处理，从而获得被测量的量值。

### 1.2.3 测量方法的分类

实现被测量与标准量比较得出比值的方法，称为测量方法。针对不同测量任务进行具体分析以找出切实可行的测量方法，对测量工作是十分重要的。

对于测量方法，从不同角度有不同的分类方法。根据获得测量值的方法可分为直接测量、间接测量和组合测量；根据测量的精度因素情况可分为等精度测量与非等精度测量；根据测量方式可分为偏差式测量、零位式测量与微差式测量；根据被测量变化快慢可分为静态测量与动态测量；根据测量敏感元件是否与被测介质接触可分为接触式测量与非接触式测量；根据测量系统是否向被测对象施加能量可分为主动式测量与被动式测量等。这里简单介绍其中的几种情况。

#### 1. 直接测量、间接测量与组合测量

在使用仪表或传感器进行测量时，对仪表读数不需要经过任何运算就能直接表示测量所需要的结果的测量方法称为直接测量。例如，用磁电式电流表测量电路的某一支路电流，用弹簧管压力表测量压力等，都属于直接测量。直接测量的优点是测量过程简单而又迅速，缺点是测量精度不高。

在使用仪表或传感器进行测量时，首先对与测量有确定函数关系的几个量进行测量，将被测量代入函数关系式，经过计算得到所需要的结果，这种测量称为间接测量。间接测量测量手续较多，花费时间较长，一般用在直接测量不方便或者缺乏直接测量手段的场合。

若被测量必须经过求解联立方程组才能得到最后结果，则称这样的测量为组合测量。组合测量是一种特殊的精密测量方法，操作手续复杂，花费时间长，多用于科学实验或特殊场合。

#### 2. 等精度测量与不等精度测量

用相同的仪器仪表、相同的测量方法、在相同的环境中对同一被测量进行多次重复测量，称为等精度测量。目前，在高校实验室中进行的绝大多数验证性实验常用此种方法。

采用不同精度的测量仪表、不同的测量方法、在环境条件相差很大时对同一被测量进行多次重复测量称为非等精度测量。此方法一般出现在实际工程测量中。

#### 3. 偏差式测量、零位式测量与微差式测量

用仪表指针的位移(即偏差)决定被测量的量值，这种测量方法称为偏差式测量。应用这种方法测量时，仪表刻度事先用标准器具标定。在测量时，输入被测量，按照仪表指针在标尺上的示值决定被测量的数值。这种方法测量过程比较简单、迅速，但测量结果精度较低。

用指零仪表的零位指示检测测量系统的平衡状态，在测量系统平衡时，用已知的标准量决定被测量的量值，这种测量方法称为零位式测量。在测量时，已知标准量直接与被测量相比较，已知量应连续可调。当指零仪表指零时，则表明被测量与已知标准量相等，例如天平、电位差计等。零位式测量的优点是可以获得比较高的测量精度，但测量过程比较复杂，费时较长，不适用于测量迅速变化的信号。

微差式测量是综合了偏差式测量与零位式测量的优点而提出的一种测量方法。它将被测量与已知的标准量相比较，取得差值后，再用偏差法测得此差值。应用这种方法测量

时，不需要调整标准量，而只需测量两者的差值。

### 1.2.4　测量系统

测量系统是传感器与测量仪表、变换装置等的有机组合。图 1.2.1 所示为测量系统的原理结构框图。

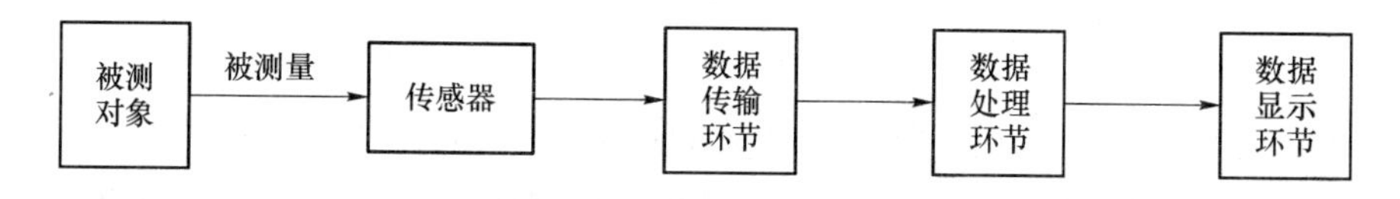


图 1.2.1　测量系统原理结构框图

系统中的传感器是感受被测量的大小并输出相对应的可用输出信号的器件或装置。数据传输环节用来传输数据。当测量系统的几个功能环节独立地分隔开的时候，必须由一个地方向另一个地方传输数据，数据传输环节就是完成这种传输功能。数据处理环节是将传感器输出信号进行处理和变换。如对信号进行放大、运算、线性化、数/模或模/数转换，变成另一种参数的信号或变成某种标准化的统一信号等，使其输出信号便于显示、记录，既可用于自动控制系统，也可与计算机系统连接以便对测量信号进行信息处理。数据显示环节将被测信息变成人的感官能接受的形式，以完成监视、控制或分析的目的。测量结果可以采用模拟显示或者数字显示，也可以由记录装置进行自动记录或由打印机将数据打印出来。

测量系统分为两类，简述如下。

(1) 开环测量系统：全部信息变换只沿着一个方向进行，如图 1.2.2 所示。

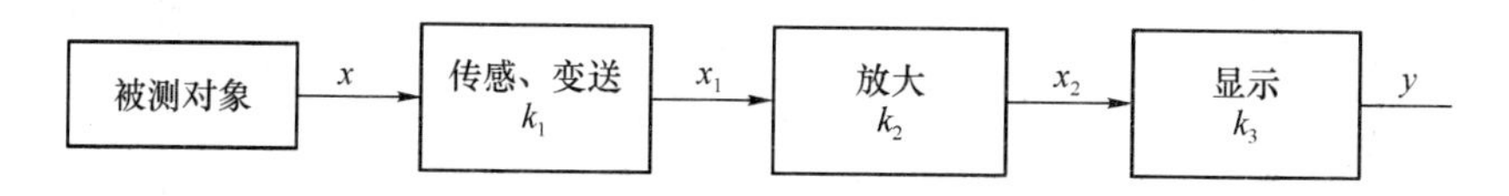


图 1.2.2　开环测量系统框图

其中，$x$ 为输入量，$y$ 为输出量，$k_1$、$k_2$、$k_3$ 为各个环节的传递系数。输入输出关系为

$$y = k_1 k_2 k_3 x \tag{1.2.3}$$

采用开环方式构成的测量系统，结构较简单，但各环节特性的变化都会造成测量误差。

(2) 闭环测量系统：闭环测量系统有两个通道，一个为正向通道，另一个为反馈通道，其结构如图 1.2.3 所示。

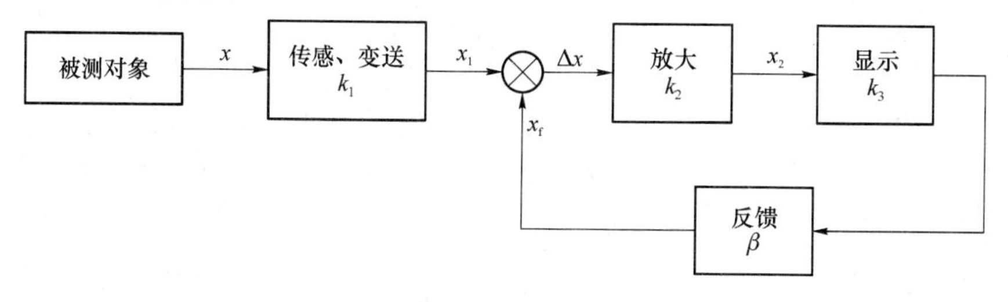


图 1.2.3　闭环测量系统框图

其中，$\Delta x$ 为正向通道的输入量，$\beta$ 为反馈环节的传递系数，正向通道的总传递系数 $k=k_2k_3$。整个系统的输入输出关系由反馈环节的特性决定，放大器等环节特性的变化不会造成测量误差，或者造成的误差很小。

# 1.3 传感器的基本特性

传感器可看作二端口网络，即有一个输入端和一个输出端，如图 1.3.1 所示。

图 1.3.1　二端口网络

输入输出特性是其基本特性，可用静态特性和动态特性来描述。一个高精度的传感器必须有良好的静态特性和动态特性才能完成信号无失真的转换。静态量指常数或变化非常缓慢的量，动态量指周期性变化、瞬态变化或随机变化的量。

## 1.3.1 传感器的静态特性

传感器的静态特性是指被测量的值处于稳定状态时的输出输入关系。只考虑传感器的静态特性时，输入量与输出量之间的关系式中不含有时间变量。尽管可用方程来描述输出输入关系，但传感器静态特性的好坏是用一些指标来衡量的，重要指标有线性度、灵敏度、迟滞和重复性等。

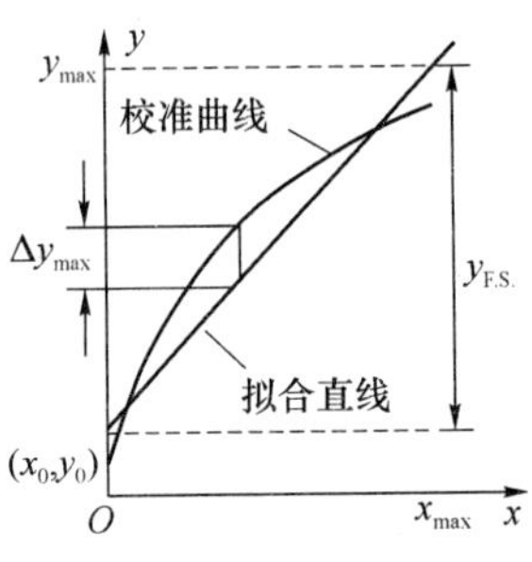


图 1.3.2　线性度

**1. 线性度**

传感器的校准曲线与选定的拟合直线的偏离程度称为传感器的线性度，又称非线性误差，如图 1.3.2 所示。

非线性误差的表达公式如下：

$$e_L = \pm \frac{\Delta y_{max}}{y_{F.S.}} \times 100\% \qquad (1.3.1)$$

可选择拟合直线的方法如图 1.3.3 所示。

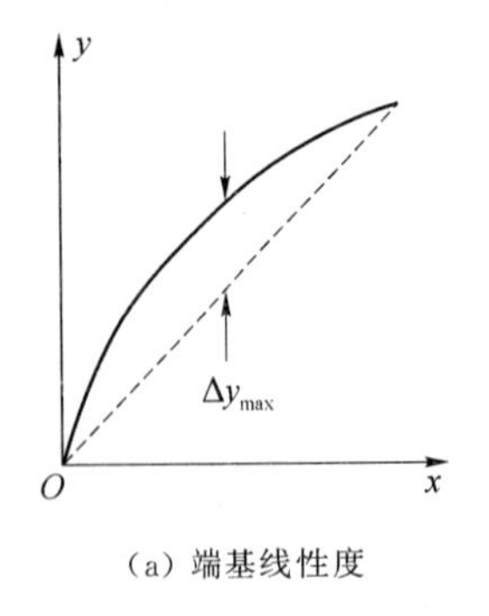


(a) 端基线性度

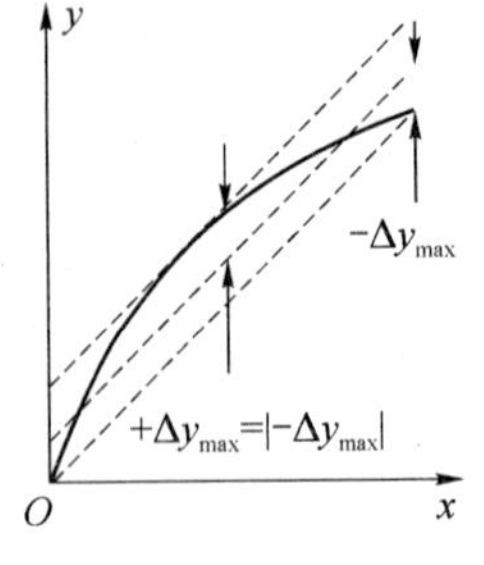


(b) 独立线性度

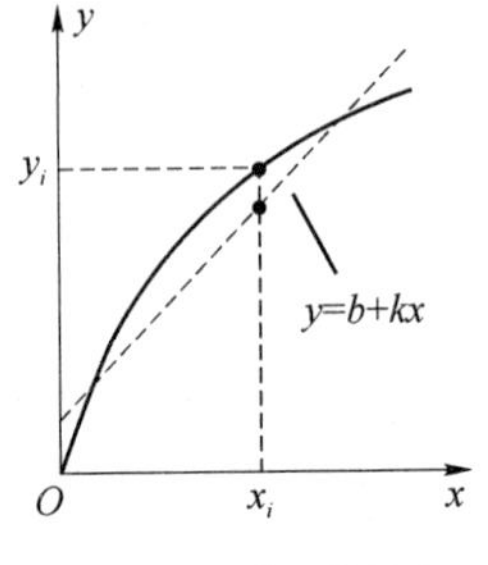


(c) 最小二乘法线性度

图 1.3.3　拟合直线的选取方法

(1) 端点连直线法：对应的线性度称为端基线性度。该方法简单直观，但拟合精度较低，最大正、负偏差不一定相等。

(2) 端点平移直线法：对应的线性度称独立线性度。该方法最大正、负偏差相等。

(3) 最小二乘法直线法：对应的线性度称为最小二乘法线性度。设拟合直线方程为 $y=b+kx$，可按最小二乘法原理，求得最佳 $k$ 和 $b$。

**2. 灵敏度**

灵敏度是指传感器在稳态工作情况下输出改变量与引起此变化的输入改变量之比。常用 $S_n$ 表示灵敏度，其表达式为

$$S_n = \frac{dy}{dx} \tag{1.3.2}$$

对线性传感器，可表示为

$$S_n = \frac{\Delta y}{\Delta x} \tag{1.3.3}$$

甚至可以写成

$$S_n = \frac{y}{x} \tag{1.3.4}$$

有源传感器(能量控制型传感器)的输出与电源有关，其灵敏度表达式中还需要考虑电源的影响。例如，某位移传感器的电源电压为 1 V 时，每 1 mm 的位移变化引起输出电压变化 100 mV，则其灵敏度可表示为 100 mV/(mm・V)。

还可以使用相对灵敏度表示法：

$$S = \frac{\Delta y/y}{\Delta x} \quad 或 \quad S = \frac{\Delta y}{\Delta x/x} \tag{1.3.5}$$

一般希望测试系统的灵敏度在满量程范围内恒定，这样才便于读数。也希望灵敏度较高，这样输出的数值大，便于测量，但灵敏度也并不是越大越好。

**3. 迟滞**

在相同工作条件下作全量程范围校准时，正行程(输入量从小到大)和反行程(输入量从大到小)所得输出输入特性曲线不一定重合，如图 1.3.4 所示。

迟滞特性用来描述这种不重合的程度，迟滞误差表达式如下：

$$e_r = \pm \frac{\Delta y_{max}}{y_{F.S.}} \times 100\% \tag{1.3.6}$$

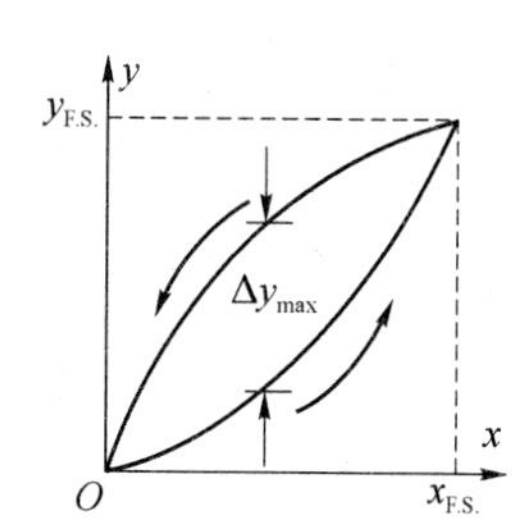

图 1.3.4　迟滞特性

**4. 重复性**

重复性是指在相同工作条件下，输入量按同一方向作全量程多次测试时，所得特性曲线不一致性的程度，如图 1.3.5 所示。

重复性误差的表达式如下：

$$e_h = \pm \frac{\Delta y_{max}}{y_{F.S.}} \times 100\% \tag{1.3.7}$$

重复性误差属随机误差，按标准偏差更合适。标准偏差可按贝塞尔公式计算，也可用极差法计算。

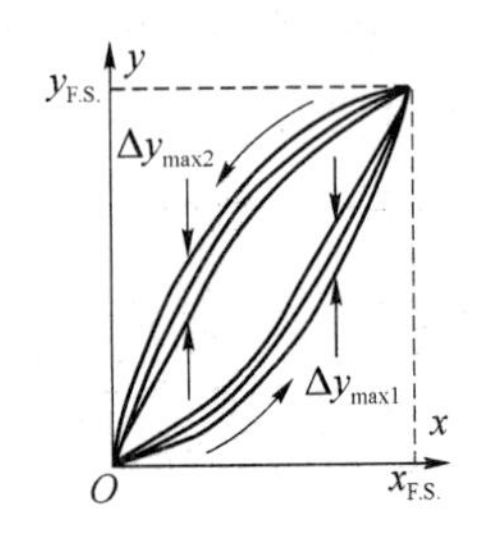

图 1.3.5　重复特性

**5. 阈值和分辨力**

（1）阈值

当传感器的输入从零开始缓慢增加时，只有在达到了某一值后，输出才发生可观测的变化，这个值就是传感器可测出的最小输入量，称为传感器的阈值。

（2）分辨力

当传感器的输入从非零的任意值缓慢增加时，只有在超过某一输入增量后，输出才发生可观测的变化，这个输入增量称为传感器的分辨力。

（3）分辨率

分辨率用分辨力相对于满量程输入值的百分数表示。对于数字式传感器，分辨力是指能引起数字输出的末位数发生改变所对应的输入增量。

**6. 稳定性**

稳定性表示传感器在较长时间内保持其性能参数的能力，故又称长期稳定性。

稳定性可用相对误差或绝对误差表示。表示方式如：__2__个月不超过__5__%满量程输出。有时也采用给出标定的有效期来表示。

**7. 漂移**

漂移是指传感器的被测量不变，而其输出量却发生了不希望有的改变。

漂移可以分为零点漂移、灵敏度漂移、时间漂移（时漂）、温度漂移（温漂）。如图 1.3.6 所示，曲线 1 是标准曲线，曲线 2 是产生漂移的曲线。

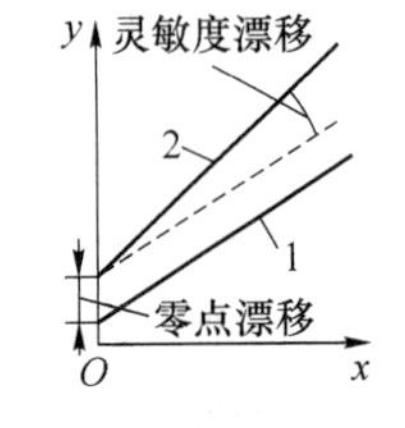

图 1.3.6　传感器漂移

## 1.3.2　传感器的动态特性

当被测量随时间变化时，传感器的输出量也随时间变化，其间的关系要用动态特性来表示。除了具有理想的比例特性外，输出信号将不会与输入信号具有相同的时间函数，这种输出与输入间的差异就是所谓的动态误差。

动态误差除了与传感器的固有因素有关之外，还与传感器输入量的变化形式有关。所以，通常采用最典型、最简单、最易实现的正弦信号和阶跃信号作为标准输入信号，来考察传感器的动态响应。

对于正弦输入信号，传感器的响应称为频率响应或稳态响应；对于阶跃输入信号，则称为阶跃响应或瞬态响应。

**1. 传感器的动态数学模型**

通常把传感器看成一个线性时不变系统，用常系数线性微分方程来描述其输出输入

关系，即

$$a_n \frac{d^n y}{dt^n} + a_{n-1} \frac{d^{n-1} y}{dt^{n-1}} + \cdots + a_1 \frac{dy}{dt} + a_0 y = b_m \frac{d^m x}{dt^m} + b_{m-1} \frac{d^{m-1} x}{dt^{m-1}} + \cdots + b_1 \frac{dx}{dt} + b_0 x \tag{1.3.8}$$

显然，这个方程的求解比较困难，所以常用一些足以反映系统动态特性的函数将系统的输出与输入联系起来。

(1) 传递函数

设 $x(t)$、$y(t)$ 的拉普拉斯变换分别为 $X(s)$、$Y(s)$，对式(1.3.8)两边取拉普拉斯变换，并设初始条件为零，有

$$\begin{aligned} & Y(s)(a_n s^n + a_{n-1} s^{n-1} + \cdots + a_1 s + a_0) \\ = & X(s)(b_m s^m + b_{m-1} s^{m-1} + \cdots + b_1 s + b_0) \end{aligned} \tag{1.3.9}$$

得传递函数 $H(s)$ 为

$$H(s) = \frac{Y(s)}{X(s)} = \frac{b_m s^m + b_{m-1} s^{m-1} + \cdots + b_1 s + b_0}{a_n s^n + a_{n-1} s^{n-1} + \cdots + a_1 s + a_0} \tag{1.3.10}$$

因此，研究一个复杂系统时，只要给系统一个激励 $x(t)$ 并通过实验求得系统的输出 $y(t)$，则由 $H(s) = L[y(t)]/L[x(t)]$ 即可确定系统的特性。

对多环节传感系统，只要弄清各环节之间的关系(串联、并联或反馈)，一般经过简单运算即可由各环节的传递函数求出系统的传递函数。

例如，对于由两个系统串联组成的新系统，如图 1.3.7 所示。其传递函数为

$$H(s) = H_1(s) H_2(s) \tag{1.3.11}$$

而对于由两个系统并联组成的新系统，如图 1.3.8 所示。其传递函数为

$$H(s) = H_1(s) + H_2(s) \tag{1.3.12}$$

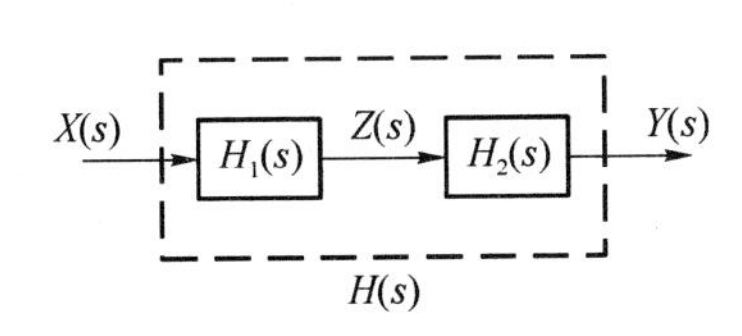


图 1.3.7　串联系统

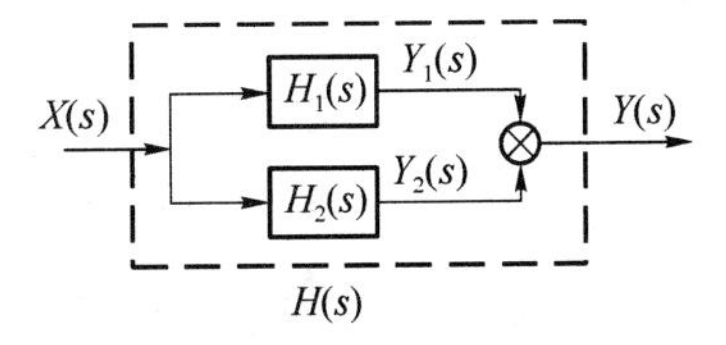


图 1.3.8　并联系统

在大多数情况下，可假设 $b_m = b_{m-1} = \cdots = b_1 = 0$，则传感器的动态数学模型可简化为

$$H(s) = \frac{Y(s)}{X(s)} = \frac{b_0}{a_n s^n + a_{n-1} s^{n-1} + \cdots + a_1 s + a_0} \tag{1.3.13}$$

并可进一步写成

$$H(s) = A \prod_{j=1}^{r} \frac{1}{s^2 + 2\xi_j \omega_{nj} s + \omega_{nj}^2} \prod_{i=1}^{n-2r} \frac{1}{s + p_i} \tag{1.3.14}$$

式中，每一个因子式可看成一个子系统的传递函数。由此可见，一个复杂的高阶系统总可以看成是由若干个零阶、一阶和二阶系统串联而成的。

传递函数的另一种形式是

$$H(s)=\sum_{j=1}^{r}\frac{\alpha_j s+\beta_j}{s^2+2\xi_j\omega_{nj}s+\omega_{nj}^2}+\sum_{i=1}^{n-2r}\frac{q_i}{s+p_i} \tag{1.3.15}$$

上式表示，一个高阶系统也可以看成是由若干个一阶和二阶系统并联而成的。

所以，零阶、一阶和二阶系统的响应是最基本的响应。

（2）频率响应函数

对于稳定系统，令 $s=\mathrm{j}\omega$，得

$$\begin{aligned}H(\mathrm{j}\omega)&=\frac{Y(\mathrm{j}\omega)}{X(\mathrm{j}\omega)}\\&=\frac{b_m(\mathrm{j}\omega)^m+b_{m-1}(\mathrm{j}\omega)^{m-1}+\cdots+b_1(\mathrm{j}\omega)+b_0}{a_n(\mathrm{j}\omega)^n+a_{n-1}(\mathrm{j}\omega)^{n-1}+\cdots+a_1(\mathrm{j}\omega)+a_0}\end{aligned} \tag{1.3.16}$$

式中，$H(\mathrm{j}\omega)$为系统的频率响应函数，简称频率响应或频率特性。

将频率响应函数改写为

$$H(\mathrm{j}\omega)=H_R(\omega)+\mathrm{j}H_I(\omega)=A(\omega)\mathrm{e}^{-\mathrm{j}\varphi(\omega)} \tag{1.3.17}$$

其中

$$\begin{cases}A(\omega)=|H(\mathrm{j}\omega)|=\sqrt{[H_R(\omega)]^2+[H_I(\omega)]^2}\\ \varphi(\omega)=-\arctan[H_I(\omega)/H_R(\omega)]\end{cases}$$

$A(\omega)$称为传感器的幅频特性，表示输出与输入幅值之比随频率的变化，也称动态灵敏度。$\mathrm{j}(\omega)$称为传感器的相频特性，表示输出超前输入的角度，通常输出总是滞后于输入，故总是负值。

$H(\mathrm{j}\omega)$与$H(s)$的关系和区别：从形式上看，$H(s)$的$s\to\mathrm{j}\omega$得到$H(\mathrm{j}\omega)$，故$H(\mathrm{j}\omega)$是$H(s)$的一个特例。$H(s)$的输入并不限于正弦激励，它不仅决定了系统的稳态性能，同时也决定了瞬态性能；$H(\mathrm{j}\omega)$是在正弦激励下，系统稳定后的输出与输入之比。

（3）脉冲响应函数

单位脉冲函数$\delta(t)$的拉普拉斯变换为

$$\Delta(s)=L[\delta(t)]=\int_0^{\infty}\delta(t)\mathrm{e}^{-st}\mathrm{d}t=\mathrm{e}^{-st}\big|_{t=0}=1 \tag{1.3.18}$$

故以$\delta(t)$为输入时系统的传递函数为

$$H(s)=Y(s)/\Delta(s)=Y(s) \tag{1.3.19}$$

再对式(1.3.19)两边取拉普拉斯逆变换，并令$L^{-1}[H(s)]=h(t)$，则有

$$h(t)=L^{-1}[H(s)]=L^{-1}[Y(s)]=y_\delta(t) \tag{1.3.20}$$

通常称$h(t)$为系统的脉冲响应函数。

任意输入$x(t)$所引起的响应$y(t)$等于脉冲响应函数$h(t)$与激励$x(t)$的卷积，即

$$\begin{aligned}y(t)&=h(t)*x(t)\\&=\int_0^t h(\tau)x(t-\tau)\mathrm{d}\tau\\&=\int_0^t x(\tau)h(t-\tau)\mathrm{d}\tau\end{aligned} \tag{1.3.21}$$

所以，脉冲响应函数也可以描述系统的动态特性。

**2. 描述传感器动态特性的主要指标**

(1) 时域性能指标

通常在阶跃信号作用下测定传感器动态性能的时域指标，称为阶跃法。传感器在单位阶跃信号作用下的典型过渡过程曲线如图 1.3.9 所示。

① 时间常数 $t$：指输出值上升到稳态值 $y_w$ 的 63%时所需的时间。

② 上升时间 $t_r$：指输出值从稳态值的 10%上升到 90%（或从 5%到 95%）所需的时间。

③ 响应时间 $t_s$：指输出值进入并稳定在稳态值的允许误差带（通常为稳态值的−5%～+5% 或−2%～+2%）内所需的时间。

④ 过调量 $\sigma$：指输出值超出稳态值的最大量，常用相对于稳态值的百分比表示。

(2) 频域性能指标

通常在正弦信号作用下测定传感器动态性能的频域指标，称为频率法。典型的传感器幅频特性曲线如图 1.3.10 所示。

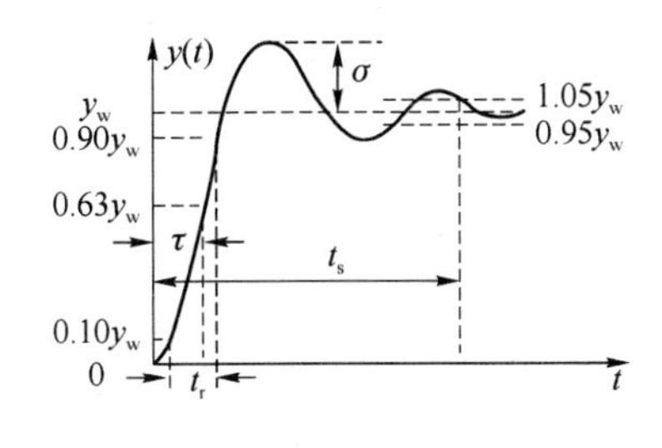


图 1.3.9　阶跃曲线

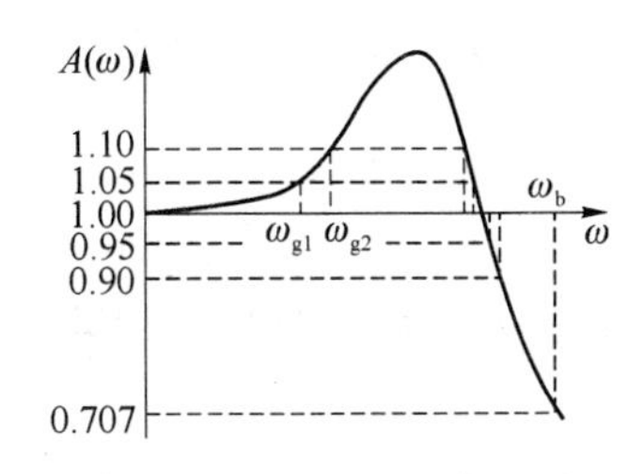


图 1.3.10　幅频曲线

① 通频带 $\omega_b$：指在对数幅频特性曲线上幅值衰减 3 dB 时所对应的频率范围。

② 工作频带 $\omega_{g1}$ 或 $\omega_{g2}$：指幅值误差在±5%或±10%之间时所对应的频率范围，但谐振峰右边一段很少用。

③ 相位误差：指在工作频带内，传感器的实际输出与理想的无失真输出之间的相位差。

**3. 传感器的动态响应**

(1) 零阶传感器

例如，图 1.3.11 所示为电位器式位移传感器。

其微分方程形式为

$$a_0 y(t) = b_0 x(t) \tag{1.3.22}$$

或写成

$$y = S_n x \tag{1.3.23}$$

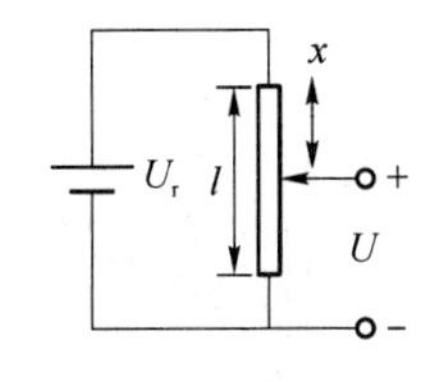


图 1.3.11　电位器式位移传感器

可见，对零阶传感器，无幅值失真和相位失真问题。

对零阶传感器，若输入为单位阶跃函数，则输出也为阶跃函数，如图 1.3.12 所示。

输入、输出的公式如下：

$$x(t)=\begin{cases}0 & t\leqslant 0\\ 1 & t>0\end{cases} \tag{1.3.24}$$

$$y(t)=\begin{cases}0 & t\leqslant 0\\ S_n & t>0\end{cases} \tag{1.3.25}$$

对于式(1.3.26)、式(1.3.27)所示的输入输出信号，零阶传感器的幅频特性和相频特性如图 1.3.13 所示。

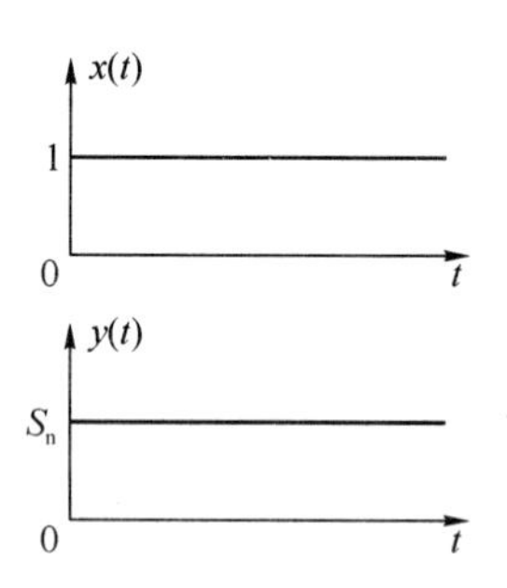


图 1.3.12　零阶传感器的输入输出信号

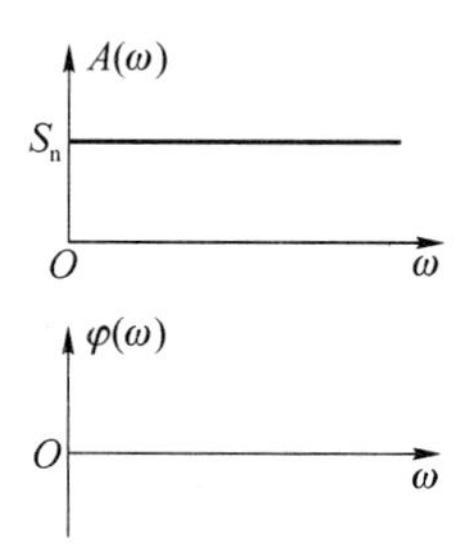


图 1.3.13　零阶传感器的幅频、相频特性

$$x=\sin\omega t \tag{1.3.26}$$

$$y=S_n\sin\omega t \tag{1.3.27}$$

零阶传感器的幅频特性和相频特性如下：

$$A(\omega)=S_n \tag{1.3.28}$$

$$\varphi(\omega)=0 \tag{1.3.29}$$

(2) 一阶传感器

一阶传感器的微分方程为

$$a_1\frac{\mathrm{d}y(t)}{\mathrm{d}t}+a_0y(t)=b_0x(t) \tag{1.3.30}$$

令时间常数 $t=a_1/a_0$，$S_n=b_0/a_0=1$（称为归一化）。对任意传感器，根据灵敏度的定义，$b_0/a_0$ 总是表示灵敏度的。由于线性传感器灵敏度为常数，动态分析中只起着使输出扩大 $S_n$ 倍的作用，因此为了方便，讨论任意阶传感器时，都将灵敏度归一化为 1。

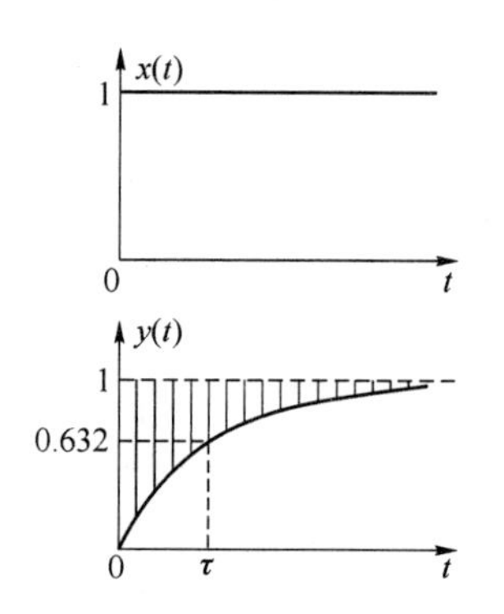


图 1.3.14　一阶传感器的阶跃响应

归一化后

$$\tau\frac{\mathrm{d}y(t)}{\mathrm{d}t}+y(t)=x(t) \tag{1.3.31}$$

显然

$$H(s)=\frac{1}{\tau s+1} \tag{1.3.32}$$

一阶传感器的单位阶跃响应如图 1.3.14 所示（阴影即动态误差），可表示为

$$y(t)=1-\mathrm{e}^{-t/\tau} \tag{1.3.33}$$

当 $t=\tau$ 时；相对误差为 36.8%；$t=5\tau$ 时，相对误

差为 0.07%。

对一阶传感器，有

$$H(\mathrm{j}\omega)=\frac{1}{\mathrm{j}\omega\tau+1} \tag{1.3.34}$$

幅频特性和相频特性分别为

$$A(\omega)=\frac{1}{\sqrt{1+(\omega\tau)^2}} \tag{1.3.35}$$

$$\varphi(\omega)=-\arctan(\omega\tau) \tag{1.3.36}$$

当 $\omega\tau \ll 1$ 时，有 $A(\omega)\approx 1$，$\varphi(\omega)\approx -\omega\tau$，表明传感器的输出与输入呈线性关系，且相位差也很小，输出能比较真实地反映输入的变化。因此，减小 $\tau$ 可改善传感器的频率特性。

一阶传感器的频率特性如图 1.3.15 所示。

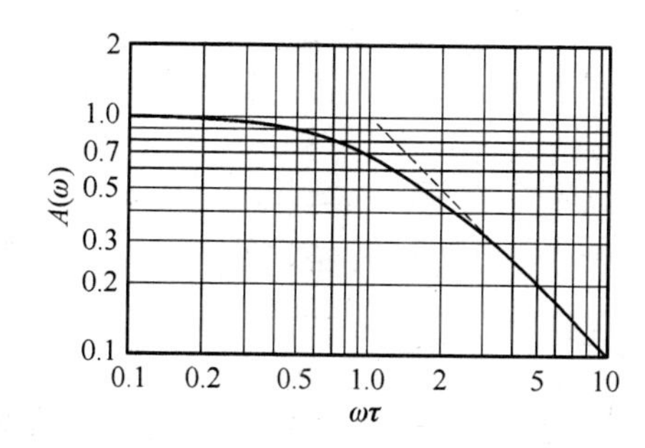


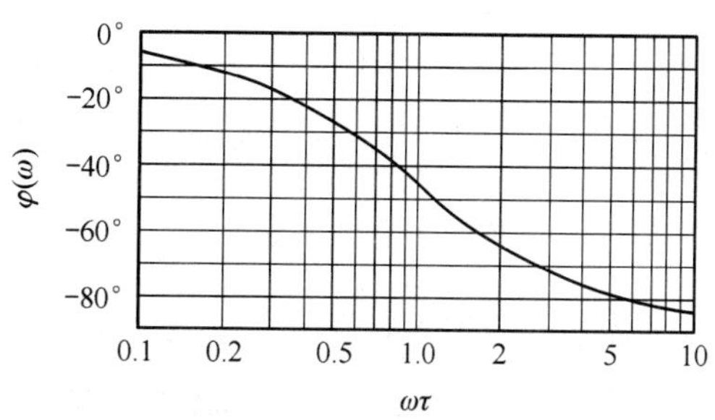


图 1.3.15　一阶传感器的频率特性

对一阶传感器，若输入正弦信号

$$x(t)=\sin\omega t \tag{1.3.37}$$

则

$$y(t)=\frac{\omega}{\tau}\frac{1}{(1/\tau)^2+\omega^2}\mathrm{e}^{-\frac{t}{\tau}}+\sqrt{\frac{1}{1+(\omega\tau)^2}}\sin(\omega t+\varphi) \tag{1.3.38}$$

$y(t)$包括瞬态响应成分和稳态响应成分。

(3) 二阶传感器

二阶传感器的微分方程为

$$\frac{a_2\mathrm{d}^2y}{\mathrm{d}t^2}+\frac{a_1\mathrm{d}y}{\mathrm{d}t}+a_0y=b_0x \tag{1.3.39}$$

归一化后令时间常数 $\tau=\sqrt{\dfrac{a_2}{a_0}}$，阻尼系数 $\xi=\dfrac{a_1}{2\sqrt{a_0a_2}}$，有

$$\frac{\tau^2\mathrm{d}^2y}{\mathrm{d}t^2}+\frac{2\xi\tau\mathrm{d}y}{\mathrm{d}t}+y=x \tag{1.3.40}$$

再令 $\omega_0=1/\tau=\sqrt{\dfrac{a_0}{a_2}}$，称为系统的固有频率，得

$$H(s)=\frac{\omega_0^2}{s^2+2\xi\omega_0s+\omega_0^2} \tag{1.3.41}$$

对于二阶传感器，当输入为单位阶跃信号时，设初始条件为零，则其阶跃响应如图 1.3.16所示，根据阻尼比 $\xi$ 的大小可分为三种情况。

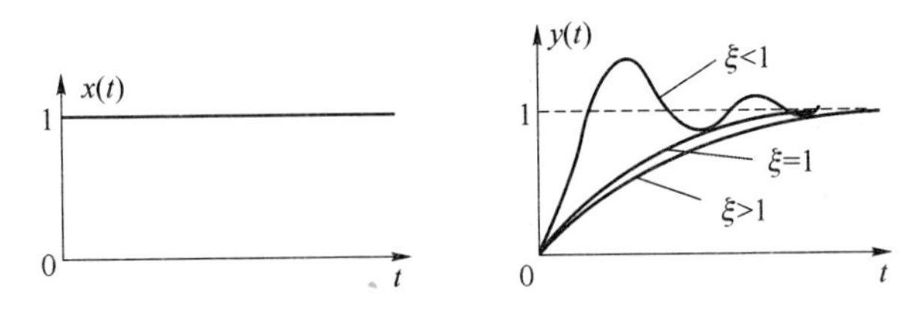


图 1.3.16　二阶传感器的阶跃响应

① $\xi>1$，称为过阻尼，阶跃响应为

$$y(t)=1-\frac{\xi+\sqrt{\xi^2-1}}{2\sqrt{\xi^2-1}}e^{(-\xi+\sqrt{\xi^2-1})\omega_0 t}+\frac{\xi-\sqrt{\xi^2-1}}{2\sqrt{\xi^2-1}}e^{(-\xi-\sqrt{\xi^2-1})\omega_0 t} \tag{1.3.42}$$

② $\xi=1$，称为临界阻尼，阶跃响应为

$$y(t)=1-(1+\omega_0 t)e^{-\omega_0 t} \tag{1.3.43}$$

③ $\xi<1$，称为欠阻尼，阶跃响应为

$$y(t)=1-\frac{e^{-\xi\omega_0 t}}{\sqrt{1-\xi^2}}\sin\left(\sqrt{1-\xi^2}\,\omega_0 t+\arctan\frac{\sqrt{1-\xi^2}}{\xi}\right) \tag{1.3.44}$$

二阶传感器的频率响应函数、幅频特性、相频特性分别为

$$H(j\omega)=\frac{1}{1-\left(\frac{\omega}{\omega_0}\right)^2+2j\xi\frac{\omega}{\omega_0}} \tag{1.3.45}$$

$$A(\omega)=\frac{1}{\sqrt{\left[1-\left(\frac{\omega}{\omega_0}\right)^2\right]^2+\left(2\xi\frac{\omega}{\omega_0}\right)^2}} \tag{1.3.46}$$

$$\varphi(\omega)=-\arctan\frac{2\xi\frac{\omega}{\omega_0}}{1-\left(\frac{\omega}{\omega_0}\right)^2} \tag{1.3.47}$$

二阶传感器的幅频特性和相频特性曲线如图 1.3.17 所示。

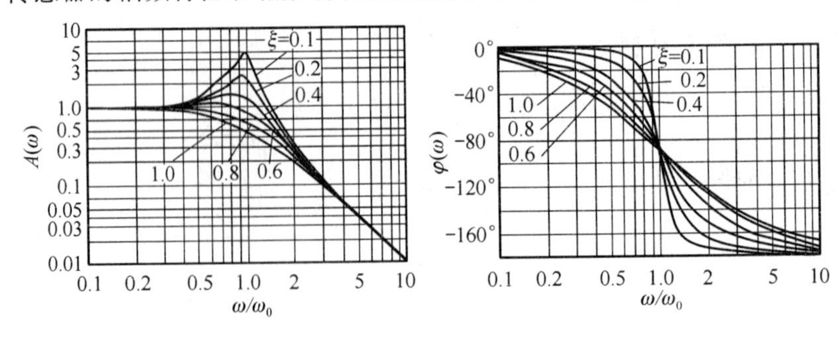


图 1.3.17　二阶传感器的幅频、相频特性

当 $\xi=0$，$\omega=\omega_0$ 时，$A(\omega)$ 趋于无穷大，其结果是使输出信号的波形严重失真。

随着 $\xi$ 的增加，谐振现象逐渐不明显。当 $\xi>0.707$ 时，不再出现谐振现象，这时 $A(\omega)$

随 $\omega$ 的增加而单调下降。

$\xi$ 为0.6～0.7时，无失真范围大，为最佳阻尼。

当 $\omega \ll \omega_0$ 时，$A(\omega) \approx 1$，幅频特性平直，且 $\varphi(\omega)$ 很小。这时传感器的输出能较好地再现输入波形。实际中一般当 $\xi < 1$ 时，即可近似满足上述要求。

当 $\omega \gg \omega_0$ 时，$A(\omega) \approx 0$，即当激励频率远高于传感器的固有频率时，传感器无响应。

为了减小动态误差和扩大频率响应范围，一般是提高传感器的固有频率 $\omega_0$，而 $\omega_0$ 与传感器运动部件的质量 $m$ 及弹性敏感元件的刚度 $k$ 有关，即 $\omega_0 = (k/m)/2$。增大 $k$ 和减小 $m$ 均可提高 $\omega_0$，但 $k$ 增加，会使传感器灵敏度降低。所以，应综合各种因素来确定传感器的各个特征参数。

# 1.4 误差分析

## 1.4.1 测量误差

测量的目的是希望通过测量获取被测量的真实值。但种种原因，例如传感器本身性能不十分优良、测量方法不十分完善、外界干扰的影响等，都会造成被测参数的测量值与真实值不一致，两者不一致的程度用测量误差来表示。

测量误差就是测量值与真实值之间的差值，它反映了测量质量的好坏。

测量的可靠性至关重要，不同场合对测量结果可靠性的要求也不同。例如，在量值传递、经济核算、产品检验等场合，应保证测量结果有足够的准确度。当测量值用作控制信号时，则要注意测量的稳定性和可靠性。因此，测量结果的准确程度应与测量的目的与要求相联系、相适应，那种不惜工本、不顾场合，一味追求越准越好的做法是不可取的，要有技术与经济兼顾的意识。

**1. 测量误差的表示方法**

(1) 绝对误差

绝对误差可用下式定义：

$$\Delta = x - L \tag{1.4.1}$$

式中，$\Delta$ 为绝对误差；$x$ 为测量值；$L$ 为真实值。

对测量值进行修正时，要用到绝对误差。修正值是与绝对误差大小相等、符号相反的值。实际值等于测量值加上修正值。

单独采用绝对误差表示测量误差时，不能很好地说明测量质量的好坏。例如，在温度测量时，绝对误差 $\Delta = 1$ ℃，这对于体温测量来说是不允许的，而对测量钢水温度来说却是一个很好的测量结果。

(2) 相对误差

相对误差的定义由下式给出：

$$\delta = \frac{\Delta}{L} \times 100\% \tag{1.4.2}$$

式中，$\delta$ 为相对误差，一般用百分数给出；$\Delta$ 为绝对误差；$L$ 为真实值。

由于被测量的真实值 $L$ 无法确定，实际测量时用测量值 $x$ 代替真实值 $L$ 进行计算，这个相对误差称为标称相对误差，即

$$\xi = \frac{\Delta}{x} \times 100\% \tag{1.4.3}$$

(3) 引用误差

引用误差是仪表中通用的一种误差表示方法。它是相对仪表满量程的一种误差，一般也用百分数表示，即

$$\gamma = \frac{\Delta}{\text{测量范围上限} - \text{测量范围下限}} \times 100\% \tag{1.4.4}$$

式中，$\gamma$ 为引用误差；$\Delta$ 为绝对误差。

仪表精度等级是根据引用误差来确定的。例如，0.5 级仪表的引用误差的最大值不超过±0.5%，1.0 级仪表的引用误差的最大值不超过±1%。

在使用仪表和传感器时，经常也会遇到基本误差和附加误差两个概念。

(4) 基本误差

基本误差是指仪表在规定的标准条件下所具有的误差。例如，仪表是在电源电压(220±5)V、电网频率(50±2)Hz、环境温度(20±5)℃、湿度(65±5)%的条件下标定的。如果这台仪表在这个条件下工作，则仪表所具有的误差为基本误差。测量仪表的精度等级就是由基本误差决定的。

(5) 附加误差

附加误差是指当仪表的使用条件偏离额定条件时出现的误差，例如，温度附加误差、频率附加误差、电源电压波动附加误差等。

**2. 误差的性质**

根据测量数据中的误差所呈现的规律，将误差分为三种，即系统误差、随机误差和粗大误差。这种分类方法便于测量数据处理。

(1) 系统误差

对同一被测量进行多次重复测量时，如果误差按照一定的规律出现，则把这种误差称为系统误差，例如，标准量值的不准确及仪表刻度的不准确而引起的误差。

(2) 随机误差

对同一被测量进行多次重复测量时，绝对值和符号不可预知地随机变化，但就误差的总体而言，具有一定的统计规律性的误差称为随机误差。

引起随机误差的原因是很多难以掌握或暂时未能掌握的微小因素，一般无法控制。对于随机误差不能用简单的修正值来修正，只能用概率和数理统计的方法去计算它出现的可能性的大小。

(3) 粗大误差

明显偏离测量结果的误差称为粗大误差，又称疏忽误差。这类误差是由于测量者疏忽大意或环境条件的突然变化而引起的。对于粗大误差，首先应设法判断是否存在，然后将其剔除。

### 1.4.2　测量数据的估计和处理

从工程测量实践可知，测量数据中含有系统误差和随机误差，有时还会含有粗大误差。它们的性质不同，对测量结果的影响及处理方法也不同。在测量中，对测量数据进行处理时，首先判断测量数据中是否含有粗大误差，如果有粗大误差则必须加以剔除。再看数据中是否存在系统误差，对系统误差可设法消除或加以修正。对排除了系统误差和粗大误差的测量数据，则利用随机误差性质进行处理。总之，对于不同情况的测量数据，首先要加以分析研究，判断情况，分别处理，再经综合整理以得出合乎科学性的结果。

**1. 随机误差的统计处理**

在测量中，当系统误差已设法消除或减小到可以忽略的程度时，如果测量数据仍有不稳定的现象，说明存在随机误差。在等精度测量情况下，得 $n$ 个测量值 $x_1, x_2, \cdots, x_n$，设只含有随机误差 $\delta_1, \delta_2, \cdots, \delta_n$。这组测量值或随机误差都是随机事件，可以用概率数理统计的方法来研究。随机误差的处理任务是从随机数据中求出最接近真值的值（或称真值的最佳估计值），对数据精密度的高低（或称可信赖的程度）进行评定并给出测量结果。

（1）随机误差的正态分布曲线

在大多数情况下，当测量次数足够多时，测量过程中产生的误差服从正态分布规律。分布密度函数为

$$y = f(x) = \frac{1}{\sigma\sqrt{2\pi}} e^{-\frac{(x-L)^2}{2\sigma^2}} \tag{1.4.5}$$

式中，$y$ 为概率密度；$x$ 为测量值（随机变量）；$\sigma$ 为均方根偏差（标准误差）；$L$ 为真值（随机变量 $x$ 的数学期望）。

正态分布方程式的关系曲线为一条钟形的曲线，如图 1.4.1 所示。随机变量在 $x=L$ 处的附近区域内具有最大概率。

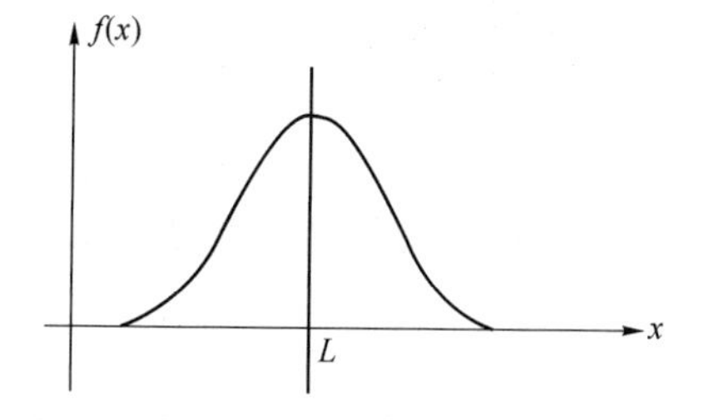

图 1.4.1　正态分布曲线

测量实践表明，随机误差具有以下特征。

① 绝对值小的随机误差出现的概率大于绝对值大的随机误差出现的概率。

② 随机误差的绝对值不会超出一定界限。

③ 测量次数 $n$ 很大时，绝对值相等、符号相反的随机误差出现的概率相等。

由特征③不难推出，当 $n\to\infty$ 时，随机误差的代数和趋近于零。

随机误差的上述三个特征说明，其分布实际上是单一峰值的和有界限的，且当测量次数无穷增加时，这类误差还具有对称性（即抵偿性）。

（2）正态分布的随机误差的数字特征

在实际测量时，真值 $L$ 不可能得到。但如果随机误差服从正态分布，则在算术平均值处的随机误差的概率密度最大。对被测量进行等精度的 $n$ 次测量，得 $n$ 个测量值 $x_1$，$x_2, \cdots, x_n$，它们的算术平均值为

$$\bar{x}=\frac{1}{n}(x_1+x_2+\cdots+x_n)=\frac{1}{n}\sum_{i=1}^{n}x_i \tag{1.4.6}$$

算术平均值是测量值中最可信赖的，它可以作为等精度多次测量的结果。

算术平均值是反映随机误差的分布中心，而均方根偏差则反映随机误差的分布范围。均方根偏差越大，测量数据的分散范围也越大，所以均方根偏差 $\sigma$ 可以描述测量数据和测量结果的精度。$\sigma$ 越小，分布曲线越陡峭，说明随机变量的分散性小，测量精度高；反之，$\sigma$ 越大，分布曲线越平坦，随机变量的分散性也大，则精度也低。

均方根偏差 $\sigma$ 可由下式求取：

$$\sigma=\sqrt{\frac{\sum_{i=1}^{n}(x_i-L)^2}{n}}=\sqrt{\frac{\sum_{i=1}^{n}\delta_i^2}{n}} \tag{1.4.7}$$

式中，$x_i$ 为第 $i$ 次测量值。

在实际测量时，由于真值 $L$ 是无法确切知道的，所以可用测量值的算术平均值来代替，各测量值与算术平均值的差值称为残余误差，即

$$v_i=x_i-\bar{x} \tag{1.4.8}$$

用残余误差计算的均方根偏差称为均方根偏差的估计值 $\sigma_s$，即

$$\sigma_s=\sqrt{\frac{\sum_{i=1}^{n}(x_i-\bar{x})^2}{n-1}}=\sqrt{\frac{\sum_{i=1}^{n}v_i^2}{n-1}} \tag{1.4.9}$$

通常在有限次测量时，算术平均值不可能等于被测量的真值 $L$，它也是随机变动的。设对被测量进行 $m$ 组的“多次测量”，各组所得的算术平均值 $\bar{x}_1,\bar{x}_2,\cdots,\bar{x}_m$ 围绕真值 $L$ 有一定的分散性，也是随机变量。算术平均值 $\bar{x}$ 的精度可由算术平均值的均方根偏差 $\sigma_{\bar{x}}$ 来评定。它与 $\sigma_s$ 的关系如下：

$$\sigma_{\bar{x}}=\frac{\sigma_s}{\sqrt{n}} \tag{1.4.10}$$

在任意误差区间$(a,b)$出现的概率为

$$P(a\leqslant v<b)=\frac{1}{\sigma\sqrt{2\pi}}\int_a^b e^{-\frac{v^2}{2\sigma^2}}dv \tag{1.4.11}$$

$\sigma$ 是正态分布的特征参数，误差区间通常表示成 $\sigma$ 的倍数。由于随机误差分布对称性的特点，常取对称的区间，即

$$P_a=P(-t_\sigma\leqslant v\leqslant+t_\sigma)=\frac{1}{\sigma\sqrt{2\pi}}\int_{-t_\sigma}^{+t_\sigma} e^{-\frac{v^2}{2\sigma^2}}dv \tag{1.4.12}$$

式中，$t$ 为置信系数；$P_a$ 为置信概率；$\pm t_\sigma$ 为误差限。

表 1.4.1 给出了几个典型的 $t$ 值及其相应的概率。

**表 1.4.1　$t$ 值及其相应的概率**

| $t$ | 0.674 5 | 1 | 1.96 | 2 | 2.58 | 3 | 4 |
|---|---|---|---|---|---|---|---|
| $P_a$ | 0.5 | 0.682 7 | 0.95 | 0.954 5 | 0.99 | 0.997 3 | 0.999 94 |

从表1.4.1可知，当$t=\pm1$时，$P_a=0.6827$，即测量结果中随机误差出现在$-\sigma\sim+\sigma$范围内的概率为68.27%，而$|v|>\sigma$的概率为31.73%。出现在$-3\sigma\sim+3\sigma$范围内的概率是99.73%，因此可以认为绝对值大于$3\sigma$的误差是不可能出现的，通常把这个误差称为极限误差。按照上面的分析，测量结果可表示为

$$x=\bar{x}\pm\sigma_{\bar{x}}(P_a=0.6827)$$

或

$$x=\bar{x}\pm3\sigma_{\bar{x}}(P_a=0.9973) \tag{1.4.13}$$

**2. 系统误差的通用处理方法**

(1) 从根源上查找系统误差

系统误差是在一定的测量条件下，测量值中含有固定不变或按一定规律变化的误差。系统误差不具有抵偿性，重复测量也难以发现，在工程测量中应特别注意该项误差。

由于系统误差的特殊性，在处理方法上与随机误差完全不同。有效地找出系统误差的根源并减小或消除的关键是如何查找误差根源，这就需要对测量设备、测量对象和测量系统作全面分析，明确其中有无产生明显系统误差的因素，并采取相应措施予以修正或消除。由于具体条件不同，在分析查找误差根源时并无一成不变的方法，这与测量者的经验、水平以及测量技术的发展密切相关。我们可以从以下几个方面进行分析考虑。

① 所用传感器、测量仪表或组成元件是否准确可靠。例如，传感器或仪表灵敏度不足、仪表刻度不准确、变换器或放大器性能不太优良等，由这些引起的误差是常见的误差。

② 测量方法是否完善。如用电压表测量电压时，电压表的内阻对测量结果有影响。

③ 传感器或仪表安装、调整或放置是否正确合理。例如，没有调好仪表水平位置、安装时仪表指针偏心等都会引起误差。

④ 传感器或仪表工作场所的环境条件是否符合规定条件。例如，环境、温度、湿度、气压等的变化也会引起误差。

⑤ 测量者的操作是否正确。例如，读数时的视差、视力疲劳等都会引起系统误差。

(2) 系统误差的发现与判别

发现系统误差一般比较困难，下面只介绍几种发现系统误差的一般方法。

① 实验对比法

这种方法是通过改变产生系统误差的条件从而进行不同条件的测量，以发现系统误差。这种方法适用于发现固定的系统误差。例如，一台测量仪表本身存在固定的系统误差，即使进行多次测量也不能发现，只有用精度更高一级的测量仪表测量，才能发现这台测量仪表的系统误差。

② 残余误差观察法

这种方法是根据测量值的残余误差的大小和符号的变化规律，直接由误差数据或误差曲线图形判断有无变化的系统误差。图1.4.2中把残余误差按测量值先后顺序排列，图(a)的残余误差排列后有递减的变值系统误差；图(b)则可能有周期性系统误差。

③ 准则检查法

已有多种准则供人们检验测量数据中是否含有系统误差。不过这些准则都有一定的

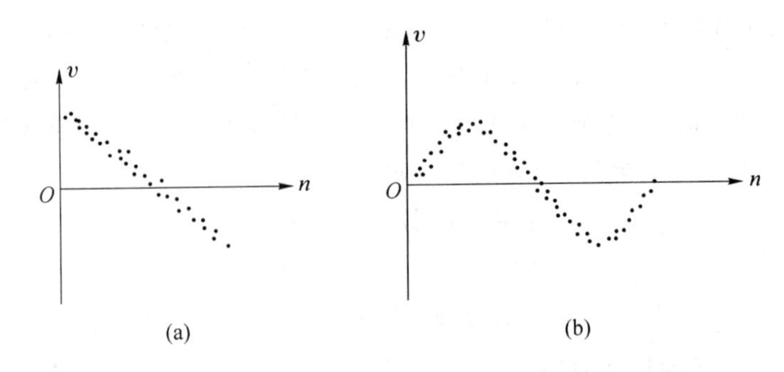


图 1.4.2 残余误差观察法

适用范围。如马利科夫判据是将残余误差前后各半分为两组,若“$\Sigma v_i$ 前”与“$\Sigma v_i$ 后”之差明显不为零,则可能含有线性系统误差。

阿贝检验法则检查残余误差是否偏离正态分布,若偏离,则可能存在变化的系统误差。将测量值的残余误差按测量顺序排列,且设

$$A = V_1^2 + V_2^2 + \cdots + V_n^2$$

$$B = (V_1 - V_2)^2 + (V_2 - V_3)^2 + \cdots + (V_{n-1} - V_n)^2 + (V_n - V_1)^2 \quad (1.4.14)$$

若 $\left|\dfrac{B}{2A} - 1\right| > \dfrac{1}{\sqrt{n}}$,则可能含有变化的系统误差。

(3) 系统误差的消除

① 在测量结果中进行修正

对于已知的系统误差,可以用修正值对测量结果进行修正。对于变值系统误差,设法找出误差的变化规律,用修正公式或修正曲线对测量结果进行修正。对未知的系统误差,则按随机误差进行处理。

② 消除系统误差的根源

在测量之前,仔细检查仪表,正确调整和安装;防止外界干扰影响;选好观测位置,消除视差;选择环境条件比较稳定时进行读数等。

③ 在测量系统中采用补偿措施

找出系统误差的规律,在测量过程中自动消除系统误差。例如,用热电偶测量温度时,热电偶参考端温度变化会引起系统误差,消除此误差的办法之一是在热电偶回路中加一个冷端补偿器,从而进行自动补偿。

④ 实时反馈修正

由于自动化测量技术及微机的应用,可用实时反馈修正的办法来消除复杂的变化系统误差。当查明某种误差因素的变化对测量结果有明显的复杂影响时,应尽可能找出其影响测量结果的函数关系或近似的函数关系。在测量过程中,用传感器将这些误差因素的变化转换成某种物理量形式(一般为电量),及时按照其函数关系,通过计算机算出影响测量结果的误差值,对测量结果进行实时的自动修正。

**3. 粗大误差**

在对重复测量所得一组测量值进行数据处理之前,首先应将具有粗大误差的可疑数

据找出来加以剔除。人们绝对不能凭主观意愿对数据任意进行取舍，而是要有一定的根据。原则就是要看这个可疑值的误差是否仍处于随机误差的范围之内，是则留，不是则弃。因此要对测量数据进行必要的检验。

下面就介绍一下常用的几种准则。

(1) $3\sigma$ 准则

前面已讲到，通常把等于 $3\sigma$ 的误差称为极限误差。$3\sigma$ 准则是指如果一组测量数据中某个测量值的残余误差的绝对值 $|v_i|>3\sigma$，则该测量值为可疑值(坏值)，应剔除。

(2) 肖维勒准则

肖维勒准则以正态分布为前提，假设多次重复测量所得 $n$ 个测量值中，某个测量值的残余误差 $|v_i|>Z_c\sigma$，则剔除此数据。实用中 $Z_c<3$，所以在一定程度上弥补了 $3\sigma$ 准则的不足。肖维勒准则中的 $Z_c$ 值如表 1.4.2 所示。

**表 1.4.2　肖维勒准则中的 $Z_c$ 值**

| $n$ | 3 | 4 | 5 | 6 | 7 | 8 | 9 | 10 | 11 | 12 |
|---|---|---|---|---|---|---|---|---|---|---|
| $Z_c$ | 1.38 | 1.54 | 1.65 | 1.73 | 1.80 | 1.86 | 1.92 | 1.96 | 2.00 | 2.03 |
| $n$ | 13 | 14 | 15 | 16 | 18 | 20 | 25 | 30 | 40 | 50 |
| $Z_c$ | 2.07 | 2.10 | 2.13 | 2.15 | 2.20 | 2.24 | 2.33 | 2.39 | 2.49 | 2.58 |

(3) 格拉布斯准则

某个测量值的残余误差的绝对值 $|v_i|>G\sigma$，则判断此值中含有粗大误差，应予剔除。此即格拉布斯准则。$G$ 值与重复测量次数 $n$ 和置信概率 $P_a$ 有关，如表 1.4.3 所示。

**表 1.4.3　格拉布斯准则中的 $G$ 值**

| 测量次数 $n$ | 置信概率 $P_a$ | | 测量次数 $n$ | 置信概率 $P_a$ | |
|---|---|---|---|---|---|
| | 0.99 | 0.95 | | 0.99 | 0.95 |
| 3 | 1.16 | 1.15 | 11 | 2.48 | 2.23 |
| 4 | 1.49 | 1.46 | 12 | 2.55 | 2.28 |
| 5 | 1.75 | 1.67 | 13 | 2.61 | 2.33 |
| 6 | 1.94 | 1.82 | 14 | 2.66 | 2.37 |
| 7 | 2.10 | 1.94 | 15 | 2.70 | 2.41 |
| 8 | 2.22 | 2.03 | 16 | 2.74 | 2.44 |
| 9 | 2.32 | 2.11 | 18 | 2.82 | 2.50 |
| 10 | 2.41 | 2.18 | 20 | 2.88 | 2.56 |

以上准则是以数据按正态分布为前提的，当偏离正态分布，特别是测量次数很少时，判断的可靠性就差。因此，对粗大误差除用剔除准则外，更重要的是要提高工作人员的技术水平和工作责任心。另外，要保证测量条件稳定，防止因环境条件剧烈变化而产生的突变影响。

**4. 不等精度测量的权与误差**

前面讲述的内容是等精度测量的问题。即多次重复测得的各个测量值具有相同的精度,可用同一个均方根偏差 $\sigma$ 值来表征,或者说具有相同的可信赖程度。

严格说来,绝对的等精度测量是很难保证的,但对条件差别不大的测量,一般都当作等精度测量对待,某些条件的变化,如测量时温度的波动等,只作为误差来考虑。因此,在一般测量实践中,基本上都属等精度测量。

在科学实验或高精度测量中,为了提高测量的可靠性和精度,往往在不同的测量条件下、用不同的测量仪表、不同的测量方法、不同的测量次数以及不同的测量者进行测量与对比,则认为它们是不等精度测量。

(1)“权”的概念

在不等精度测量时,对同一被测量进行 $m$ 组测量,得到 $m$ 组测量列(进行多次测量的一组数据称为一测量列)的测量结果及误差,它们不能同等看待。精度高的测量列具有较高的可靠性,将这种可靠性的大小称为“权”。

“权”可理解为各组测量结果相对的可信赖程度。测量次数多、测量方法完善、测量仪表精度高、测量的环境条件好、测量人员的水平高,则测量结果可靠,其权值也大。权是相比较而存在的,用符号 $p$ 表示,有两种计算方法。

① 用各组测量列的测量次数 $n$ 的比值表示,并取测量次数较小的测量列的权为 1,则有

$$p_1 : p_2 : \cdots : p_m = n_1 : n_2 : \cdots : n_m \tag{1.4.15}$$

② 用各组测量列的误差平方的倒数的比值表示,并取误差较大的测量列的权为 1,则有

$$p_1 : p_2 : \cdots : p_m = \left(\frac{1}{\delta_1}\right)^2 : \left(\frac{1}{\delta_2}\right)^2 : \cdots : \left(\frac{1}{\delta_m}\right)^2 \tag{1.4.16}$$

(2) 加权算术平均值

加权算术平均值不同于一般的算术平均值,应考虑各测量列的权值的情况。若对同一被测量进行 $m$ 组不等精度测量,得到 $m$ 个测量列的算术平均值 $\bar{x}_1, \bar{x}_2, \cdots, \bar{x}_m$,相应各组的权分别为 $p_1, p_2, \cdots, p_m$,则加权平均值可用下式表示:

$$\bar{x} = \frac{\overline{x_1}p_1 + \overline{x_2}p_2 + \cdots + \overline{x_m}p_m}{p_1 + p_2 + \cdots + p_m} = \frac{\sum_{i=1}^{m} \overline{x_i}p_i}{\sum_{i=1}^{m} p_i} \tag{1.4.17}$$

(3) 加权算术平均值的标准误差 $\sigma_{\bar{x}}$

当进一步计算加权算术平均值的标准误差时,也要考虑各测量列的权的情况,标准误差 $\sigma_{\bar{x}}$ 可由下式计算:

$$\sigma_{\bar{x}} = \sqrt{\frac{\sum_{i=1}^{m} p_i v_i^2}{(m-1)\sum_{i=1}^{m} p_i}} \tag{1.4.18}$$

**5. 测量数据处理中的几个问题**

(1) 测量误差的合成

一个测量系统或一个传感器都是由若干部分组成的。设各环节为 $x_1, x_2, \cdots, x_n$，系统总的输入输出关系为 $y=f(x_1, x_2, \cdots, x_n)$，而各部分又都存在测量误差。各局部误差对整个测量系统或传感器测量误差的影响就是误差的合成问题。若已知各环节的误差而求总的误差，叫作误差的合成；反之，总的误差确定后，要确定各环节具有多大误差才能保证总的误差值不超过规定值，这一过程叫作误差的分配。

由于随机误差和系统误差的规律和特点不同，误差的合成与分配的处理方法也不同，下面分别介绍。

① 系统误差的合成

系统总输出与各环节之间的函数关系为 $y=f(x_1, x_2, \cdots, x_n)$，各部分定值系统误差分别为 $\Delta x_1, \Delta x_2, \cdots, \Delta x_n$，因为系统误差一般很小，其误差可用微分来表示，故其合成表达式为

$$\mathrm{d}y = \frac{\partial f}{\partial x_1}\mathrm{d}x_1 + \frac{\partial f}{\partial x_2}\mathrm{d}x_2 + \cdots + \frac{\partial f}{\partial x_n}\mathrm{d}x_n \tag{1.4.19}$$

实际计算误差时，是以各环节的定值系统误差 $\Delta x_1, \Delta x_2, \cdots, \Delta x_n$ 代替上式中的 $\mathrm{d}x_1$，$\mathrm{d}x_2, \cdots, \mathrm{d}x_n$，即

$$\Delta y = \frac{\partial f}{\partial x_1}\Delta x_1 + \frac{\partial f}{\partial x_2}\Delta x_2 + \cdots + \frac{\partial f}{\partial x_n}\Delta x_n \tag{1.4.20}$$

式中，$\Delta y$ 即为合成后的总的定值系统误差。

② 随机误差的合成

设测量系统或传感器由 $n$ 个环节组成，各部分的均方根偏差为 $\sigma_{x_1}, \sigma_{x_2}, \cdots, \sigma_{x_m}$，则随机误差的合成表达式为

$$\sigma_y = \sqrt{\left(\frac{\partial f}{\partial x_1}\right)^2 \sigma_{x_1}^2 + \left(\frac{\partial f}{\partial x_2}\right)^2 \sigma_{x_2}^2 + \cdots + \left(\frac{\partial f}{\partial x_n}\right)^2 \sigma_{x_n}^2} \tag{1.4.21}$$

若 $y=f(x_1, x_2, \cdots, x_n)$ 为线性函数，即

$$y = a_1 x_1 + a_2 x_2 + \cdots + a_n x_n \tag{1.4.22}$$

$$\sigma_y = \sqrt{a_1^2 \sigma_{x_1}^2 + a_2^2 \sigma_{x_2}^2 + \cdots + a_n^2 \sigma_{x_n}^2} \tag{1.4.23}$$

③ 总合成误差

设测量系统和传感器的系统误差和随机误差均为相互独立的，则总的合成误差 $\varepsilon$ 表示为

$$\varepsilon = \Delta y \pm \sigma_y \tag{1.4.24}$$

(2) 回归分析

在工程实践和科学实验中，经常要把一批实验数据进一步整理成曲线图或经验公式，用经验公式拟合实验数据，工程上把这种方法称为回归分析。回归分析就是应用数理统计的方法，对实验数据进行分析和处理，从而得出反映变量间相互关系的经验公式，也称回归方程。

在求经验公式时，有时用图解法分析显得更方便、直观。将测量数据值 $(x_i, y_i)$ 绘制

在坐标纸上，把这些测量点直接连接起来，根据曲线（包括直线）的形状、特征以及变化趋势，可以设法得出它们的数学模型（即经验公式）。这不仅可把一条形象化的曲线与各种分析方法联系起来，而且还在相当程度上扩展了原有曲线的应用范围。

## 课后习题

1.1　什么是传感器？传感器的组成及分类是怎样的？
1.2　什么是测量？
1.3　开环、闭环测量系统有什么区别？
1.4　传感器输入—输出静态特性的衡量指标都有哪些？
1.5　测量误差的表示方法有几种？
1.6　测量数据中误差出现的规律有哪几种？各有什么特点？
1.7　什么是等精度测量？什么是不等精度测量？
1.8　什么是“权”？

# 第2章 温度检测

温度是一个很重要的物理量，自然界中的任何物理、化学过程都紧密地与温度相联系。在国民经济各部门，如电力、化工、机械、冶金、农业、医学以及人们的日常生活中，温度检测与控制是十分重要的。在国防现代化及科学技术现代化中，温度的精确检测及控制更是必不可少的。

温度是表征物体或系统的冷热程度的物理量。温度单位是国际单位制中七个基本单位之一。从能量角度来看，温度是描述系统不同自由度间能量分配状况的物理量；从热平衡观点来看，温度是描述热平衡系统冷热程度的物理量；从分子物理学角度来看，温度反映了系统内部分子无规则运动的剧烈程度。

检测温度的传感器与敏感元件很多，本章在简单介绍温标及测温方法的基础上，重点介绍膨胀式温度测量、电阻式温度传感器与测试、热电偶测温、辐射式温度计等测温原理及方法。

## 2.1 温标及测温方法

### 2.1.1 温标

为了保证温度量值的统一，必须建立一个用来衡量温度高低的标准尺度，这个标准尺度称为温标。温度的高低必须用数字来说明，温标就是温度的一种数值表示方法，并给出了温度数值化的一套规则和方法，同时明确了温度的测量单位。人们一般是借助于随温度变化而变化的物理量（如体积、压力、电阻、热电势等）来定义温度数值、建立温标和制造各种各样的温度检测仪表。下面对常用温标作一简介。

**1. 经验温标**

借助于某一种物质的物理量与温度变化的关系，用实验的方法或经验公式所确定的温标称为经验温标。温标的种类在 1740 年有 13 种，1779 年有 19 种，保留下来的只有 3 种，即摄氏温标、华氏温标和列氏温标。

（1）摄氏温标

1732 年瑞典天文学家摄尔西斯提出百分温标。他设两个固定点：水的沸点定为 0 度，冰点定为 100 度，两者之间分为 100 个温点，这就是百分温标。现代温度计将原设计的温标颠倒了过来，取水的冰点为0度，水的沸点为100度。这一颠倒使温标显示与人们的习惯认识相符合，更方便使用。目前，摄氏温标是把在标准大气压下水的冰点定为0摄氏度，把水的沸点定为100摄氏度的一种温标。在0摄氏度到100摄氏度之间进行100等分，每一等分为1摄氏度，温度符号为℃。

(2) 华氏温标

1714年，德国物理学家华伦海特做了一支带有刻度的水银温度计。他选择了三个固定点：冰、水和氯化铵混合物的温度定为0度；冰、水混合物的温度定为32度；人体的温度定为96度。这就是今天西方国家常用的华氏温标。后来，人们规定标准大气压下的纯水的冰点温度为32华氏度，水的沸点定为212华氏度，中间划分为180等分，每一等分称为1华氏度，单位符号为℉。

(3) 列氏温标

列氏温标规定标准大气压下纯水的冰熔点为0列氏度，水沸点为80列氏度。中间等分为80等分，每一等分为1列氏度，单位符号为°R。这种温度计的刻度方法是法国物理学家列奥米尔于1731年提出的。

摄氏、华氏、列氏温度之间的换算关系为

$$C=\frac{5}{9}(F-32)=\frac{5}{4}R \tag{2.1.1}$$

式中，$C$为摄氏温度值；$F$为华氏温度值；$R$为列氏温度值。

摄氏温标、华氏温标都是用水银作为温度计的测温介质，而列氏温标则是用水和酒精的混合物来作为测温物质的，但它们都是依据液体受热膨胀的原理来建立温标和制造温度计的。由于不同物质的性质不同，它们受热膨胀的情况也不同，故上述三种温标难以统一。

目前，华氏温标在欧美使用非常普遍，摄氏温标在亚洲使用较多，列氏温标仅在法国和德国的部分场合使用。

**2. 热力学温标**

1848年威廉·汤姆首先提出以热力学第二定律为基础，建立温度仪与热量有关而与物质无关的热力学温标，又称为开尔文温标，用符号K表示。用于热力学中的卡诺热机是一种理想的机器，实际上能够实现卡诺循环的可逆热机是没有的。所以说，热力学温标是一种理想温标，是不可能实现的温标。

**3. 国际实用温标**

为了解决国际上温度标准的统一及实用问题，国际上协商决定，建立一种既能体现热力学温度(即能保证一定的准确度)，又使用方便、容易实现的温标。这就是国际实用温标，又称国际温标。

1968年国际实用温标规定热力学温度是基本温度，用符号T表示，其单位为K。1 K定义为水的三相点热力学温度的1/273.16。水的三相点是指化学纯水在固态、液态及气态三相平衡时的温度，热力学温标规定水的三相点温度为273.16 K。

另外，可使用摄氏度，摄氏温度的分度值与开氏温度分度值相同，即温度间隔1 K等于1℃。标准大气压下冰的融化温度为273.15 K,即水的三相点温度比冰点高出0.01 K。由于水的三相点温度易于实现、复现精度高、保存方便,这是冰点不能比拟的,所以国际实用温度规定,建立温标的唯一基准点为水的三相点。

### 2.1.2 温度检测的主要方法及分类

#### 1. 温度传感器的组成

在工程中无论是简单的还是复杂的测温传感器,就测量系统的功能而言,通常由现场的感温元件和控制室的显示装置两部分组成,如图2.1.1所示。简单的温度传感器往往是温度传感器和显示一体的,一般在现场使用。

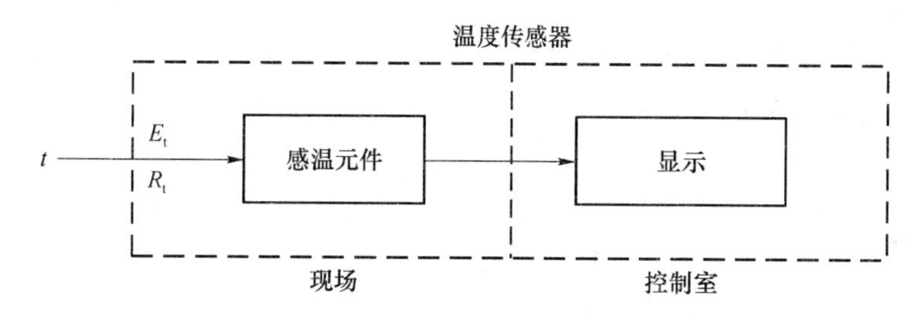


图2.1.1 温度传感器组成框图

#### 2. 温度测量方法

测量方法按感温元件是否与被测介质接触,可以分成接触式与非接触式两大类。

接触式测温方法是使温度敏感元件和被测温度对象相接触,当被测温度与感温元件达到热平衡时,温度敏感元件与被测温度对象的温度相等。这类温度传感器具有结构简单、工作可靠、精度高、稳定性好、价格低廉等优点。

非接触式测温方法是应用物体的热辐射能量随温度的变化而变化的原理。物体辐射能量的大小与温度有关,并且以电磁波形式向四周辐射,当选择合适的接收检测装置时,便可测得被测对象发出的热辐射能量并且转换成可测量和显示的各种信号,实现温度的测量。

非接触式温度传感器理论上不存在热接触式温度传感器的测量滞后和在温度范围上的限制,可测高温、腐蚀、有毒、运动物体及固体、液体表面的温度,不干扰被测温度场,但精度较低,使用不太方便,价格较贵。

#### 3. 测温仪器分类

对应于两种测温方法,测温仪器亦分为接触式和非接触式两大类。

接触式测温方法的温度传感器主要有基于物体受热体积膨胀性质的膨胀式温度传感器(包括液体和固体膨胀式温度计、压力式温度计)、基于导体或半导体电阻值随温度变化的电阻式温度传感器(包括金属热电阻温度计和半导体热敏电阻温度计)、基于热电效应的热电偶温度传感器。

非接触式温度计又可分为光电高温传感器、红外辐射温度传感器、亮度温度计和比色温度计,由于它们都是以光辐射为基础,故也统称为辐射温度计。

# 2.2 膨胀式温度计

膨胀式温度计是利用液体、气体或固体热胀冷缩的性质，即测温敏感元件在受热后尺寸或体积会发生变化，根据尺寸或体积的变化值得到温度的变化值。这里以双金属温度计和压力式温度计为例进行介绍。

## 2.2.1 双金属温度计

双金属温度计敏感元件如图 2.2.1 所示。它由两种热膨胀系数不同的金属片组合而成，例如，一片用黄铜，另一片用镍铜，将两片粘贴在一起。当温度由 $t_0$ 变化到 $t_1$ 时，由于A、B 两种材料的热膨胀不一致而发生弯曲，即双金属片由 $t_0$ 时初始位置 A、B 变化到 $t_1$ 时的相应位置 A′、B′，最后导致自由端产生一定的角位移，角位移的大小与温度成一定的函数关系，通过标定刻度，即可测量温度。双金属温度计一般应用在 −80～600 ℃范围内，精度可达 0.5～1.0 级，常被用作恒定温度的控制元件。例如，一般用途的恒温箱、加热炉等就是采用双金属片来控制和调节"恒温"的，如图 2.2.2 所示。

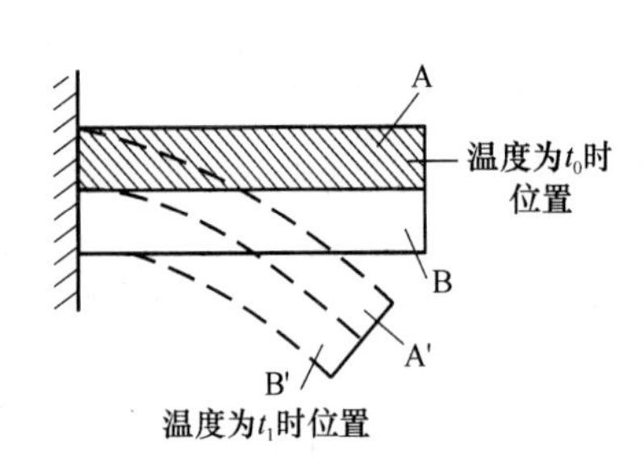


图 2.2.1 双金属温度计敏感元件

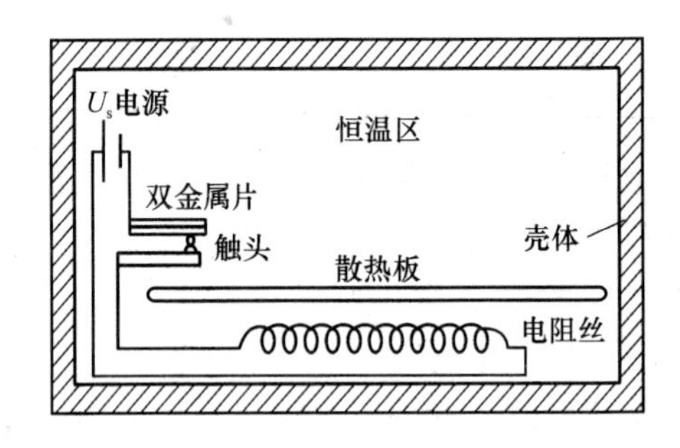


图 2.2.2 双金属控制恒温箱示意图

双金属温度计的突出特点是：抗震性能好、结构简单、牢固可靠、读数方便、价格低，但它的精度不高，测量范围也不大。

## 2.2.2 压力式温度计

### 1. 压力式温度计的结构及工作原理

压力式温度计不是靠物质受热膨胀后的体积变化或尺寸变化反映温度，而是靠在密闭容器中液体或气体受热后压力的升高来反映被测温度，因此这种温度计的指示仪表实际上就是普通的压力表。压力式温度计的主要特点是结构简单、强度较高、抗震性较好。压力式温度计主要由温包、毛细管和压力敏感元件（如弹簧管、膜盒、波纹管等）组成，如图 2.2.3 所示。

温包、毛细管和弹簧管三者的内腔共同构成一个封闭容器，其中充满工作物质。温包直接与被测介质接触，把温度变化充分地传递给内部的工作物质。所以，其材料的膨胀应

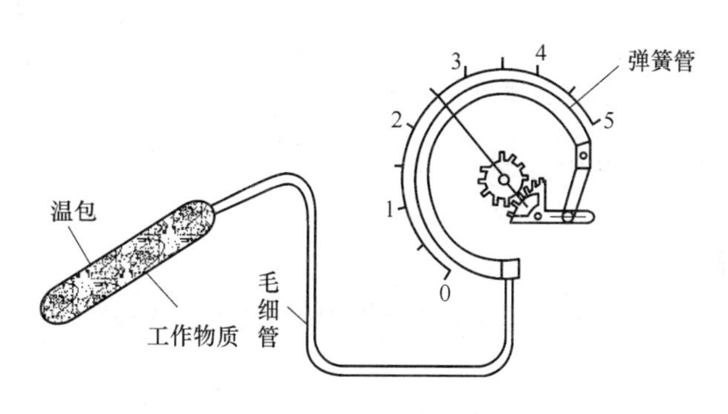


图 2.2.3　压力式温度计

远远小于内部工作物质的膨胀，故材料的体膨胀系数要小。此外，还应有足够的机械强度，以便在较薄的容器壁上承受较大的内外压力差。通常用不锈钢或黄铜制造温包，黄铜只能用在非腐蚀介质里。当温包受热后，将使内部工作物质温度升高而压力增大，此压力经毛细管传到弹簧管内，使弹簧管产生变形，并由传动系统带动指针，指示相应的温度。

目前生产的压力式温度计，根据充入密闭系统内工作物质的不同，可分为充气体的压力式温度计和充蒸汽的压力式温度计。

**2. 充气体的压力式温度计**

气体状态方程式 $pV=mRT$ 表明，对一定质量 $m$ 的气体，如果它的体积 $V$ 一定，则它的温度 $T$ 与压力 $p$ 成正比。因此，在密封容器内充以气体，就构成充气体的压力温度计。工业上用的充气体的压力式温度计通常充氮气，它能测量的最高温度可达 500 ℃，在低温下则充氢气，它的测温下限可达－120 ℃。在过高的温度下，温包中充填的气体会较多地透过金属壁而扩散，这样会使仪表读数偏低。

**3. 充蒸汽的压力式温度计**

充蒸汽的压力式温度计是根据沸点液体的饱和蒸汽压只和气液分界面的温度有关这一原理制成的。其感温包中充入约占 2/3 容积的低沸点液体，其余容积则充满液体的饱和蒸汽。当感温包温度变化时，蒸汽的饱和蒸汽压发生相应变化，这一压力变化通过一根插入感温包底部的毛细管进行传递。在毛细管和弹簧管中充满上述液体，或充满不溶于感温包中液体的、在常温下不蒸发的高沸点液体，以传递压力。感温包中充入的低沸点液体常用的有氯甲烷、氯乙烷和丙酮。

充蒸汽的压力温度计的优点是感温包的尺寸比较小、灵敏度高。其缺点是测量范围小、标尺刻度不均匀(向测量上限方向扩展)，而且由于充入蒸汽的原始压力与大气压力相差较小，故其测量精度易受大气压力的影响。

# 2.3　电阻式温度传感器

电阻式温度传感器是利用导体或半导体的电阻值随温度变化而变化的原理进行测温的。电阻式温度传感器分为金属热电阻和半导体热敏电阻两大类。

热电阻广泛用来测量－200～＋850 ℃范围内的温度，少数情况下低温可测量至 1 K，高温达 1 000 ℃。标准铂电阻温度计的精确度高，可作为复现国际温标的标准仪器。

## 2.3.1 金属热电阻传感器

### 1. 金属热电阻的分类

金属热电阻主要有铂电阻、铜电阻和镍电阻等，其中铂热电阻和铜热电阻最为常见。

(1) 铂热电阻

铂易于提纯，复制性好，在氧化介质中，甚至高温下，其物理化学性质极其稳定。但在还原性介质中，特别是高温下，铂很容易被从氧化物中还原出来的蒸汽所污染，使铂丝变脆，并改变了它的电阻与温度的关系。此外，铂是一种贵重金属，价格较贵。尽管如此，从对热电阻的要求来衡量，铂在极大程度上能满足要求，所以仍然是制造基准热电阻、标准热电阻和工业用热电阻的最好材料。至于它在还原性介质中不稳定的缺点可用保护套管设法避免或减轻，铂电阻温度计的使用范围是－200～＋850 ℃，铂热电阻的阻值和温度的关系如下：

在－200～0 ℃的范围内，

$$R_t = R_0[1 + At + Bt^2 + C(t - 100\ ℃)t^3] \tag{2.3.1}$$

在 0～850 ℃的范围内，

$$R_t = R_0(1 + At + Bt^2) \tag{2.3.2}$$

式中，$R_t$ 为温度为 $t$ 时的阻值；$R_0$ 为温度为 0 ℃时的阻值；$A$ 为常数，$A=3.908\ 02\times 10^{-3}$ ℃$^{-1}$；$B$ 为常数，$B=-5.802\times 10^{-7}$ ℃$^{-2}$；$C$ 为常数，$C=-4.273\ 50\times 10^{-12}$ ℃$^{-4}$。

从式(2.3.1)和式(2.3.2)可以看出，热电阻在温度 $t$ 时的电阻值与 $R_0$ 有关。目前我国规定工业用铂热电阻有 $R_0=10\ \Omega$ 和 $R_0=100\ \Omega$ 两种，它们的分度号分别为 $Pt_{10}$ 和 $Pt_{100}$，其中以 $Pt_{100}$ 为常用。铂热电阻不同分度号有相应的分度表，即 $R_t-t$ 的关系表，表 2.3.1 即为 $Pt_{100}$ 的分度表。这样在实际测量中，只要测得热电阻的阻值 $R_t$，便可从分度表上查出对应的温度值。

**表 2.3.1 铂电阻 $Pt_{100}$ 的分度表**

$R_0=100\ \Omega$

| 温度/℃ | 0 | 10 | 20 | 30 | 40 | 50 | 60 | 70 | 80 | 90 |
|---|---|---|---|---|---|---|---|---|---|---|
| | 电阻/Ω | | | | | | | | | |
| －200 | 18.49 | | | | | | | | | |
| －100 | 60.25 | 56.19 | 52.11 | 48.00 | 43.87 | 39.71 | 35.53 | 31.32 | 27.08 | 22.80 |
| 0 | 100.00 | 96.09 | 92.16 | 88.22 | 84.27 | 80.31 | 76.33 | 72.33 | 68.33 | 64.30 |
| 0 | 100.00 | 103.90 | 107.79 | 111.67 | 115.54 | 119.40 | 123.24 | 127.07 | 130.89 | 134.70 |
| 100 | 138.50 | 142.29 | 146.06 | 149.82 | 153.58 | 157.31 | 161.04 | 164.76 | 168.45 | 172.16 |
| 200 | 175.84 | 179.51 | 183.17 | 186.82 | 190.45 | 194.07 | 197.69 | 201.29 | 204.88 | 208.45 |
| 300 | 212.02 | 215.57 | 219.12 | 222.65 | 226.17 | 229.67 | 233.17 | 236.65 | 240.13 | 243.59 |
| 400 | 247.04 | 250.48 | 253.90 | 257.32 | 260.72 | 264.11 | 267.49 | 270.86 | 274.22 | 277.56 |

续表

| 温度/℃ | 0 | 10 | 20 | 30 | 40 | 50 | 60 | 70 | 80 | 90 |
|---|---|---|---|---|---|---|---|---|---|---|
| | 电阻/Ω | | | | | | | | | |
| 500 | 280.90 | 284.22 | 287.53 | 290.83 | 294.11 | 297.39 | 300.65 | 303.91 | 307.15 | 310.38 |
| 600 | 313.59 | 316.80 | 319.99 | 323.18 | 326.35 | 329.51 | 332.66 | 335.79 | 338.92 | 342.03 |
| 700 | 345.13 | 348.22 | 351.30 | 354.37 | 357.37 | 360.47 | 363.50 | 366.52 | 369.53 | 372.52 |
| 800 | 375.51 | 378.48 | 381.45 | 4.40 | 387.34 | 390.26 | | | | |

(2) 铜热电阻

铜热电阻的温度系数比铂大，价格低，而且易于提纯，但存在着电阻率小，机械强度差等缺点。在测量精度要求不是很高、测量范围较小的情况下，经常采用。

铜热电阻在－50～＋150 ℃的使用范围内其电阻值与温度的关系几乎是线性的，可表示为

$$R_t = R_0(1 + \alpha t) \tag{2.3.3}$$

式中，$R_t$ 为 $t$ 时的阻值；$R_0$ 为 0 ℃时的阻值；$\alpha$ 为铜电阻的电阻温度系数，$\alpha=4.25\times10^{-3}\sim4.28\times10^{-3}℃^{-1}$。

**2. 金属热电阻的结构**

金属热电阻主要由电阻体、绝缘套管和接线盒等组成，其结构如图 2.3.1 所示。

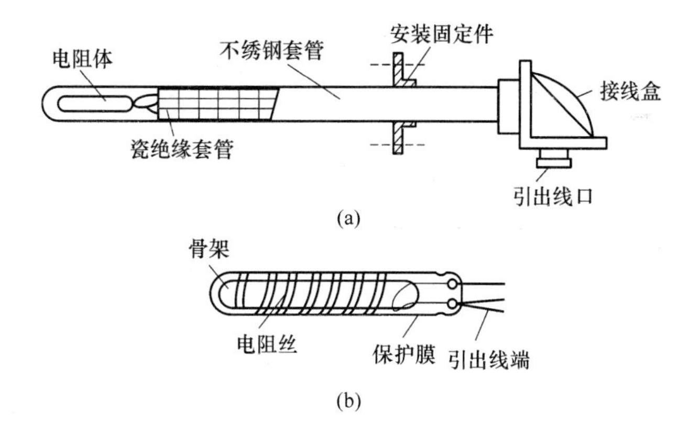


图 2.3.1 热电阻的结构

电阻体的主要组成部分为电阻丝、骨架、引出线等。

(1) 电阻丝

由于铂的电阻率较大，而且相对机械强度较大，通常铂丝的直径在(0.03～0.07) mm±0.005 mm，可单层绕制。若铂丝太细，电阻体可做得小，但强度低；若铂丝粗，虽强度大，但电阻体大，热惰性也大，成本高。

由于铜的机械强度较低，电阻丝的直径需较大，一般为(0.1±0.005) mm 的漆包铜线或丝包线分层绕在骨架上，并涂上绝缘层而成。由于铜电阻的温度低，故可以重叠多层绕制，一般多用双绕法，即两根丝平行绕制，在末端把两个头焊接起来，这样工作电流从一

根热电阻丝进入,从另一根丝反向出来,形成两个电流方向相反的线圈,其磁场方向相反,产生的电感就互相抵消,故又称无感绕法。这种双绕法也有利于引线的引出。

(2) 骨架

热电阻丝是绕制在骨架上的,骨架用来支持和固定电阻丝。骨架应使用电绝缘性能好、高温下机械强度高、体膨胀系数小、物理化学性能稳定、对热电阻丝无污染的材料制造,常用的是云母、石英、陶瓷、玻璃及塑料等。

(3) 引出线

引出线的直径应当比热电阻丝大几倍,尽量减小引出线的电阻,增加引出线的机械强度和连接的可靠性。对于工业用的铂热电阻一般采用 1 mm 的银丝作为引出线。对于标准的铂热电阻则可采用 0.3 mm 的铂丝作为引出线。对于铜热电阻则常用 0.5 mm 的铜线。

在骨架上绕制好电阻丝,并焊好引线之后,在其外面加上云母片进行保护,再装入保护套管中,并和接线盒外部导线相连接,即得到热电阻传感器。

**3. 金属热电阻传感器的测量电路**

金属热电阻传感器的测量电路常用电桥电路。由于工业用热电阻安装在生产现场,离控制室较远,因此热电阻的引出线对测量结果有较大影响。为了减小或消除引出线电阻的影响,目前,热电阻 $R_t$ 引出线的连接方式经常采用三线制或四线制,如图 2.3.2 所示。

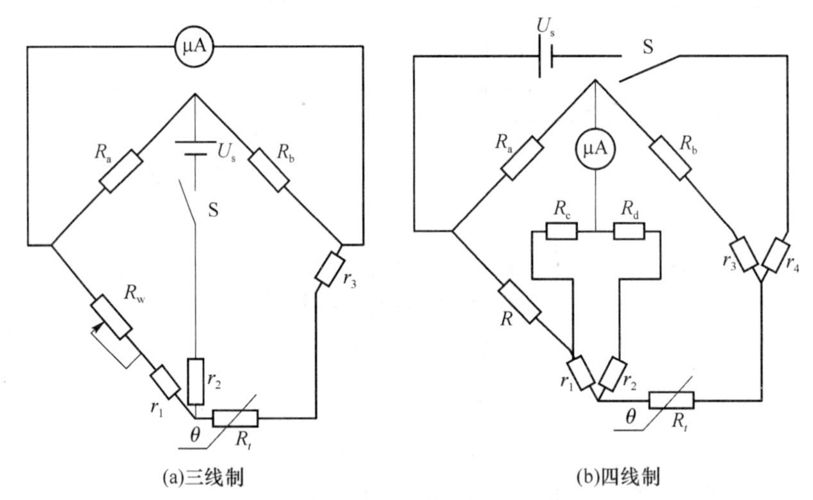


图 2.3.2 热电阻传感器的测量电路

(1) 三线制

在电阻体的一端连接两根引出线,另一端连接一根引出线,此种引出线形式称为三线制。当热电阻和电桥配合使用时,这种引出线方式可以较好地消除引出线电阻的影响,提高测量精度。所以工业热电阻多采用这种方法。

(2) 四线制

在电阻体的两端各连接两根引出线称为四线制,这种引出线方式不仅消除连接线电阻的影响,而且可以消除测量电路中寄生电势引起的误差。这种引出线方式主要用于高精度温度测量。

**4. 铂热电阻测温应用电路**

图2.3.3为铂热电阻测温电路，主要由恒流源和放大器组成。传感器采用$Pt_{100}$铂热电阻，$A_1$和$A_2$采用LT1013双精密零漂运算放大器，$B_1$和$B_2$采用LTC1043双精密仪器开关电容组合件。

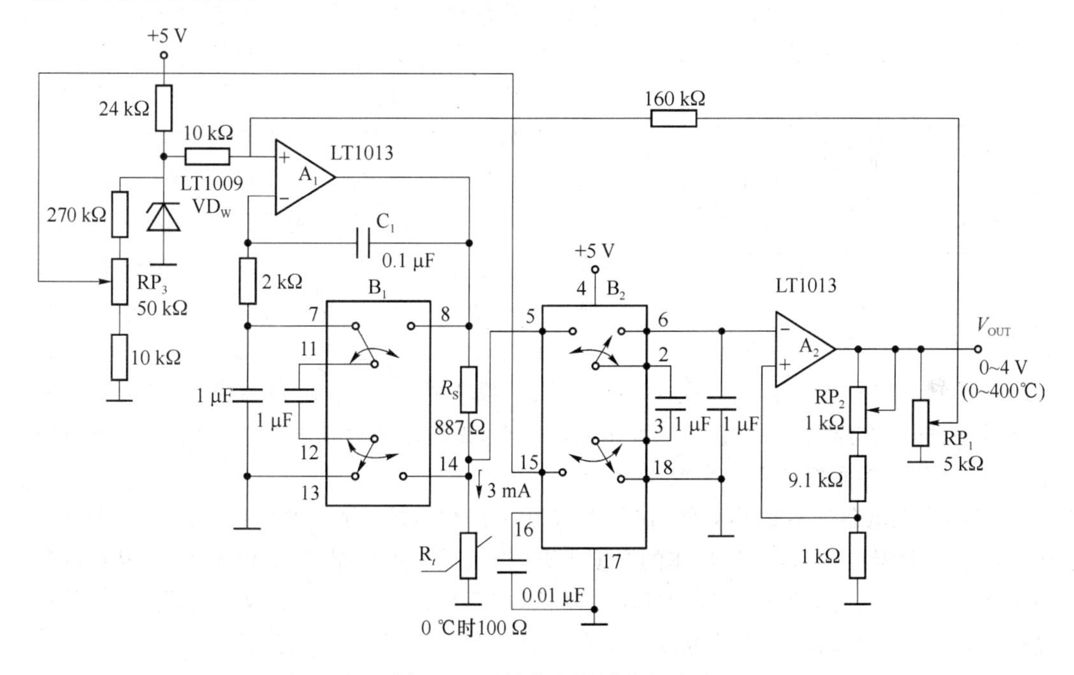


图2.3.3 铂热电阻测温电路

$A_1$和$B_1$等构成恒流源，基准电压$VD_W$采用LT1009，其温度系数为$\pm15\times10^{-6}/℃$，产生2.5 V的基准电压。采用加速电容方式检测$R_S$两端电压，把其变为单端电压信号通过电容$C_1$加到$A_1$的反相输入端，使其与$A_1$的同相输入端电压相等，构成恒流源，输出电流为可达10 mA左右，这里的电流为3 mA。$A_2$和$B_2$等构成放大器，输出电压$V_{OUT}$为0～4 V，相对应的温度为0～400 ℃，测量误差为±0.05 ℃。

$RP_1$、$RP_2$和$RP_3$选用15～20圈的电位器，$RP_1$用于调线性，$RP_2$用于调测温范围即增益，$RP_3$用于调零。

电路调整步骤：先调零，调节$RP_3$，设定传感器在0 ℃时的输出电压为0 V；接着调增益，调节$RP_2$，设定传感器在100 ℃时的输出电压为1 V；然后调线性，调节$RP_1$，设定传感器在400 ℃时的输出电压为4 V。按要求反复调节，直至达到要求为止。

## 2.3.2 半导热敏体电阻传感器

热敏电阻是利用半导体材料的电阻率随温度变化而变化的性质制成的。

**1. 半导体热敏电阻的分类**

热敏电阻一般分为三种类型：PTC、NTC和CTR型。三类热敏电阻的特性曲线如图

2.3.4 所示。

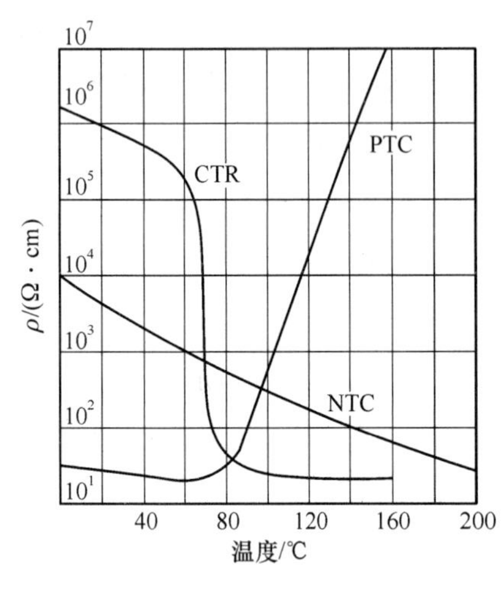

图 2.3.4　三类热敏电阻的特性

(1) PTC 热敏电阻

PTC 是 Positive Temperature Coefficient 的缩写，意思是正的温度系数，泛指正温度系数很大的半导体材料或元器件。通常提到的 PTC 是指正温度系数热敏电阻，简称 PTC 热敏电阻。

PTC 热敏电阻是一种典型的具有温度敏感性的半导体电阻，超过一定的温度(居里温度)时，它的电阻值随着温度的升高呈阶跃性增大。

该材料是以 $BaTiO_3$、$SrTiO_3$ 或 $PbTiO_3$ 为主要成分的烧结体，其中掺入微量的 Nb、Ta、Bi、Sb 等氧化物进行原子价控制而使之半导化，常将这种半导体化的 $BaTiO_3$ 等材料简称为半导(体)瓷；同时还添加增大其正电阻温度系数的 Mn、Fe、Cu、Cr 的氧化物和起其他作用的添加物，采用一般陶瓷工艺成形、高温烧结，从而得到正温度特性的热敏电阻材料。它是一种多晶体材料，晶粒之间存在着晶粒界面，对于导电电子而言，晶粒间界面相当于一个位垒。

PTC 热敏电阻兼有敏感元件、加热器和开关三种功能，称之为"热敏开关"。电流通过元件后引起温度升高，即发热体的温度上升，当超过居里点温度后，电阻增加，从而限制电流增加，于是电流的下降导致元件温度降低，电阻值的减小又使电路电流增加，元件温度升高，周而复始，因此具有使温度保持在特定范围的功能，又起到保护开关的作用。

利用这种阻温特性做成加热源，作为加热元件应用的有暖风器、电烙铁、烘衣柜、空调等，还可对电器起到过热保护作用。

(2) NTC 热敏电阻

NTC 是 Negative Temperature Coefficient 的缩写，意思是负的温度系数，泛指负温度系数很大的半导体材料或元器件。通常提到的 NTC 是指负温度系数热敏电阻，简称 NTC 热敏电阻。NTC 热敏电阻也是一种典型的具有温度敏感性的半导体电阻，它的电阻值随着温度的升高呈阶跃性减小。

NTC 热敏电阻是以 Mn、Fe、Cu、Cr 等金属氧化物为主要材料，采用陶瓷工艺制造而成的。这些金属氧化物材料都具有半导体性质，在导电方式上完全类似锗、硅等半导体材料。温度低时，这些氧化物材料的载流子(电子和孔穴)数目少，所以其电阻值较高；随着温度的升高，载流子数目增加，所以电阻值降低。

负温度系数热敏电阻类型很多，使用区分为低温(－60～＋300 ℃)、中温(300～600 ℃)、高温(＞600 ℃)三种，具有灵敏度高、稳定性好、响应快、寿命长、价格低等优点，广泛应用于需要定点测温的温度自动控制电路，如冰箱、空调、温室等的温控系统。

热敏电阻与简单的放大电路结合，就可检测(1/1 000)℃的温度变化，所以和电子仪表组成测温计，能完成高精度的温度测量。普通用途热敏电阻工作温度为－55～＋315 ℃，特殊低温热敏电阻的工作温度可低于－55 ℃。

(3) CTR 热敏电阻

临界温度热敏电阻(Critical Temperature Resistor,CTR)具有负电阻突变特性,在某一温度下,电阻值随温度的增加急剧减小,具有很大的负温度系数。构成材料是钒、钡、锶、磷等元素氧化物的混合烧结体,是半玻璃状的半导体,因此也称 CTR 为玻璃态热敏电阻。骤变温度随着添加锗、钨、钼等的氧化物而变化。这是由于不同杂质的掺入使氧化钒的晶格间隔不同造成的。CTR 主要作为控温报警应用。

**2. 热敏电阻的主要参数**

各种热敏电阻器的工作条件一定要在其出厂参数允许范围之内。热敏电阻的主要参数有十余项:标称电阻值、使用环境温度(最高工作温度)、测量功率、额定功率、标称电压(最大工作电压)、工作电流、温度系数、材料常数、时间常数等。普通热敏电阻的工作温度范围较大,可根据需要从-55~+315 ℃选择。

(1) 标称电阻值 $R_h$

它是指环境温度为(25±0.2) ℃时测得的电阻值,又称冷电阻,单位为 Ω。实际上总有一定误差,应在±10%之内。

(2) 耗散系数 $H$

它是指热敏电阻的温度变化与周围介质的温度相差 1 ℃时,热敏电阻所耗散的功率,单位为 W/℃。在工作范围内,当环境温度变化时,$H$ 随之而变。此外,$H$ 大小还和电阻体的结构、形状及所处环境(如介质、密度、状态)有关,因为这些会影响电阻体的热传导。

(3) 电阻温度系数 $\alpha$

它是指热敏电阻的温度变化 1 ℃时电阻值的变化率,通常指温标为 20 ℃时的温度系数,单位为(%) ℃$^{-1}$。

(4) 热容 $C$

它是指热敏电阻的温度变化 1 ℃时,所需吸收或释放的热能,单位为 J/℃。

(5) 能量灵敏度 $G$

它是指热敏电阻的阻值变化 1%时所需耗散的功率,单位为 W,与耗散系数 $H$、电阻温度系数 $\alpha$ 之间的关系如下:

$$G = (H/\alpha) \times 100 \tag{2.3.4}$$

(6) 时间常数 $\tau$

它是指温度系数为 $T_0$ 的热敏电阻在忽略其通过电流所产生热量的作用下,突然置于温度为 $T$ 的介质中,热敏电阻的温度增量达到 $\Delta T=0.63(T-T_0)$时所需时间,它与热容 $C$ 和耗散系数 $H$ 之间的关系如下:

$$\tau = C/H \tag{2.3.5}$$

(7) 额定功率 $P$

热敏电阻在规定的条件下,长期连续负荷工作所允许的消耗功率。在此功率下,电阻体自身温度不会超过其连续工作所允许的最高温度,单位为 W。

**3. 热敏电阻的主要缺点**

阻值与温度的关系非线性严重;元件的一致性差、互换性差;元件易老化、稳定性较差；除特殊高温热敏电阻外，绝大多数热敏电阻仅适合 0～150 ℃范围，使用时必须注意。

**4. 热敏电阻的基本应用电路**

由于热敏电阻具有许多优点，所以应用范围很广，可用于温度测量、温度控制、温度补偿、稳压稳幅、自动增益调整、气体和液体分析、火灾报警、过荷保护等方面。下面介绍几种主要用法。

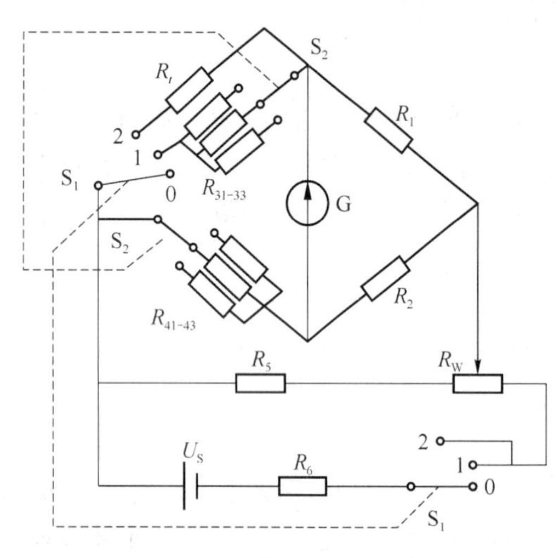

图 2.3.5　热敏电阻测温原理图

（1）温度测量

图 2.3.5 所示是热敏电阻测温原理图，测量范围为－50～＋300 ℃，误差小于±0.5 ℃，图中 $S_1$ 为工作选择开关，“0”“1”“2”分别为电压断开、校正、工作三个状态。工作前根据开关 $S_2$ 选择量程，将开关 $S_1$ 置于“1”处，调节电位计 $R_w$ 使检流计 G 指示满刻度，然后将 $S_1$ 置于“2”，热敏电阻被接入测量电桥进行测量。

（2）温度补偿

仪表中通常用的一些零件大多数是用金属丝制成的，例如线圈、线绕电阻等，金属一般具有正的温度系数，如果采用负温度系数热敏电阻进行补偿，可以抵消由于温度变化所产生的误差。实际应用时，将负温度系数的热敏电阻与锰铜丝电阻并联后再与补偿元件串联，如图 2.3.6 所示。

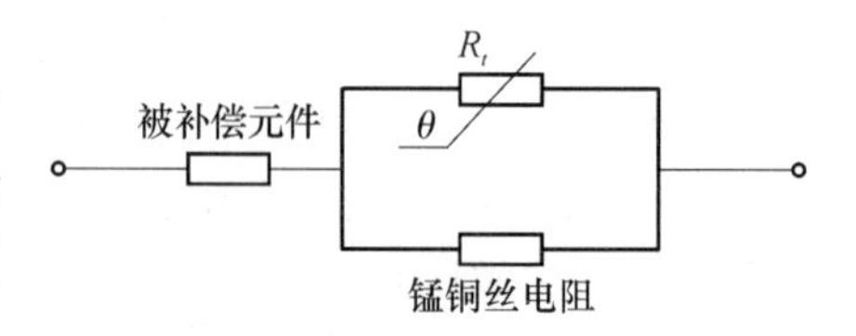

图 2.3.6　仪表中的温度补偿

（3）温度控制

用热敏电阻与一个电阻相串联，加上恒定的电压，当周围介质温度升到某一数值时，电路中的电流可以由十分之几毫安突变为几十毫安。因此，可以用继电器的热敏电阻代替不随温度变化的电阻。当温度升高到一定值时，继电器动作，继电器的动作反应温度的大小，所以热敏电阻可做温度控制。

（4）过热保护

过热保护分直接保护和间接保护两种。对小电流场合，可把热敏电阻直接串入负载中，防止过热损坏以保护器件。对大电流场合，可通过继电器、晶体管电路等来保护。无论哪种情况，热敏电阻都与被保护器件紧密结合在一起，充分热交换，一旦过热就可以起保护作用。图 2.3.7 为几种过热保护实例。

**5. 热敏电阻应用实例**

图 2.3.8(a)所示为采用 M5232L 构成的温度控制器。M5232L 是一种电压检测报警集成电路。采用单列 8 脚直插式封装，如图 2.3.8(b)所示，1 脚为稳压输出端，2 脚为基准电压检测端，3 脚为 LED 闪耀驱动端，4 脚为接地端（电源负端），5 脚为外接振荡电容端，6 脚为逻辑电平输出端，7 脚为设定电压输入端，8 脚为电源正端。内部主要由比较

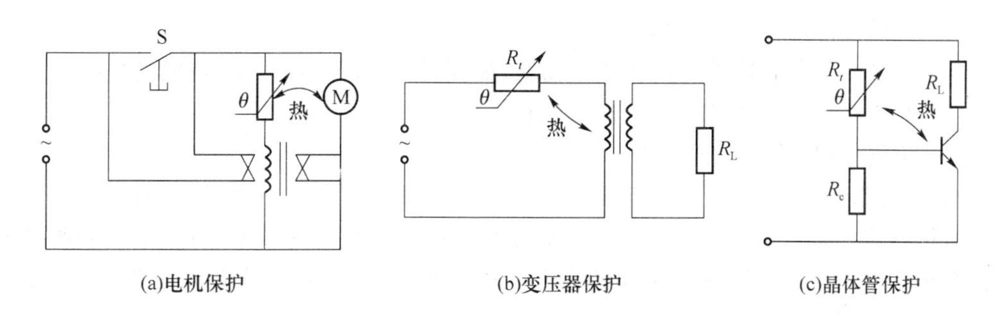


(a)电机保护　(b)变压器保护　(c)晶体管保护

图 2.3.7　几种过热保护实例

器、基准电压源、闪耀振荡器、稳压电路和驱动电路等组成。

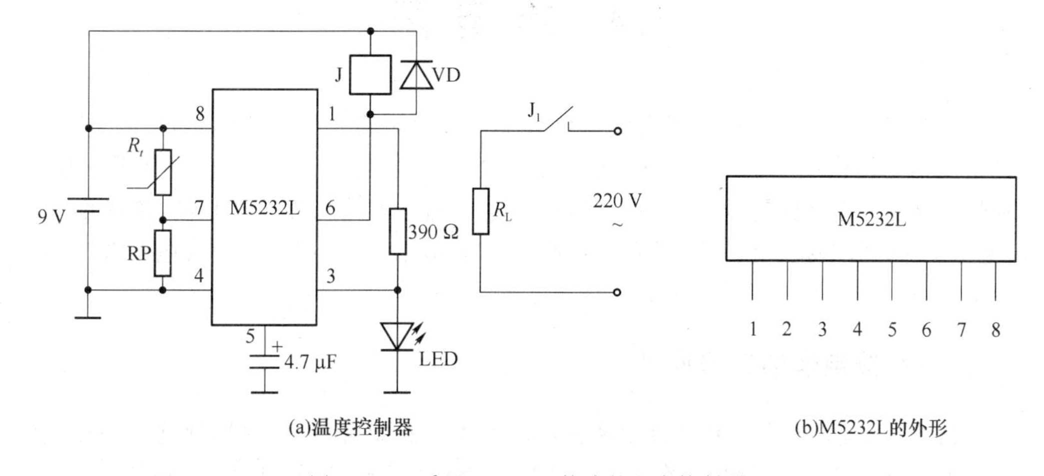


(a)温度控制器　(b)M5232L的外形

图 2.3.8　采用 M5232L 构成的温度控制器

电路工作原理简介如下：当环境温度低于设定的控制温度时，热敏电阻 $R_t$ 阻值增大，经电位器 RP 分压后，使 7 脚的输出电压低于片内基准电压，6 脚输出低电平，继电器 J 得电，接点 $J_1$ 吸合，接通电热丝 $R_L$ 开始加热，LED 闪光，显示为加热状态。随着环境温度的升高，热敏电阻 $R_t$ 的阻值逐渐减小，当环境温度高于设定的控制温度时，经电位器 RP 分压后，使 7 脚的输入电压高于片内基准电压，6 脚输出高电平，继电器 J 失电，接点 $J_1$ 断开，LED 熄灭，显示为停止加热状态。如此反复，使环境温度保持在设定的温度范围之内。通过调 RP 阻值可以调节控制温度。

### 2.3.3　温度传感器选用时需考虑的问题

选择温度传感器比选择其他类型的传感器所需要考虑的内容更多。首先，必须选择传感器的结构，使敏感元件在规定的测量时间之内达到所测流体或被测表面的温度。温度传感器的输出仅仅是敏感元件的温度。实际上，要确保传感器指示的温度即为所测对象的温度常常是很困难的。在大多数情况下，对温度传感器的选用需考虑以下几个方面的问题。

(1) 被测对象的温度是否需记录、报警和自动控制，是否需要远距离测量和传送。

(2) 测温范围的大小和精度要求。

(3) 测温元件大小是否适当。

(4) 在被测对象温度随时间变化的场合，测温元件的滞后能否适应测温要求。

(5) 被测对象的环境条件对测温元件是否有损害。

(6) 价格如何，使用是否方便。

温度传感器的选择主要是根据测量范围。当测量范围预计在总量程之内时，可选用铂电阻传感器。较窄的量程通常要求传感器必须具有相当高的基本电阻，以便获得足够大的电阻变化。热敏电阻所提供的足够大的电阻变化使得这些敏感元件非常适用于窄的测量范围。当测量范围相当大时，热电偶更适用。

# 2.4 热电偶

热电偶(Thermocouple)是温度测量仪表中常用的测温元件，它可以直接测量温度，并把温度信号转换成热电动势信号，通过电气仪表(二次仪表)转换成被测介质的温度。各种热电偶的外形常因需要而极不相同，但是它们的基本结构却大致相同，通常由热电极、绝缘套保护管和接线盒等主要部分组成，通常和显示仪表、记录仪表及电子调节器配套使用。

## 2.4.1 热电偶的工作原理

1821 年，德国物理学家赛贝克用两种不同金属组成闭合回路，并用酒精灯加热其中一个接触点(称为结点)，发现放在回路中的毫伏表发生偏转，如果用两盏酒精灯对两个结点同时加热，毫伏表指针的偏转角反而减小。显然，毫伏表的偏转说明回路中有电动势产生并有电流在回路中流动，电流的强弱与两个结点的温差有关。

热电偶的工作原理：两种不同成份的导体(称为热电偶丝或热电极)两端接合成闭合回路，当接合点的温度不同时，在回路中就会产生电动势，这种现象称为热电效应，而这种电动势称为热电势，如图 2.4.1 所示。

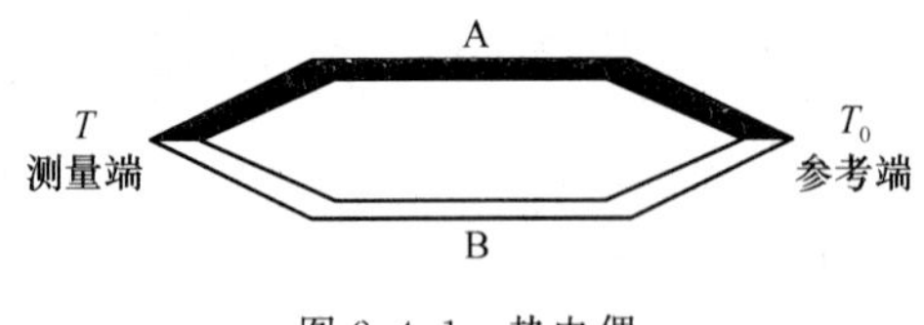


图 2.4.1 热电偶

热电偶就是利用这种原理进行温度测量的，其中，直接用作测量介质温度的一端叫作测量端(也称工作端、热端)，另一端叫作参考端(也称补偿端、冷端)。冷端与显示仪表或配套仪表连接，显示仪表会指出热电偶所产生的热电势。热电偶产生的热电势由接触电动势和温差电动势组成。

**1. 两种导体的接触电动势**

两种导体接触的时候，由于导体内的自由电子密度不同，如果 $N_A > N_B$，电子密度大的导体 A 中的电子就向电子密度小的导体 B 扩散，从而由于导体 A 失去了电子而具有正电位，相反导体 B 由于接收到了扩散来的电子而具有负电位。这样在扩散达到动态平衡时，A、B 之间就形成了一个电势差，这个电势差称为接触电动势，如图 2.4.2 所示。

接触电动势的大小如下：

$$E_{AB}(T)=\frac{KT}{e}\ln\frac{N_A(T)}{N_B(T)} \tag{2.4.1}$$

式中，$E_{AB}(T)$为 A、B 两种材料在温度为 $T$ 时的接触电动势；$K$ 为玻尔兹曼常数（$1.38\times10^{-23}$ J/K）；$e$ 为电子电量（$1.602\,189\,2\times10^{-19}$ C）；$N_A(T)$、$N_B(T)$为 A、B 两种材料在温度为 $T$ 时的自由电子密度。

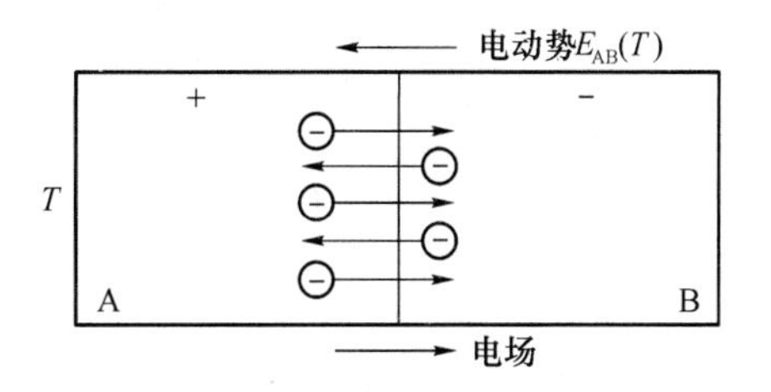


图 2.4.2　接触电动势

同理，可得两种材料在温度为 $T_0$ 时的接触电动势，即

$$E_{AB}(T_0)=\frac{KT_0}{e}\ln\frac{N_A(T_0)}{N_B(T_0)} \tag{2.4.2}$$

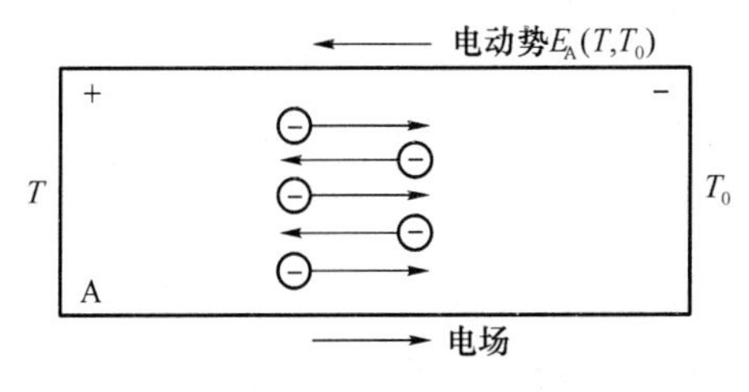


图 2.4.3　温差电动势

**2. 单一导体的温差电动势**

如果单一金属导体两端的温度不同，则两端的自由电子就具有不同的动能。温度高则动能大，动能大的自由电子就会向温度低的一端扩散。失去了电子的这一端就处于正电位，而低温端由于得到电子，处于负电位。这样两端就形成了电位差，称为温差电动势，如图 2.4.3 所示。

温差电动势与材料的性质有关，A 材料中的温差电动势可表示为

$$E_A(T,T_0)=\frac{K}{e}\int_{T_0}^{T}\frac{1}{N_A(T)}\mathrm{d}[N_A(T)T] \tag{2.4.3}$$

同理，可得 B 导体中的温差电动势为

$$E_B(T,T_0)=\frac{K}{e}\int_{T_0}^{T}\frac{1}{N_B(T)}\mathrm{d}[N_B(T)T] \tag{2.4.4}$$

**3. 热电偶的总热电动势**

因此，热电偶回路中的总热电动势由 2 种、4 个构成，如图 2.4.4 所示。

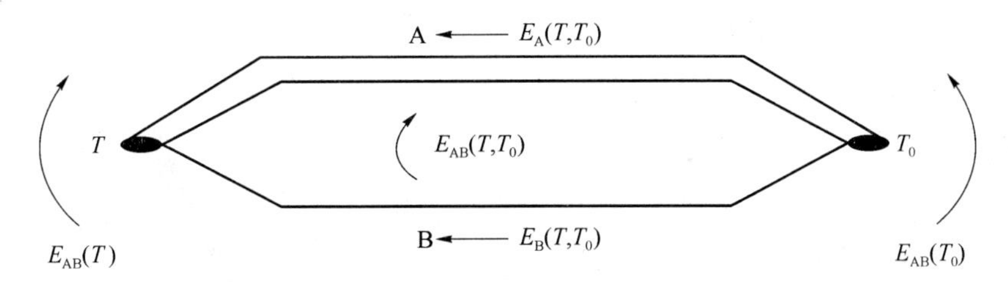


图 2.4.4　热电偶回路总热电动势

综上所述，在整个闭合回路中产生的总热电动势 $E_{AB}(T,T_0)$可表示为

$$
\begin{aligned}
&E_{AB}(T,T_0)\\
&= E_{AB}(T) - E_{AB}(T_0) - E_A(T,T_0) + E_B(T,T_0)\\
&= \frac{K}{e}\left[T\ln\frac{N_A(T)}{N_B(T)} - T_0\ln\frac{N_A(T_0)}{N_B(T_0)}\right] -\\
&\frac{K}{e}\left\{\int_{T_0}^{T}\frac{1}{N_A(T)}\mathrm{d}[N_A(T)T] - \int_{T_0}^{T}\frac{1}{N_B(T)}\mathrm{d}[N_B(T)T]\right\}
\end{aligned}
\tag{2.4.5}
$$

由于单一导体的温差电动势在数值上远小于接触电动势，因此可以忽略不计。而且材料一旦固定，电子密度随温度的变化也很小，因此材料 A 和 B 的电子密度在计算时可以认为是常数。综上所述，热电偶回路的总电动势可以简化为

$$
\begin{aligned}
&E_{AB}(T,T_0)\\
&= E_{AB}(T) - E_{AB}(T_0) - E_A(T,T_0) + E_B(T,T_0)\\
&= \frac{K}{e}\left[T\ln\frac{N_A}{N_B} - T_0\ln\frac{N_A}{N_B}\right]\\
&= \frac{K(T-T_0)}{e}\ln\frac{N_A}{N_B}
\end{aligned}
\tag{2.4.6}
$$

由式(2.4.6)可知，热电偶总电动势与电子密度 $N_A$、$N_B$ 及两节点温度 $T$、$T_0$ 有关，电子密度取决于热电偶材料的特性。当热电偶材料一定时，热电偶的总电动势 $E_{AB}(T,T_0)$ 成为温度 $T$ 和 $T_0$ 的函数差，即

$$E_{AB}(T,T_0) = f(T) - f(T_0) \tag{2.4.7}$$

如果保持测量时冷端温度固定，则可以得到热电动势和温度之间的函数关系，即

$$E_{AB}(T,T_0) = f(T) - C = \varphi(T) \tag{2.4.8}$$

**4. 有关热电偶的几个结论**

热电偶必须采用两种不同材料作为电极，否则无论热电偶两端温度如何，热电偶回路总热电势为零。尽管采用两种不同的金属，若热电偶两接点温度相等，即 $T=T_0$，回路总电势为零。热电势只与结点温度有关，与中间各处温度无关。

## 2.4.2 热电偶的基本定律

**1. 均质导体定律**

由均质材料构成的热电偶，热电动势的大小只与材料及结点温度有关。与热电偶的大小尺寸、形状及沿电极温度分布无关。如果材料不均匀，由于温度梯度的存在，将会有附加电动势产生。

**2. 中间导体定律**

将 A、B 构成的热电偶的 $T_0$ 端断开，接入第三种导体 C，只要保持第三导体两端温度相同，接入导体 C 后对回路总电动势无影响，这就是中间导体定律，如图 2.4.5 所示。

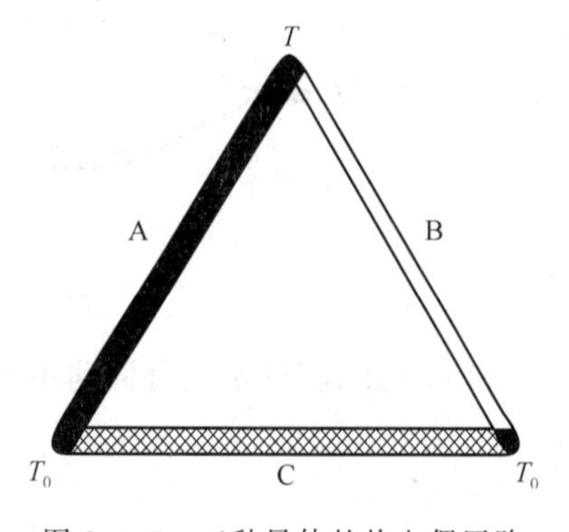


图 2.4.5 三种导体的热电偶回路

该定律的证明如下。

$$\begin{aligned}E_{ABC}(T,T_0) &= E_{AB}(T)+E_{BC}(T_0)+E_{CA}(T_0)\\ &= \frac{KT}{e}\ln\frac{N_A}{N_B}+\frac{KT_0}{e}\ln\frac{N_B}{N_C}+\frac{KT_0}{e}\ln\frac{N_C}{N_A}\\ &= \frac{KT}{e}\ln\frac{N_A}{N_B}+\frac{KT_0}{e}\ln\frac{N_B}{N_A}\\ &= \frac{K(T-T_0)}{e}\ln\frac{N_A}{N_B}\\ &= E_{AB}(T,T_0)\end{aligned} \tag{2.4.9}$$

根据中间导体定律，在进行温度测量时，冷端可以引入测量仪表，只要测量环境即冷端的温度不变，则仪器仪表的引入不影响总热电动势的大小。

### 3. 中间温度定律

在热电偶回路中，两接触点温度为 $T$、$T_0$ 时的热电动势等于该热电偶在结点温度为 $T$、$T_a$ 和 $T_a$、$T_0$ 时热电动势的代数和，即

$$E_{AB}(T,T_0)=E_{AB}(T,T_a)+E_{AB}(T_a,T_0) \tag{2.4.10}$$

### 4. 标准电极定律

如图 2.4.6 所示，两种导体 A、B 分别与第三种导体 C 组成热电偶。如果 A、C 和 B、C 热电偶的热电动势已知，那么这两种导体 A、B 组成的热电偶产生的电动势可由下式求得：

$$E_{AB}(T,T_0)=E_{AC}(T,T_0)-E_{BC}(T,T_0) \tag{2.4.11}$$

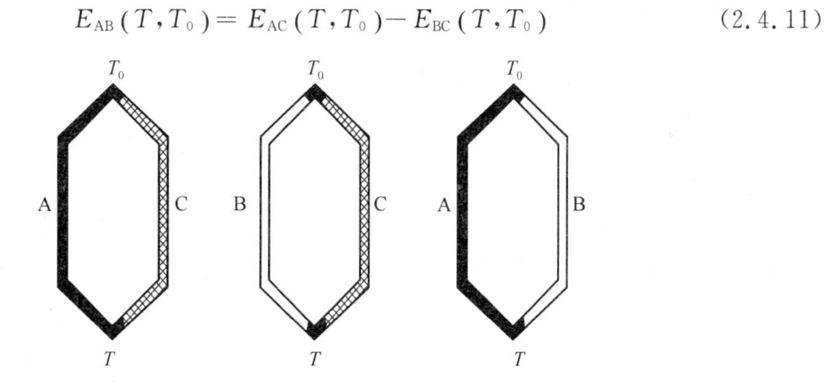


图 2.4.6　三种导体分别组成热电偶

## 2.4.3　热电极材料及常用热电偶

### 1. 标准热电偶

(1) 铂铑$_{10}$-铂热电偶(S 形)

此种热电偶为贵金属热电偶，一般作为实验室中的标准校正器件。电极线径规定为 0.5 mm，正极(SP)的名义化学成分为铂铑合金，负极(SN)为纯铂，故俗称为单铂铑热电偶。长期最高使用温度为 1 300 ℃，短期最高使用温度为 1 600 ℃。

优点：准确度高，稳定性好，测温温区和使用寿命长，物理化学性能良好，在高温下抗

氧化性能好，适用于氧气和惰性气体中。

缺点：热电率较小，灵敏度低，高温下机械强度下降，对污染敏感，材料昂贵，因此一次性投资较大。

(2) 铂铑$_{30}$-铂铑$_{6}$ 热电偶(B 形)

此种热电偶为贵金属热电偶。热偶丝线径规定为 0.5 mm，正极(BP)和负极(BN)的化学成分均为铂铑合金，只是含量不同，故俗称为双铂铑热电偶。长期最高使用温度为 1 600 ℃，短期最高使用温度为 1 800 ℃。

优点：准确度高，稳定性好，测温温区宽，使用寿命长等，适用于氧化性和惰性气氛中，也可短期用于真空中，参考端不需进行冷端补偿，因为在 0～50 ℃范围内热电势小于 3 μV。

缺点：热电率较小，灵敏度低，高温下机械强度下降，抗污染能力差，不适用于还原性气氛或含有金属或非金属的蒸汽中，材料昂贵。

(3) 镍铬-镍硅(镍铬-镍铝)热电偶(K 形)

此种热电偶为使用量最大的廉价金属热电偶，用量约为其他热电偶的总和。正极(KP)的化学成分为 Ni：Cr＝90：10，负极(KN)的化学成分为 Ni：Si＝97：3。其使用温度为－200～＋1 300 ℃。

优点：线性度好，热电势较大，灵敏度较高，稳定性和复现性好，抗氧化性强，价格便宜，能用于氧化性和惰性气氛中。

缺点：K 形热电偶不能在高温下直接用于硫、还原性或还原、氧化交替的气氛中，也不能用于真空中。

(4) 镍铬-考铜热电偶(E 形)

此种热电偶也称为镍铬一康铜热电偶，也是一种廉价金属热电偶。其正极(EP)为镍铬合金，化学成分与 KP 相同，负极(EN)为铜镍合金，化学成分为 55％的铜、45％的镍以及少量的钴、锰、铁等元素。

优点：电动势大，灵敏度高，宜制成热电偶堆来测量微小温度变化。可用于湿度较大的环境里，具有稳定性好，抗氧化性能高，价格便宜等优点。

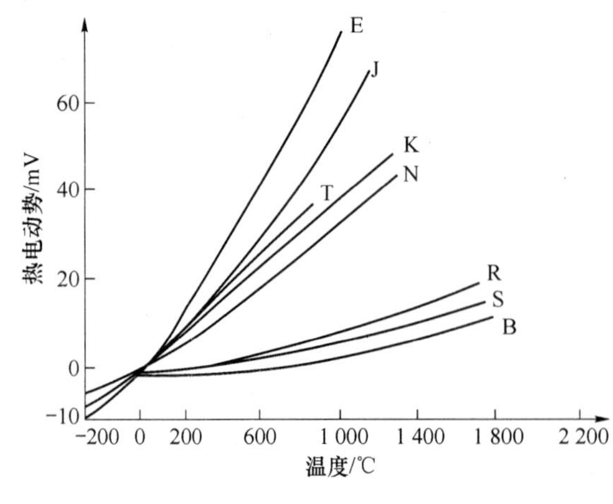


图 2.4.7　标准化热电偶热电势和温度的关系

缺点：不能在高温下用于硫、还原性气氛中。

以上几种标准热电偶的温度与电势特性曲线如图 2.4.7 所示。

虽然曲线描述方式在宏观上容易看出不少特点，但是靠曲线查看数据还很不精确，为了正确地掌握数值，编制了针对各种热电偶热电势与温度的对照表，称为“分度表”。例如铂铑$_{10}$-铂热电偶(分度号为 S)的分度表如表 2.4.1 所示，表中温度按10 ℃分档，其中间值按内插法计算，按参考端温度为零摄氏度取值。

表 2.4.1 铂铑$_{10}$-铂热电偶(分度号为S)分度表

| 工作端温度/℃ | 0 | 10 | 20 | 30 | 40 | 50 | 60 | 70 | 80 | 90 |
|---|---|---|---|---|---|---|---|---|---|---|
| | 热电势/mV | | | | | | | | | |
| 0 | 0.000 | 0.055 | 0.113 | 0.173 | 0.235 | 0.299 | 0.365 | 0.432 | 0.502 | 0.573 |
| 100 | 0.645 | 0.719 | 0.795 | 0.872 | 0.950 | 1.029 | 1.109 | 1.190 | 1.273 | 1.356 |
| 200 | 1.440 | 1.525 | 1.611 | 1.698 | 1.785 | 1.873 | 1.962 | 2.051 | 2.141 | 2.232 |
| 300 | 2.323 | 2.414 | 2.506 | 2.599 | 2.692 | 2.786 | 2.880 | 2.974 | 3.069 | 3.164 |
| 400 | 3.260 | 3.356 | 3.452 | 3.549 | 3.645 | 3.743 | 3.840 | 3.938 | 4.036 | 4.135 |
| 500 | 4.234 | 4.333 | 4.432 | 4.532 | 4.632 | 4.732 | 4.832 | 4.933 | 5.034 | 5.136 |
| 600 | 5.237 | 5.339 | 5.442 | 5.544 | 5.648 | 5.751 | 5.855 | 5.960 | 6.064 | 6.169 |
| 700 | 6.274 | 6.380 | 6.486 | 6.592 | 6.699 | 6.805 | 6.913 | 7.020 | 7.128 | 7.236 |
| 800 | 7.345 | 7.454 | 7.563 | 7.673 | 7.782 | 7.892 | 8.003 | 8.114 | 8.225 | 8.336 |
| 900 | 8.448 | 8.560 | 8.673 | 8.786 | 8.899 | 9.012 | 9.126 | 9.240 | 9.355 | 9.470 |
| 1 000 | 9.585 | 9.700 | 9.816 | 9.932 | 10.048 | 10.165 | 10.282 | 10.400 | 10.517 | 10.632 |
| 1 100 | 10.754 | 10.872 | 10.991 | 11.110 | 11.229 | 11.348 | 11.467 | 11.587 | 11.707 | 11.827 |
| 1 200 | 11.947 | 12.067 | 12.188 | 12.308 | 12.429 | 12.550 | 12.671 | 12.792 | 12.913 | 13.034 |
| 1 300 | 13.155 | 13.276 | 13.397 | 13.519 | 13.640 | 13.716 | 13.880 | 14.004 | 14.125 | 14.247 |
| 1 400 | 14.368 | 14.489 | 14.610 | 14.731 | 14.852 | 14.973 | 15.094 | 15.215 | 15.336 | 15.456 |

**2. 非标准热电偶**

(1) 钨铼系

该热电偶属廉热电偶,可用来测量高达 2 760 ℃的温度,短时间测量可达 3 000 ℃。这种介质系列热电偶可用于干燥的氢气、中性介质和真空中,不宜用在还原性介质、潮湿的氢气及氧化性介质中,常用的钨铼系热电偶有钨-钨铼$_{26}$、钨铼$_{5}$-钨铼$_{20}$和钨铼$_{5}$-钨铼$_{26}$,这些热电偶的常用温度为 300～2 000 ℃,分度误差为±1%。

(2) 铱铑系

该热电偶属于贵金属热电偶。铱铑-铱热电偶可用在中性介质和真空中,但不宜在还原性介质中,在氧化性介质中使用将缩短寿命。它们在中性介质和真空中测温可长期使用到 2 000 ℃左右。它们热电势虽然小,但线性好。

## 2.4.4 热电偶的结构

**1. 普通型热电偶**

普通型热电偶主要用于测量气体、蒸汽、液体等介质的温度。由于使用的条件基本相似,所以这类热电偶已做成标准型,其基本组成部分大致是一样的,通常都是由热电极、绝缘材料、保护套管和接线盒等主要部分组成。普通的工业用热电偶的结构示意图如

图 2.4.8所示。

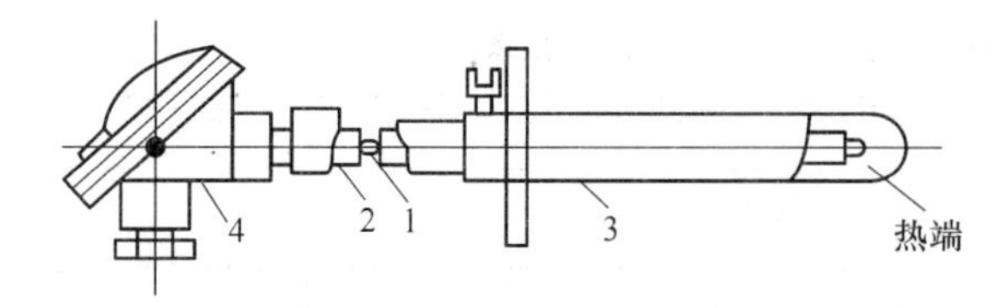


图 2.4.8 普通的工业用热电偶结构示意

1—热电极；2—绝缘材料；3—保护套管；4—接线盒

(1) 热电极

热电偶常以热电极材料种类来命名，其直径大小是由价格、机械强度、电导率以及热电偶的用途和测量范围等因素来决定的。贵金属热电极直径大多是在 0.13～0.65 mm，普通金属热电极直径为 0.5～3.2 mm。热电极长度由使用安装条件，特别是工作端在被测介质中的插入深度来决定的，通常为 350～2 000 mm。

(2) 绝缘材料

绝缘材料又称绝缘子，用来防止两根热电极短路，其材料的选用要根据使用的范围和对绝缘性能的要求而定，通常是氧化铝和耐火陶瓷。它一般制成圆形，中间有孔，长度为 20 mm，使用时根据热电极的长度，可多个串起来使用。

(3) 保护套管

为使热电极与被测介质隔离，并使其免受化学侵蚀或机械损伤，热电极在套上绝缘管后再装入套管内。

保护套管要经久耐用，能耐温度急剧变化，耐腐蚀，不分解出对电极有害的气体，有良好的气密性及足够的机械强度，传热良好。常用的材料有金属和非金属两类，应根据热电偶类型、测温范围和使用条件等因素来选择保护套管材料。

(4) 接线盒

接线盒供热电偶与补偿导线连接用。接线盒固定在热电偶保护套管上，一般用铝合金制成，分普通式和防溅式(密封式)两类。为防止灰尘、水分及有害气体侵入保护管内，连接端子上注明热电极的正、负极性。

**2. 铠装热电偶**

铠装热电偶是热电极 3、绝缘材料 2 和金属套管 1 经拉伸加工而成的组合体，其断面结构如图 2.4.9 所示，分单芯和双芯两种。它可以做得很长、很细，在使用中可以随测量需要进行弯曲。

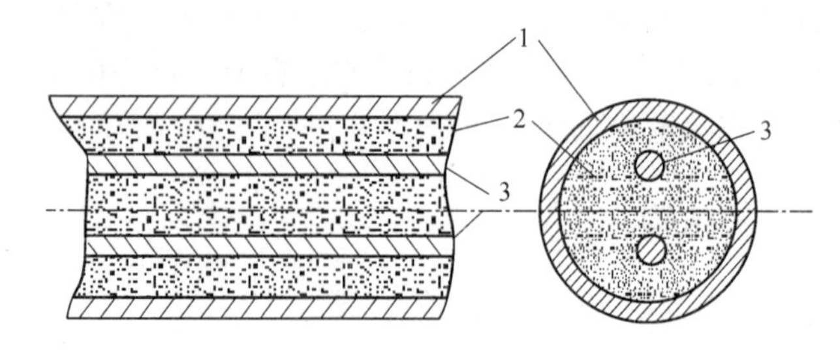


图 2.4.9 铠装热电偶的断面结构

套管材料为铜、不锈钢等，热电极和套管之间填满了绝缘材料的粉末，目前常用的绝缘材料有氧化镁、氧化铝等。目前生产的铠装热电偶外径一般为 0.25～12 mm，有多种规格。它的长短根据需要来定，最长的可达 100 m 以上。

铠装热电偶的主要特点是：测量端热容量小，动态响应快，机械强度高，抗干扰性好，耐高压、耐强烈振动和耐冲击，可安装在结构复杂的装置上，因此已被广泛用在许多工业部门中。

### 2.4.5 热电偶冷端温度补偿

由热电偶的工作原理可知，热电偶热电势的大小不仅与测量端的温度有关，而且与冷端的温度有关，是测量端温度 $T$ 和冷端温度 $T_0$ 的函数差。为了保证输出电势是被测温度的单值函数，就必须使一个结点的温度保持恒定，而使用的热电偶分度表中的热电势值都是在冷端温度为 0 ℃时给出的。因为如果热电偶的冷端温度不是 0 ℃，而是其他某一数值，且又不加以适当处理，那么即使测得了热电势的值，仍不能直接应用分度表，即不可能得到测量端的准确温度，会产生测量误差。但在工业使用时，要使冷端的温度保持为 0 ℃是比较困难的，通常采用如下一些温度补偿办法。

**1. 补偿导线法**

随着工业生产过程自动化程度的提高，要求把测量的信号从现场传送到集中控制室里，或者由于其他原因，显示仪表不能安装在被测对象的附近，而需要通过连接导线将热电偶延伸到温度恒定的场所。由于热电偶一般做得比较短(除铠装热电偶外)，特别是贵金属热电偶就更短。这样热电偶的冷端离被测对象很近，使冷端温度较高且波动较大，如果很长的热电偶使冷端延长到温度比较稳定的地方，由于热电极线不便于敷设，且对于贵金属很不经济，因此是不可行的。所以，一般用一种导线(称补偿导线)将热电偶的冷端延伸出来(如图 2.4.10 所示)，这种导线采用廉价金属，在一定温度范围内(0～100 ℃)具有和所连接的热电偶有相同的热电性能。

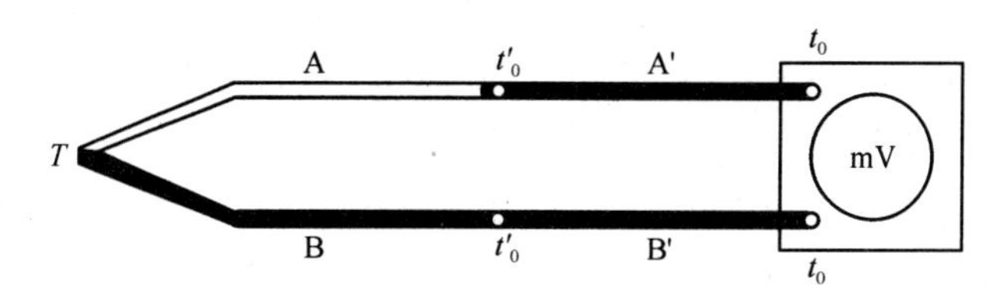


图 2.4.10　补偿导线在测量回路的连接

A、B—热电偶电极；A′、B′—补偿导线；

$t'_0$—热电偶原冷端温度；$t_0$—热电偶新冷端温度

常用热电偶的补偿导线如表 2.4.2 所示。表中补偿导线型号的头一个字母与所配热电偶的符号相对应；第二个字母“X”表示延伸补偿导线(补偿导线的材料与热电偶电极的材料相同)，字母“C”表示补偿型导线。

**表 2.4.2　常用热电偶的补偿导线**

| 补偿导线型号 | 配用热电偶型号 | 补偿导线 | | 绝缘层颜色 | |
|---|---|---|---|---|---|
| | | 正极 | 负极 | 正极 | 负极 |
| SC | S | SPC(铜) | SNC(铜镍) | 红 | 绿 |

续表

| 补偿导线型号 | 配用热电偶型号 | 补偿导线 | | 绝缘层颜色 | |
|---|---|---|---|---|---|
| | | 正极 | 负极 | 正极 | 负极 |
| KC | K | KPC(铜) | KNC(康铜) | 红 | 蓝 |
| KX | K | KPX(镍铬) | KNX(镍硅) | 红 | 黑 |
| EX | E | EPX(镍铬) | ENX(铜镍) | 红 | 棕 |

在使用补偿导线时必须注意以下问题：补偿导线只能在规定的温度范围内(一般为0～100 ℃)与热电偶的热电势相等或相近。不同型号的热电偶有不同的补偿导线。热电偶和补偿导线的两个结点处要保持相同温度。补偿导线有正、负极，需分别与热电偶的正、负极相连。补偿导线的作用只是延伸热电偶的自由端，当自由端 $t_0 \neq 0$ 时，还需进行其他补偿与修正。

### 2. 计算法

当热电偶冷端温度不是 0 ℃，而是 $t_0$ 时，根据热电偶中间温度定律，可得热电势的计算校正公式：

$$E(t,0) = E(t,t_0) + E(t_0,0) \tag{2.4.12}$$

式中，$E(t,0)$表示冷端为 0 ℃，而热端为 $t$ 时的热电势；$E(t,t_0)$表示冷端为 $t_0$，而热端为 $t$ 时的热电势，即实测值；$E(t_0,0)$表示冷端为 0 ℃，而热端为 $t_0$ 时的热电势，即为冷端温度不为 0 ℃时的热电势校正值。

因此，只要知道了热电偶冷端的温度 $t_0$，就可以从分度表中查出对应于 $t_0$ 的热电势 $E(t_0,0)$，然后将这个热电势值与显示仪表所测的读数值 $E(t,t_0)$相加，得出的结果就是热电偶的参考端温度为 0 ℃时，对应于测量端的温度为 $t$ 时的热电势 $E(t,0)$，最后就可以从分度表中查得相对应于 $E(t,0)$的温度，这个温度的数值就是热电偶测量端的实际温度。

例如，S 形热电偶在工作时自由端温度 $t_0=30$ ℃，现测得热电偶的电势为 7.5 mV，欲求被测介质的实际温度。

已知热电偶测得的电势为 $E(t,30)$，即 $E(t,30)=7.5$ mV，其中 $t$ 为被测介质温度。

由分度表可查得 $E(30,0)=0.173$ mV，则

$$E(t,0) = E(t,30) + E(30,0) = (7.5 + 0.173)\ \text{mV} = 7.673\ \text{mV}$$

由分度表可查得 $E(t,0)=7.673$ mV 对应的温度为 830 ℃，则被测介质的实际温度为 830 ℃。

### 3. 补偿电桥法

补偿电桥法是利用不平衡电桥产生的电势来补偿热电偶因冷端温度变化而引起的热电势变化值，如图 2.4.11 所示。不平衡电桥(即补偿电桥)由电阻 $R_1$、$R_2$、$R_3$、$R_{Cu}$(锰铜丝绕制)构成四个桥臂和桥路稳压电源所组成，串接在热电偶测量回路中，热电偶冷端与电阻 $R_{Cu}$感受相同的温度，通常取 20 ℃时电桥平衡($R_1=R_2=R_3=R_{Cu}$)，此时对角线 a、b 两点电位相等，即 $U_{ab=}0$，电桥对仪表的读数无影响。当环境温度高于 20 ℃时，$R_{Cu}$增加，平衡被破坏，a 点电位高于 b 点，产生一个不平衡电压 $U_{ab}$，与热端电势相叠加，一起送入测

量仪表。适当选择桥臂电阻和电流的数值，可使电桥产生的不平衡电压 $U_{ab}$ 正好补偿由于冷端温度变化而引起的热电势变化值，仪表即可指示出正确的温度，由于电桥是在 20 ℃时平衡，所以采用这种补偿电桥必须把仪表的机械零件调整到 20 ℃所对应的位置。

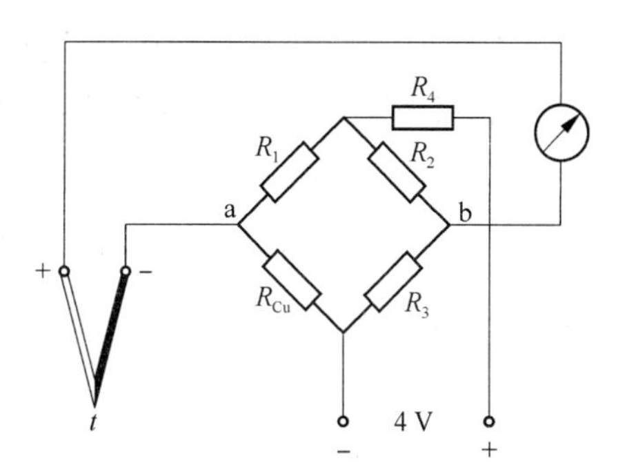

图 2.4.11 冷端温度补偿电桥

**4. 冰浴法**

冰浴法是在科学实验中经常采用的一种方法。为了测量准确，可以把热电偶的冷端置于冰水混合物的容器里，保证使 $t_0=0$ ℃。这种方法最为妥善，然而不够方便，所以仅限于科学实验中应用。为了避免冰水导电引起 $t_0$ 处的结点短路，必须把结点分别置于两个玻璃试管里，如果浸入同一冰点槽，要使之互相绝缘，如图 2.4.12 所示。

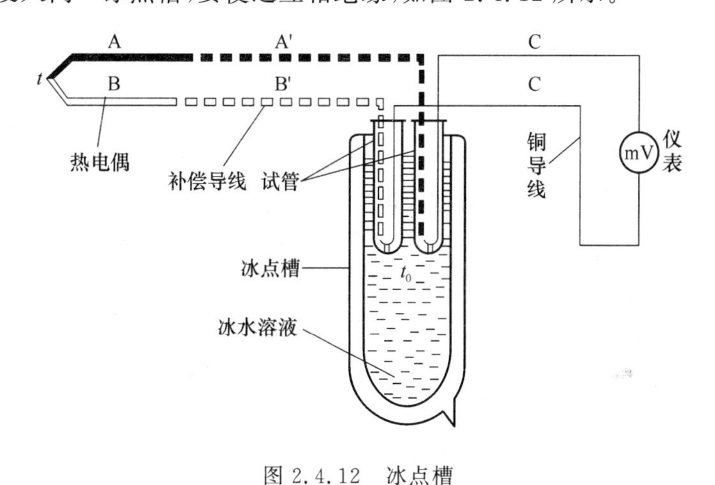

图 2.4.12 冰点槽

**5. 软件处理法**

对于计算机系统，不必全靠硬件进行热电偶冷端处理。例如冷端温度恒定但不为零的情况下，只要在采样后加一个与冷端温度对应的常数即可。对于 $t_0$ 经常波动的情况，可利用热敏电阻或其他传感器把 $t_0$ 输入计算机，按照运算公式设计一些程序，便能自动修正。后一种情况必须考虑输入的通道中除了热电势之外还应该有冷端温度信号，如果多个热电偶的冷端温度不相同，还要分别采样。若占用的通道数太多，宜利用补偿导线将所有的冷端接到同一温度处，只用一个温度传感器和一个修正 $t_0$ 的输入通道就可以了。冷端集中，对于提高多点巡检的速度也很有利。

### 2.4.6 热电偶常用测温线路

**1. 测量某点温度的基本电路**

图 2.4.13 是测量某点温度的基本电路，图中 A、B 为热电偶，C、D 为补偿导线，$t_0$ 为使用补偿导线后的热电偶冷端温度，C 为铜导线。在实际使用时把补偿导线一直延伸到

配用仪表的接线端子，这时冷端温度即为仪表接线端子所处的环境温度。

**2．测量两点之间温度差的测温电路**

图 2.4.14 是测量两点之间温度差的测温电路，用两个相同型号热电偶，配以相同的补偿导线，这种连接方法使各自产生的热电势互相抵消，仪表 G 可测 $t_1$ 和 $t_2$ 之间的温度差。

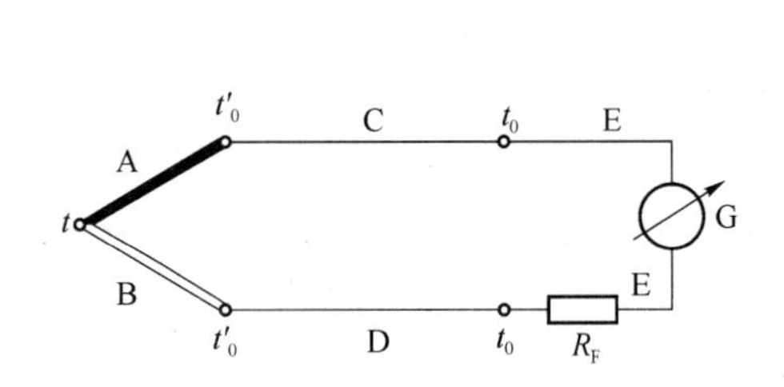


图 2.4.13　测量某点温度的基本电路

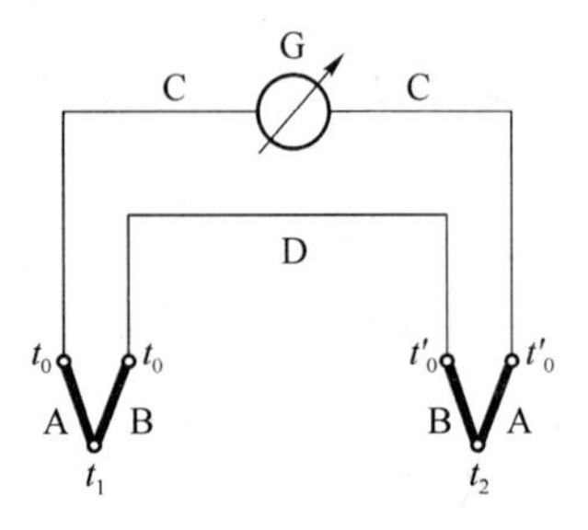


图 2.4.14　测量两点温度差的测量电路

**3．测量多点的测温电路**

多个被测温度用多支热电偶分别测量，但多个热电偶共用一台显示仪表，它们是通过专用的切换开关来进行多点测量的，测温电路如图 2.4.15 所示。

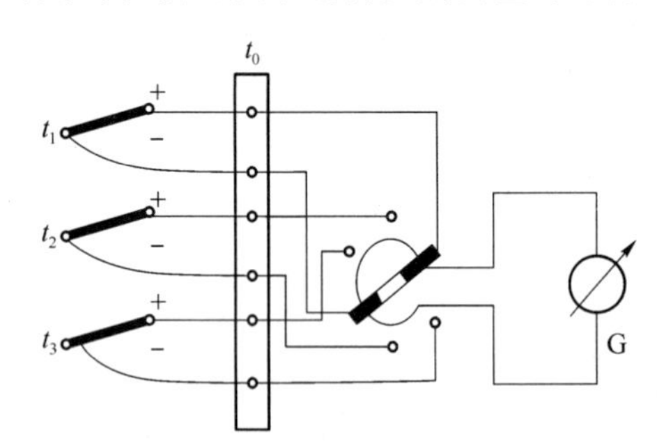


图 2.4.15　多点测温电路

各个热电偶的型号要相同，测温范围不要超过显示仪表的量程。多点测温电路多用于自动巡回检测中，此时温度巡回检测点可多达几十个，以轮流或按要求显示各测量点的被测数值。显示仪表和补偿热电偶只用一个就够了，这样可以大大地节省显示仪表的补偿导线。

**4．测量平均温度的测温电路**

用热电偶测量平均温度一般采用热电偶并联的方法，如图 2.4.16 所示，输入到仪表两端的毫伏值为三个热电偶输出热电动势的平均值，即 $E=(E_1+E_2+E_3)/3$。如果三个热电偶均工作在特性曲线的线性部分，则代表了各点温度的算术平均值。为此，每个热电偶需串联较大电阻。此种电路的特点是：仪表的分度仍旧和单独配用一个热电偶时一样，如果三个热电偶对同一温度点进行测量，则结果为三者的算数平均值，提高测量精度。但是当某一热电偶烧断时不能很快地觉察出来。

**5．测量几点温度之和的测温电路**

用热电偶测量几点温度之和的测温电路一般采用热电偶的串联，如图 2.4.17 所示，输出信号为三个热电偶的热电动势之和，即 $E=E_1+E_2+E_3$，可直接从仪表读出。此种电路的特点是：热电偶烧坏时可立即知道，还可获得较大的热电动势。应用此种电路时，每一热电偶引出的补偿导线还必须回接到仪表中的冷端处。

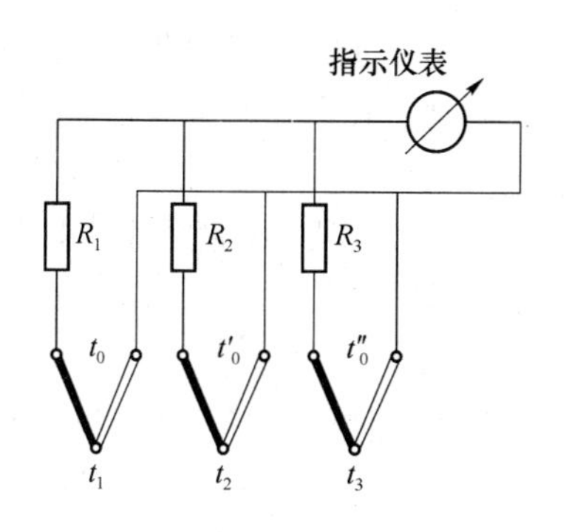


图 2.4.16　热电偶测量平均温度的并联电路

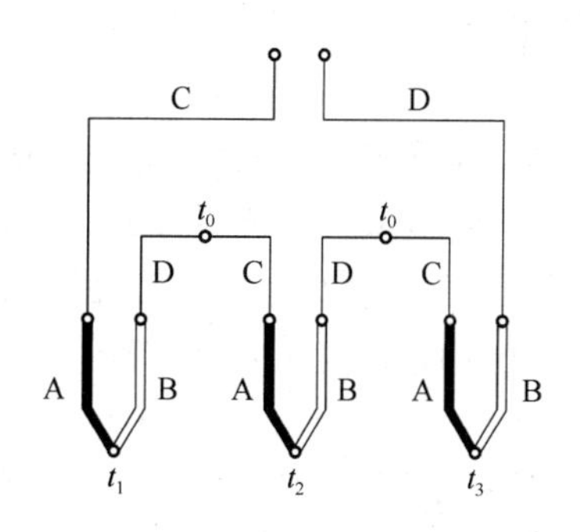


图 2.4.17　热电偶测量几点温度之和的串联电路

## 2.4.7　热电偶测温电路实例

图 2.4.18 所示电路是最简单的热电偶测温电路，ICL7106 的自身功能即可完成冷端补偿和测温。该电路所用热电偶为 K 形，输出灵敏度为 40.7 μV/℃，因此，用 $W_2$ 将 $IC_1$ 的基准电压设置为 40.7 mV，$IC_1$ 便成为满度电压为 81.4 mV 的电压表，相当于温度量程 2 000 ℃。$VD_1$ 为冷端补偿二极管，首先测出其温度系数为 2.38 mV/℃，然后用电阻分压法将其温度系数压缩为 40.7 μV/℃，与热电偶一致。2.38 mV/℃÷40.7μV/℃≈58.48，选电阻 $R_1$ 与 $R_2$ 之比为 58.48，若指定 $R_1$＝33k Ω，则 $R_2$＝574 Ω。当温度上升时，$VD_1$ 压降减小，$R_2$ 上的电压上升，且是与 $VD_1$ 温度系数保持严格比例关系的 40.7 μV/℃。当然，选用的 $VD_1$ 不同时，$R_1$、$R_2$ 的电阻比也应改变。

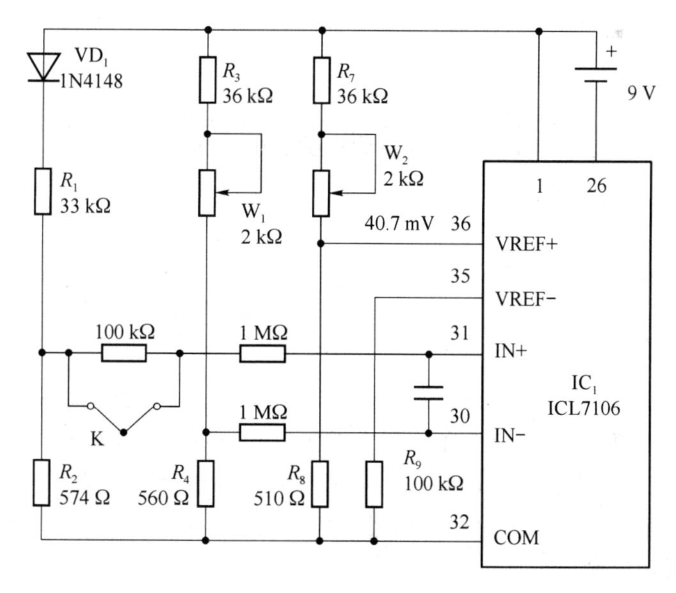


图 2.4.18　简单的热电偶测温电路

热电偶产生的温差电动势叠加在 $R_2$ 的电压上，再输入 $IC_1$ 的 IN＋端。同时，用 $W_1$、$R_3$、$R_4$ 将 $IC_1$ 的 COM 端与电源正端的基准电压进行分压，用以进行平衡调整，使在 0 ℃

时电压表指示为零。这一电压接在 $IC_1$ 的 IN－端。这样,当热电偶的测量端不测量时,其温差电动势为零。电表指示的是 $VD_1$ 测出的环境温度。在测量端测量时,测出的热电偶加在 $VD_1$ 的分压点上,电表指示的是热端温度。

该表的校准办法是,在某一环境温度下(最好是 0 ℃ 时),调 $W_1$ 使数字表显示环境温度。然后再将热电偶置于 100 ℃ 的开水中,调 $W_2$ 使仪表显示 100 ℃。以上校准的前提是 $R_1$、$R_2$ 与 $VD_1$ 的温度系数匹配,否则,应预先校准 $R_2$。

图 2.4.19 电路是脱离了 ICL7106 的独立测温电路,即可用于数字表也可用于指针表。其冷端补偿原理和测温原理与上述电路相同,但用运放将温差电动势加以放大,以适应更广泛的应用场合。该电路按图中元件数值,输出电压为 1 mV/℃。0 ℃时输出电压为零,0 ℃以下输出负电压,用指针表时须改动一下指针 0 点位置。

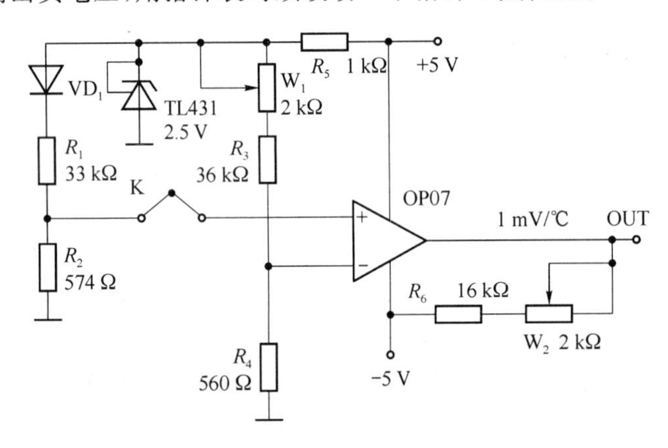


图 2.4.19 独立测温电路

# 2.5 辐射测温原理

## 2.5.1 辐射测温的物理基础

### 1. 热辐射

物体受热激励了原子中的带电粒子,使一部分热能以电磁波的形式向空间传播,它不需要任何物质作为媒介(即在真空条件下也能传播),将热能传递给对方,这种能量的传播方式称为热辐射(简称辐射),传播的能量叫辐射能。辐射能量的大小与波长、温度有关,它们的关系被一系列辐射基本定律所描述,而辐射温度传感器就是以这些基本定律作为工作原理来实现辐射测温的。

黑体是一个可以吸收以任意波长照射在其上的所有辐射的物体。与发射辐射的物体有关的黑体一词由基尔霍夫定律(基尔霍夫,Gustav Robert Kirchhoff,1824—1887,德国物理学家)阐明,该定律指出能够吸收任意波长的所有辐射的物体同样能够发射辐射。

黑体源的结构在原理上非常简单。由不透明吸收材料构成的等温空腔孔隙的辐射特性几乎可以完全代表黑体的属性。完全辐射吸收体结构原理的模型是一个一侧开有小孔的不透光暗箱，如图 2.5.1所示。进入孔隙的任何辐射经多次反射被分散和吸收，只有极小部分可能逸出。孔隙处获得的黑度几乎等于黑体，并且对于所有波长均近乎完全黑体。

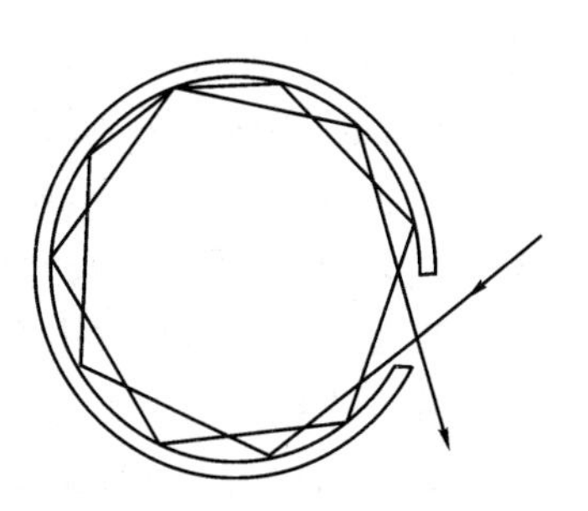

图 2.5.1　黑体模型

**2. 辐射基本定律**

(1) 普朗克定律

德国物理学家普朗克(Max Planck，1858—1947)揭示了在各种不同温度下黑体辐射能量的光谱分布，公式表达为

$$W_\lambda = \frac{2\pi hc^3}{\lambda^5 (e^{\frac{hc}{\lambda kT}} - 1)} \times 10^{-6} (\mathrm{W/m^2 \cdot \mu m}) \tag{2.5.1}$$

式中，$W_\lambda$ 为波长为 $\lambda$ 的黑体光谱辐射率；$T$ 为黑体的绝对温度(K)；$c$ 为光速，$c=3\times10^8$ m/s；$h$ 为普朗克常数，$h=6.63\times10^{-34}$ J·s；$k$ 为玻尔兹曼常数，$k=1.38\times10^{-23}$ J/K；$\lambda$ 为波长($\mu$m)。

(2) 斯忒藩-玻尔兹曼定律

1879 年，奥地利物理学家斯忒藩(Josef Stefan，1835—1893)在实验中确定了黑体辐射总能量与其温度之间的关系。他测得了黑体的单位表面积上在单位时间内发出的全部热辐射的总能量 $E$ 和它的绝对温度 $T$ 的四次方成正比，如公式(2.5.2)所示。1884 年，奥地利科学家玻尔兹曼(Ludwig Edward Boltzmann，1844—1906)根据热力学定律推导出了这一关系，故称斯特藩-玻尔兹曼定律。

$$E = \sigma T^4 \tag{2.5.2}$$

式中，$\sigma$ 为斯忒藩-玻尔兹曼常数，$\sigma=5.67\times10^{-8}$ W/(m$^2$K$^4$)。

此式表明，黑体的全辐射能和它的绝对温度的四次方成正比，所以这一定律又称为四次方定律。工程上常见的材料一般都遵循这一定律，并称之为灰体。

把灰体全辐射能 $E$ 与同一温度下黑体全辐射能 $E_0$ 相比较，就得到物体的另一个特征量黑度 $\varepsilon$，它反映了物体接近黑体的程度。

$$\varepsilon = \frac{E}{E_0} \tag{2.5.3}$$

人体皮肤可近似按灰体处理，假定人体皮肤温度为 35 ℃，发射率为 0.98，则人体皮肤的辐射力为

$$E = \varepsilon\sigma T^4 = 0.98 \times 5.67 \times 10^{-8} \times (273 + 35)^4 \approx 500\ \mathrm{W/m^2} \tag{2.5.4}$$

(3) 维恩位移定律

针对 $\lambda$ 对普朗克公式求微分并确定最大值，得出

$$\lambda_{\mathrm{MAX}} = \frac{2\,898}{T}\mu\mathrm{m} \tag{2.5.5}$$

本定律由德国物理学家维恩(Wilhelm Wien，1864—1928)于 1893 年通过对实验数据的经验总结提出。维恩位移定律是针对黑体来说的，说明了黑体越热，其辐射谱光谱辐射力(某一频率的光辐射能量的能力)的最大值所对应的波长越短。除了绝对零度以外，

其他任何温度下物体辐射的光的频率都是从零到无穷的，只是各个不同的温度对应的“波长－能量”图形不同，而实际物体都是灰体所对应的理想情况。

在宇宙中，不同恒星随表面温度的不同会显示出不同的颜色，温度较高的显蓝色，次之显白色，濒临燃尽而膨胀的红巨星表面温度只有 2 000～3 000 K，因而显红色。太阳的表面温度是 5 778 K，根据维恩位移定律计算所得的峰值辐射波长则为 502 nm，这近似处于可见光光谱范围的中点，为黄光。与太阳表面相比，通电的白炽灯的温度要低数千度，所以白炽灯的辐射光谱偏橙。至于处于“红热”状态的电炉丝等物体，温度要更低，所以更加显红色。温度再下降，辐射波长便超出了可见光范围，进入红外区，譬如人体释放的辐射主要是红外线，军事上使用的红外线夜视仪就是通过探测这种红外线来进行“夜视”的。

### 2.5.2 辐射测温方法

辐射式温度传感器是利用物体的辐射能随温度变化的原理制成的。在应用辐射式温度传感器检测温度时，只需把传感器对准被测物体，而不必与被测物体直接接触。辐射式温度传感器是一种非接触式测温方法，它可以用于检测运动物体的温度和被测对象较小的温度变化。

与接触式测温法相比，它具有如下特点：传感器和被测对象不接触，不会破坏被测对象的温度场，故可测量运动物体的温度并可进行遥测。由于传感器或热辐射探测器不必达到与被测对象同样的温度，故仪表的测温上限不受传感器材料熔点的限制，从理论上说仪表无测温上限。在检测过程中，传感器不必和被测对象达到热平衡，故检测速度快，响应时间短，适于快速测温。

辐射测温方法主要有亮度法、全辐射法和比色法等。

**1. 亮度法**

亮度法是指被测对象投射到检测元件上的被限制在某一特定波长的光谱辐射能量，而能量的大小与被测对象温度之间的关系可由普朗克公式所描述的辐射测温方法得到。比较被测物体与参考源在同一波长下的光谱亮度，并使二者的亮度相等，从而确定被测物体的温度。典型测温传感器是光学高温计。

光学高温计主要是由光学系统和电测系统两部分组成的，其原理如图 2.5.2 所示。

图 2.5.2 上半部为光学系统。物镜 1 和目镜 4 都沿轴向移动，调节目镜的位置，可清晰地看到温度灯泡 3 的灯丝。调节物镜的位置，使被测物体清晰地成像在灯丝平面上，以便比较二者的亮度。在目镜与观察孔之间置有红色滤光片 5，测量时移入视场，使光谱有效波长 $\lambda$ 约为 0.66 $\mu$m，以保证满足单色测温条件。图 2.5.2 下半部为电测系统。温度灯泡 3 和滑线电阻 7、按钮开关 S、电源 $U_S$ 相串联。毫伏表 6 用来测量不同亮度时灯丝两端的电压降，但指示值则以温度刻度表示。调整滑线电阻 7 可以调整流过灯丝的电流，也就调整了灯丝的亮度。一定的电流对应灯丝一定的亮度，因而也就对应一定的温度。

测量时，在辐射热源（被测物体）的发光背景上可以看到弧形灯丝，如图 2.5.3 所示，假如灯丝亮度比辐射热源亮度低，如图 2.5.3(a)所示；如果灯丝的亮度高，则灯丝在暗的背景上显示出亮的弧线，如图 2.5.3(b)所示；假如两者的亮度一样，则灯丝就隐灭在热源

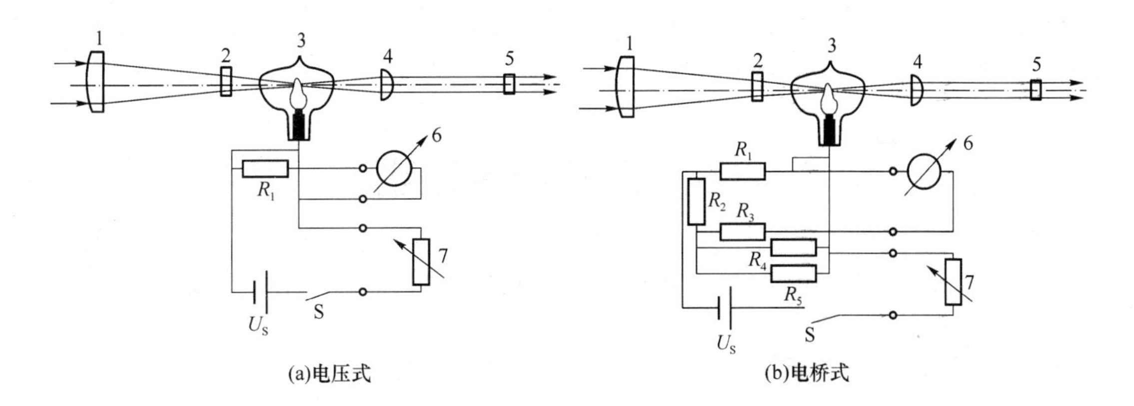


图 2.5.2　光学高温计的原理

1—物镜；2—吸收玻璃；3—温度灯泡；4—目镜；5—红色滤光片；6—毫伏表；7—滑线电阻

的发光背景里，如图 2.5.3(c)所示。这时由毫伏表 6 读出的指示值就是被测物体的亮度温度。

**2. 全辐射法**

全辐射法是指被测对象投射到检测元件上的对应全波长范围的辐射能量，而能量的大小与被测对象温度之间的关系是由斯忒藩-玻尔兹曼定律所描述的辐射测温的方法得到，典型测温传感器是辐射温度计(热电堆)。图 2.5.4 为辐射温度计的工作原理。

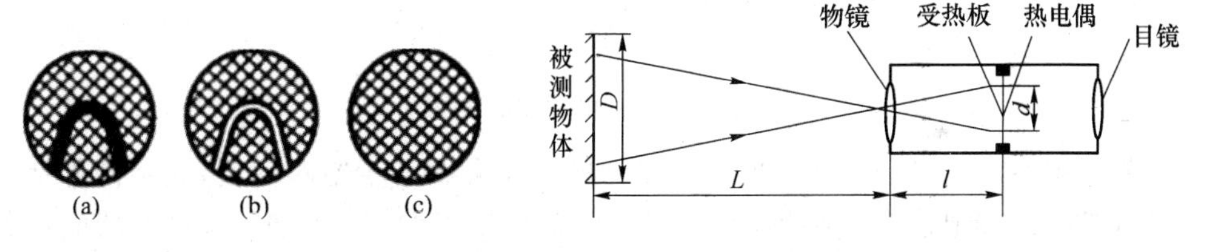


图 2.5.3　灯泡灯丝亮度调整图　　　　图 2.5.4　辐射温度计工作原理

被测物体的辐射线由物镜聚集在受热板上。受热板是一种人造黑体，通常为涂黑的铂片，当吸收辐射能以后温度升高，由连接在受热板上的电热偶或热电阻测定。通常被测物体是 $\varepsilon<1$ 的灰体，如果以黑体辐射作为基准进行标定刻度，那么知道了被测物体的 $\varepsilon$ 值，即可求得被测物体的温度。由灰体辐射的总能量全部被黑体所吸收，这样它们的能量相等，但温度不同，可得

$$\varepsilon\sigma T^4 = \sigma T_0^4 \tag{2.5.6}$$

$$T = \frac{T_0}{\sqrt[4]{\varepsilon}} \tag{2.5.7}$$

式中，$T$ 为被测物体温度；$T_0$ 为传感器测得的温度。

**3. 比色法**

比色法是被测对象的两个不同波长的光谱辐射能量投射到一个检测元件上，或同时投射到两个检测元件上，根据它们的比值与被测对象温度之间的关系实现辐射测温的方法，比值与温度之间的关系由两个不同波长下普朗克公式之比表示，典型测温传感器是比

色温度计。这种测温精度高，抗干扰能力强，所以比色测温是辐射测温中提高测温精度的有效方法。

# 2.6　红外线传感器

红外辐射是一种不可见光，位于可见光中红色光以外的光线，也称红外线。红外线在电磁波谱中的位置如图 2.6.1 所示，它的波长范围在 0.76～1 000 μm。工程上又把红外线所占据的波段分为四部分，即近红外、中红外、远红外和极远红外。

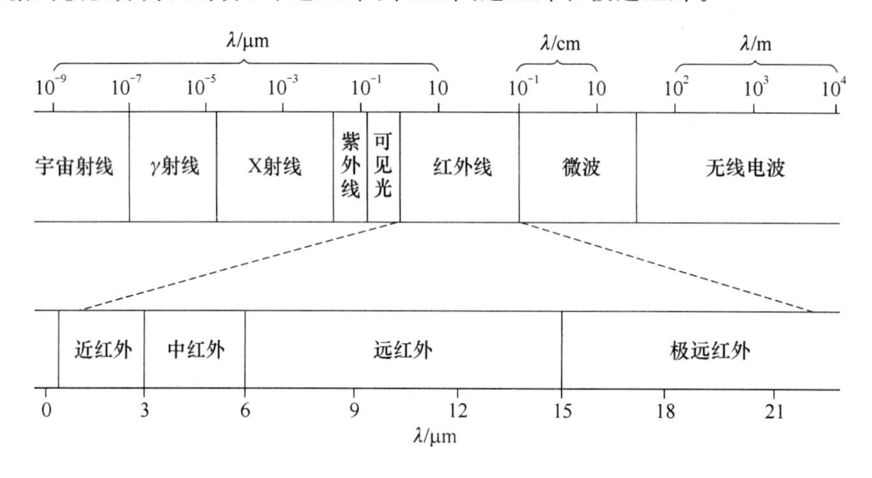


图 2.6.1　电磁波谱图

红外辐射本质上是一种热辐射。任何物体只要温度高于绝对零度，就会向外部空间以红外线的方式辐射能量。物体的温度越高，辐射出来的红外线越多，辐射的能量就越强。物体在向周围发射红外辐射能的同时，也吸收周围物体发射的红外辐射能。

由于各种物质内部的原子、分子结构不同，它们所发射出的辐射频率也不相同，这些频率所覆盖的范围也称为红外光谱。

## 2.6.1　红外线传感器简介

红外线传感器(Infrared Sensor)是一种能感受红外光并将其转换成可用输出信号(通常是电信号)的传感器。其通常包括光学系统、检测元件和转换电路。红外传感器常用于非接触式温度测量、气体成分分析和无损探测，在医学、军事、空间技术和环境工程等领域得到广泛应用。它是红外探测系统的关键部件，其性能好坏将直接影响系统性能的优劣。因此，选择合适的、性能良好的红外传感器，对于红外探测系统是十分重要的。

## 2.6.2　红外线传感器的分类

红外线传感器是利用红外线的物理性质来进行测量的传感器。任何物体，只要它本身具有一定的温度(高于绝对零度)，都能向外发出红外线，因此理论上红外线传感器可以测量任何物体的温度。红外线传感器测量时不与被测物体直接接触，因而不存在摩擦，不影响物体本身的温度性质，并且具有安装方便、测量温度高(可达 1 800 ℃以上)等优点。

红外传感器有两种分类方式：按其应用分类和按其探测原理分类。

(1) 按应用分类

红外辐射计用于辐射和光谱辐射测量。搜索和跟踪系统用于搜索和跟踪红外目标，确定目标空间位置并对其运动进行跟踪。热成像系统用于产生整个目标的红外辐射分布图像。红外测距是通过发射出一束红外光，在照射到物体后形成一个反射波，反射到传感器后接收信号，利用发射与接收的时间差实现测距。

(2) 按探测原理分类

红外光子探测器的工作原理是基于内光电效应或外光电效应。探测器中的电子直接吸收光子的能量，使电子的运动状态发生变化而产生电信号。其主要特点是灵敏度高、响应速度快、响应频率高。但红外光子传感器一般需在低温下才能工作，故需要配备液氦、液氮等制冷设备。此外，光子传感器有确定的响应波长范围，探测波段较窄。

红外热探测器的工作原理是利用辐射热效应。探测器件接收辐射能后引起温度升高，再由接触型测温元件测量温度改变量，从而输出电信号。与光子传感器相比，热传感器的探测率比光子传感器的峰值探测率低，响应速度也慢得多。红外热探测器的光谱响应宽而且平坦，响应范围可扩展到整个红外区域，并且在常温下就能工作，使用方便，因此应用相当广泛。

常用红外热探测器主要有热敏电阻型、热电阻型、热释电型等。其中，热释电探测器的探测效率最高、频率响应最宽，因而这种传感器发展比较快，应用范围也最广。

## 2.6.3　红外线传感器的应用

(1) 焦耳式人体温度测量电路

图 2.6.2 所示为焦耳式人体温度测量电路。在电路中，由于焦耳式体温传感器(热释电红外传感器)的输出阻抗很高，因此在其基板的一侧连接一个场效应管 FET 作为阻抗

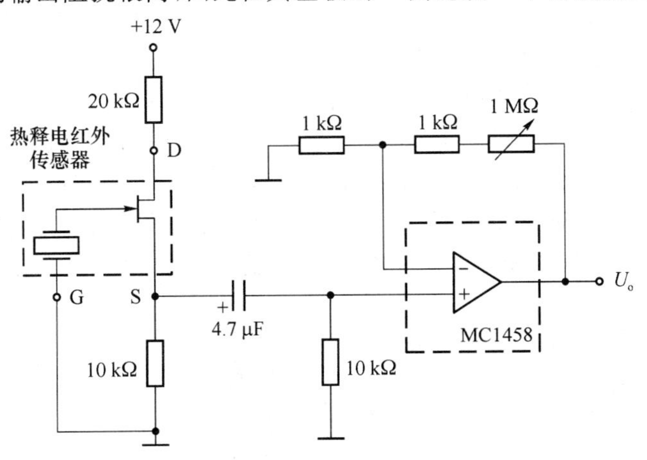


图 2.6.2　焦耳式人体温度测量电路

匹配。工作时,在场效应管 FET 的漏极 D 和源极 S 之间加直流偏压。当人体接近感知器时,在源极 S 端会感应出一个脉冲信号,通过耦合电容送至运算放大器 MC1458 的同相端,进行正向放大输出,经处理之后得到测温结果。

(2) 自控灯电路

图 2.6.3 是热释电红外探测自控灯电路。传感器采用热释电传感器 P228,在白天由于光敏晶体管 $VT_2$ 受到环境光线的作用而导通,使 $VT_3$ 正偏导通,NE555 的 4 脚一直保持低电平,处于复位状态,3 脚输出低电平,继电器 J 释放,故照明灯 H 不亮。晚上,光敏晶体管 $VT_2$ 不受光线作用而截止,使 $VT_3$ 不导通,NE555 的 4 脚为高电平,从而使 NE555 等构成单稳电路处于待触发的状态。

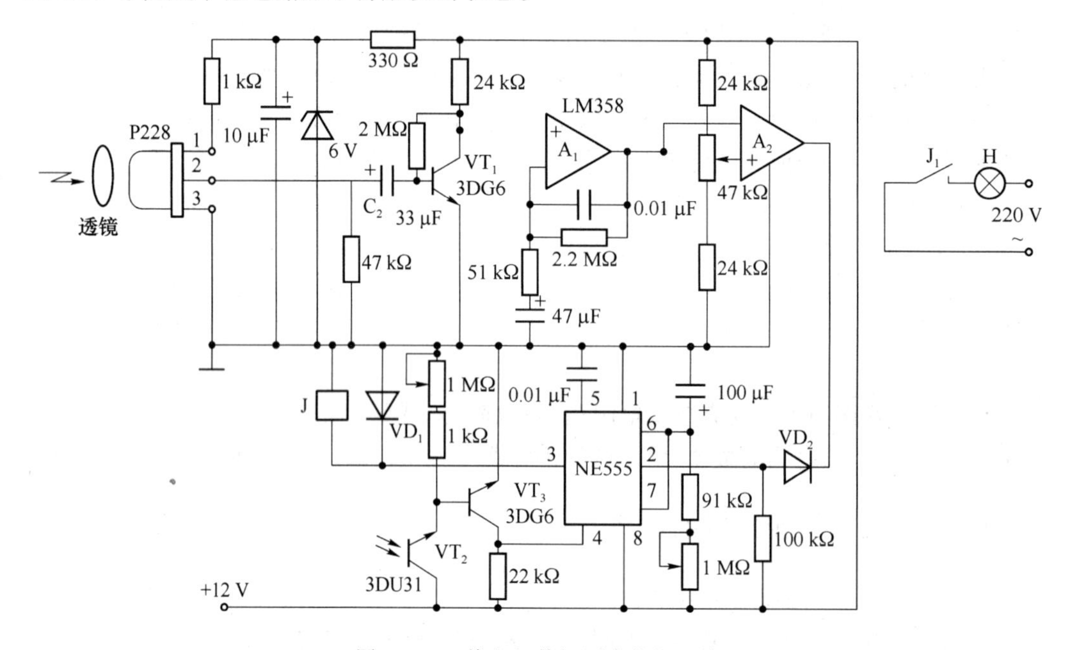


图 2.6.3　热电红外探测自控灯电路

平时,电压比较器 $A_2$ 的同相输入端电位高于反相输入端,输出为高电平,$VD_2$ 截止,NE555 单稳电路处于复位状态,3 脚输出低电平,继电器 J 断电释放,故照明灯 H 不亮。当有人走动时,就会被传感器感知,P228 的 2 脚相应输出一个根据人体移动频率变化的交流信号,经 $C_2$ 耦合加到 $VT_1$ 和 $A_1$ 构成的放大器进行放大,这时 $A_2$ 的反相输入端电位高于同相输入端,输出由高电平变为低电平,$VD_2$ 导通,单稳电路被触发翻转而处于暂稳状态,NE555 的 3 脚输出高电平,继电器 J 通电吸合,照明灯 H 点亮。人离开后,当 NE555 暂稳态时间一到,3 脚恢复为低电平,继电器 J 断电释放,照明灯自动熄灭。

# 课后习题

2.1　水的三态点(三相点)的温度是如何表示的?

2.2　试写出摄氏温度和华氏温度的关系表达式。

2.3 接触式测温和非接触式测温各有什么特点？

2.4 双金属片用于控制温度的工作原理是什么样的？

2.5 铂热电阻测温的特性是什么？

2.6 半导体热敏电阻分哪几类？各有什么特点？

2.7 热敏电阻用于控制三极管的通断电路如何设计？

2.8 什么是热电效应？

2.9 热电动势由哪几部分构成？

2.10 试写出热电偶回路总的热电动势的表达式的公式推导。

2.11 试写出中间导体定律的内容、证明及应用。

2.12 补偿导线的作用是什么？

2.13 掌握热电偶测单点温度、温差电路、串联电路及并联电路的应用。

2.14 掌握维恩定律及斯特藩-玻尔兹曼定律的应用计算。

2.15 红外线在测量中的优点有哪些？

# 第3章　压力检测

在工程测量中所称的压力就是物理学中的压强，它是反映物质状态的一个参数，是工业自动化生产过程中的重要工艺参数之一。本章主要讲解应变式压力计、压电式压力传感器、电容式压力传感器等的测量原理及测压方法。

## 3.1　应变式传感器

电阻应变式传感器是利用电阻应变片将应变转换为电阻变化的传感器，传感器由在弹性元件上粘贴的电阻应变敏感元件构成。

当被测物理量作用在弹性元件上时，弹性元件的变形引起应变敏感元件的阻值变化，通过转换电路将其转变成电量输出，电量变化的大小反映了被测物理量的大小。应变式电阻传感器是目前测量力矩、压力、加速度、重量等参数中应用最广泛的传感器。

### 3.1.1　电阻应变效应

电阻应变片的工作原理是基于应变效应，即当导体产生机械变形时，它的电阻值相应发生变化。

如图 3.1.1 所示，一根金属电阻丝在未受力时，原始电阻值为

$$R = \frac{\rho L}{S} \tag{3.1.1}$$

式中，$\rho$ 为电阻丝的电阻率；$L$ 为电阻丝的长度；$S$ 为电阻丝的截面积。

当电阻丝受到拉力 $F$ 作用时，伸长 $\Delta L$，横截面积相应减小 $\Delta S$，电阻率将因晶格发生变形等因素而改变 $\Delta\rho$，故引起的电阻值相对变化量为

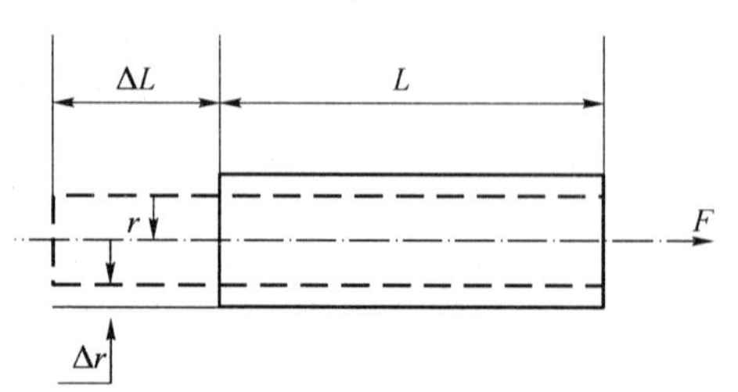


图 3.1.1　金属电阻丝的应变效应

$$\frac{\Delta R}{R} = \frac{\Delta L}{L} - \frac{\Delta S}{S} + \frac{\Delta\rho}{\rho} \tag{3.1.2}$$

式中，$\Delta L/L$ 为长度相对变化量，用应变 $\varepsilon$ 表示，即

$$\varepsilon = \frac{\Delta L}{L} \tag{3.1.3}$$

$\Delta S/S$ 为圆形电阻丝的截面积相对变化量，即

$$\frac{\Delta S}{S} = \frac{2\Delta r}{r} \tag{3.1.4}$$

由材料力学可知，在弹性范围内，金属丝受拉力时，沿轴向伸长，沿径向缩短，那么轴向应变和径向应变的关系可表示为

$$\frac{\Delta r}{r}=-\mu\frac{\Delta L}{L}=-\mu\varepsilon \tag{3.1.5}$$

式中，$\mu$ 为电阻丝材料的泊松比，负号表示应变方向相反。

将式(3.1.3)、式(3.1.4)、式(3.1.5)代入式(3.1.2)，可得

$$\frac{\Delta R}{R}=(1+2\mu)\varepsilon+\frac{\Delta\rho}{\rho} \tag{3.1.6}$$

或

$$\frac{\frac{\Delta R}{R}}{\varepsilon}=(1+2\mu)+\frac{\frac{\Delta\rho}{\rho}}{\varepsilon} \tag{3.1.7}$$

通常把单位应变所引起的电阻值变化称为电阻丝的灵敏度系数。其物理意义是单位应变所引起的电阻相对变化量，其表达式为

$$K=1+2\mu+\frac{\frac{\Delta\rho}{\rho}}{\varepsilon} \tag{3.1.8}$$

灵敏度系数受两个因素影响：一个是受力后材料几何尺寸的变化，即 $1+2\mu$；另一个是受力后材料的电阻率发生的变化，即 $(\Delta\rho/\rho)/\varepsilon$。对金属材料电阻丝来说，灵敏度系数表达式中 $1+2\mu$ 的值要比 $(\Delta\rho/\rho)/\varepsilon$ 大得多。实验证明，在电阻丝拉伸极限内，电阻的相对变化与应变成正比，即 $K$ 为常数。

用应变片测量应变或应力时，根据上述特点，在外力作用下，被测对象产生微小机械变形，应变片随着发生相同的变化，同时应变片电阻值也发生相应变化。当测得应变片电阻值变化量 $\Delta R$ 时，便可得到被测对象的应变值。根据应力与应变的关系，得到应力值 $\sigma$ 为

$$\sigma=E\varepsilon \tag{3.1.9}$$

式中，$\sigma$ 为试件的应力；$\varepsilon$ 为试件的应变；$E$ 为试件材料的弹性模量。

由此可知，应力值 $\sigma$ 正比于应变 $\varepsilon$，而试件应变 $\varepsilon$ 正比于电阻值的变化，所以应力 $\sigma$ 正比于电阻值的变化，这就是利用应变片测量应变的基本原理。

### 3.1.2　电阻应变片的特性

#### 1. 电阻应变片的种类

电阻应变片品种繁多，形式多样。常用的应变片可分为两类：金属电阻应变片和半导体电阻应变片。

(1) 金属应变片

金属应变片由敏感栅、基片、覆盖层和引线等部分组成，如图 3.1.2 所示。

敏感栅是应变片的核心部分，它粘贴在绝缘的基片上，其上再粘贴起保护作用的覆盖层，两端焊接引出导线。金属电阻应变片的敏感栅有丝式、箔式和薄膜式三种。

箔式应变片是利用光刻、腐蚀等工艺制成的一种很薄的金属箔栅，厚度一般在

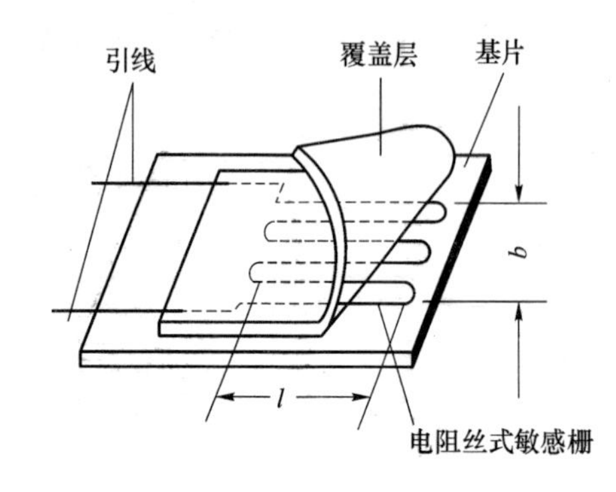


图 3.1.2　金属电阻应变片的结构

0.003～0.01 mm。其优点是散热条件好，允许通过的电流较大，可制成各种所需的形状，便于批量生产。

薄膜应变片是采用真空蒸发或真空沉淀等方法在薄的绝缘基片上形成 0.1 μm 以下的金属电阻薄膜的敏感栅，最后再加上保护层。它的优点是应变灵敏度系数大，允许电流密度大，工作范围广。

(2) 半导体应变片

半导体应变片是用半导体材料制成的，其工作原理是基于半导体材料的压阻效应。所谓压阻效应，是指半导体材料在某一轴向受外力作用时，其电阻率 $\rho$ 发生变化的现象。

半导体应变片受轴向力作用时，其电阻相对变化为

$$\frac{\Delta R}{R}=(1+2\mu)\varepsilon+\frac{\Delta\rho}{\rho} \tag{3.1.10}$$

式中，$\Delta\rho/\rho$ 为半导体应变片的电阻率相对变化量，其值与半导体敏感元件在轴向所受的应变力关系为

$$\frac{\Delta\rho}{\rho}=\sigma\pi=\pi E\varepsilon \tag{3.1.11}$$

式中，$\pi$ 为半导体材料的压阻系数。

将式(3.1.11)代入式(3.1.10)中得

$$\frac{\Delta\rho}{\rho}=(1+2\mu+\pi E)\varepsilon \tag{3.1.12}$$

实验证明，$\pi E$ 比 $1+2\mu$ 大上百倍，所以 $1+2\mu$ 可以忽略，因而半导体应变片的灵敏系数为

$$Ks=\frac{\frac{\Delta R}{R}}{\varepsilon} \tag{3.1.13}$$

半导体应变片的突出优点是灵敏度高，比金属丝式高 50～80 倍，尺寸小，动态响应好。缺点是它的温度系数大，受外界温度变化的影响大。另外，在测量时，非线性比较严重。

**2. 横向效应**

当将图 3.1.3 所示的应变片粘贴在被测试件上时，由于其敏感栅是由 $n$ 条长度为 $l_1$ 的直线段和 $n-1$ 个半径为 $r$ 的半圆组成，若该应变片承受轴向应力而产生纵向拉应变 $\varepsilon_x$，则各直线段的电阻将增加，但在半圆弧段则受到 $\varepsilon_x$ 和 $\varepsilon_r$ 共同变化的应变，圆弧段电阻的变化将小于沿轴向安放的同样长度电阻丝电阻的变化。综上所述，将直的电阻丝绕成敏感栅后，虽然长度不变、应变状态相同，但由于应变片敏感栅的电阻变化较小，因而其灵敏系数 $K$ 较电阻丝的灵敏系数 $K_0$ 小，这种现象称为应变片的横向效应。

当实际使用应变片的条件与其灵敏系数 $K$ 的标定条件不同时，或受非单向应力状态

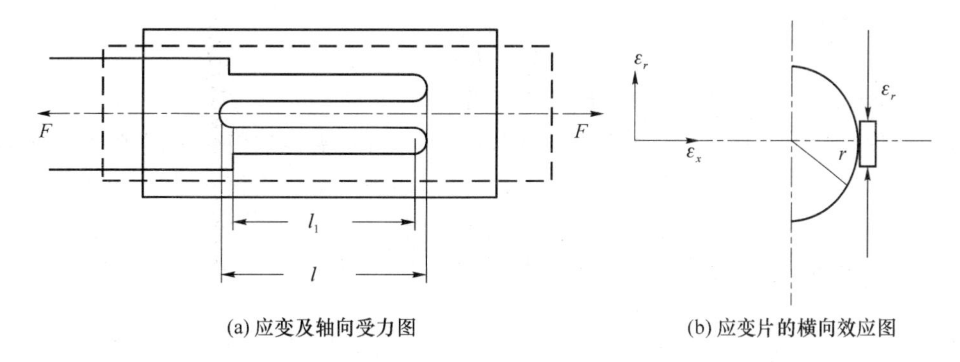


(a) 应变及轴向受力图　　(b) 应变片的横向效应图

图 3.1.3　应变片轴向受力及横向效应

时，由于横向效应的影响，实际 $K$ 值要改变，如仍按标称灵敏系数来进行计算，可能造成较大误差。当不能满足测量精度要求时，应进行必要的修正，为了减小横向效应产生的测量误差，一般多采用箔式应变片。

**3. 应变片材料**

常见的应变片材料如表 3.1.1 所示。

**表 3.1.1　常见的应变片材料**

| 材料名称 | 成分 | | 灵敏度 | 电阻率 | 温度系数 | 线胀系数 |
|---|---|---|---|---|---|---|
| | 元素 | 含量 | $S_g$ | Ωm | $\times10^{-6}$/℃ | $\times10^{-6}$/℃ |
| 康铜 | Cu<br>Ni | 57%<br>43% | 1.7～2.1 | 0.49 | −20～20 | 14.9 |
| 镍铬合金 | Ni<br>Cr | 80%<br>20% | 2.1～2.5 | 0.9～1.1 | 110～150 | 14.0 |
| 镍铬铝合金<br>（卡玛合金） | Ni<br>Cr<br>Al<br>Fe | 73%<br>20%<br>3%～4%<br>余量 | 2.4～2.6 | 1.33 | −10～10 | 13.3 |

## 3.1.3　应变片的温度误差及补偿

**1. 应变片的温度误差**

由于测量现场环境温度的改变而给测量带来的附加误差，称为应变片的温度误差。产生应变片温度误差的主要因素如下。

(1) 电阻温度系数的影响

敏感栅的电阻丝阻值随温度变化的关系可用下式表示：

$$R_t = R_0(1 + \alpha_0 \Delta t) \tag{3.1.14}$$

式中，$R_t$ 为温度为 $t$ 时的电阻值；$R_0$ 为温度为 0 ℃时的电阻值；$\alpha_0$ 为金属丝的电阻温度系数；$\Delta t$ 为温度变化值。

当温度变化 $\Delta t$ 时，电阻丝电阻的变化值为

$$\Delta R_{\alpha}=R_{t}-R_{0}=R_{0}\alpha_{0}\Delta t \tag{3.1.15}$$

(2) 试件材料和电阻丝材料的线膨胀系数的影响

当试件与电阻丝材料的线膨胀系数相同时，不论环境温度如何变化，电阻丝的变形仍和自由状态一样，不会产生附加变形。当试件和电阻丝线膨胀系数不同时，由于环境温度的变化，电阻丝会产生附加变形，从而产生附加电阻。

设电阻丝和试件在温度为 0 ℃时的长度均为 $L_0$，它们的线膨胀系数分别为 $\beta_s$ 和 $\beta_g$，若两者不粘贴，则它们的长度分别为

$$L_{s}=L_{0}(1+\beta_{s}\Delta t) \tag{3.1.16}$$

$$L_{g}=L_{0}(1+\beta_{g}\Delta t) \tag{3.1.17}$$

当二者粘贴在一起时，电阻丝产生的附加变形 $\Delta L$、附加应变 $\varepsilon_\beta$ 和附加电阻变化 $\Delta R_\beta$ 分别为

$$\Delta L=L_{g}-L_{s}=(\beta_{g}-\beta_{s})L_{0}\Delta t \tag{3.1.18}$$

$$\varepsilon_{\beta}=\Delta L/L_{0}=(\beta_{g}-\beta_{s})\Delta t \tag{3.1.19}$$

$$\Delta R_{\beta}=K_{0}R_{0}\varepsilon_{\beta}=K_{0}R_{0}(\beta_{g}-\beta_{s})\Delta t \tag{3.1.20}$$

由式(3.1.15)和式(3.1.20)可得，由于温度变化而引起的应变片总电阻相对变化量为

$$\begin{aligned}\frac{\Delta R}{R_{0}}&=\frac{\Delta R_{\alpha}+\Delta R_{\beta}}{R_{0}}=\alpha_{0}\Delta t+K_{0}(\beta_{g}-\beta_{s})\Delta t\\&=[\alpha_{0}+K_{0}(\beta_{g}-\beta_{s})]\Delta t=\alpha\Delta t\end{aligned} \tag{3.1.21}$$

可知，因环境温度变化而引起的附加电阻的相对变化量，除了与环境温度有关外，还与应变片自身的性能参数($K_0$、$\alpha_0$、$\beta_s$)以及被测试件线膨胀系数 $\beta_g$ 有关。

**2. 电阻应变片的温度补偿方法**

电阻应变片的温度补偿方法通常有线路补偿法和应变片自补偿两大类。

(1) 线路补偿法

电桥补偿是最常用的且效果较好的线路补偿法。图 3.1.4 所示是电桥补偿法的原理图。电桥输出电压 $U_0$ 与桥臂参数的关系为

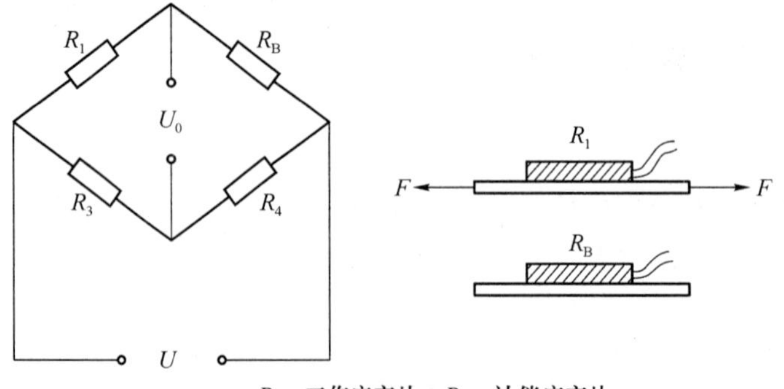

$R_1$—工作应变片；$R_B$—补偿应变片

图 3.1.4　电桥补偿法

$$U_0 = A(R_1R_4 - R_BR_3) \tag{3.1.22}$$

式中,$A$ 为由桥臂电阻和电源电压决定的常数;$R_1$ 为工作应变片;$R_B$ 为补偿应变片。

由式(3.1.22)可知,当 $R_3$ 和 $R_4$ 为常数时,$R_1$ 和 $R_B$ 对电桥输出电压 $U_0$ 的作用方向相反。利用这一基本关系可实现对温度的补偿。

测量应变时,工作应变片 $R_1$ 粘贴在被测试件表面上,补偿应变片 $R_B$ 粘贴在与被测试件材料完全相同的补偿块上,且仅工作应变片承受应变。

当被测试件不承受应变时,$R_1$ 和 $R_B$ 又处于同一环境温度为 $t$ 的温度场中,调整电桥参数,使之达到平衡,有

$$U_0 = A(R_1R_4 - R_BR_3) = 0 \tag{3.1.23}$$

工程上,一般按 $R_1 = R_B = R_3 = R_4$ 选取桥臂电阻。当温度升高或降低 $\Delta t = t - t_0$ 时,两个应变片因温度而引起的电阻变化量相等,电桥仍处于平衡状态,即

$$U_0 = A[(R_1 + \Delta R_{1t})R_4 - (R_B + \Delta R_{Bt})R_3] = 0 \tag{3.1.24}$$

若此时被测试件有应变 $\varepsilon$ 的作用,则工作应变片电阻 $R_1$ 又有新的增量 $\Delta R_1 = R_1K\varepsilon$,而补偿片因不承受应变,故不产生新的增量,此时电桥输出电压为

$$U_0 = AR_1R_4K\varepsilon \tag{3.1.25}$$

由式(3.1.25)可知,电桥的输出电压 $U_0$ 仅与被测试件的应变 $\varepsilon$ 有关,而与环境温度无关。

应当指出,若实现完全补偿,上述分析过程必须满足以下四个条件。

① 在应变片工作过程中,保证 $R_3 = R_4$。

② $R_1$ 和 $R_B$ 两个应变片应具有相同的电阻温度系数 $\alpha$、线膨胀系数 $\beta$、应变灵敏度系数 $K$ 和初始电阻值 $R_0$。

③ 粘贴补偿片的补偿块材料和粘贴工作片的被测试件材料必须一样,两者线膨胀系数相同。

④ 两应变片应处于同一温度场。

(2) 应变片的自补偿法

这种温度补偿法是利用自身具有温度补偿作用的应变片,称之为温度自补偿应变片。

温度自补偿应变片的工作原理可由式(3.1.21)得出,要实现温度自补偿,必须有

$$\alpha_0 = -K_0(\beta_g - \beta_s) \tag{3.1.26}$$

式(3.1.26)表明,当被测试件的线膨胀系数 $\beta_g$ 已知时,如果合理选择敏感栅材料,即其电阻温度系数 $\alpha_0$、灵敏系数 $K_0$ 和线膨胀系数 $\beta_s$,使式(3.1.26)成立,则不论温度如何变化,均有 $\Delta R_t / R_0 = 0$,从而达到温度自补偿的目的。

### 3.1.4　电阻应变片的测量电路

由于机械应变一般都很小,要把微小应变引起的微小电阻变化测量出来,同时要把电阻相对变化 $\Delta R/R$ 转换为电压或电流的变化,需要有专用测量电路用于测量应变变化而引起电阻变化的测量电路,通常采用直流电桥和交流电桥。

#### 1. 直流电桥

(1) 直流电桥平衡条件

电桥如图 3.1.5 所示,$E$ 为电源,$R_1$、$R_2$、$R_3$ 及 $R_4$ 为桥臂电阻,$R_L$ 为负载电阻。

输出电压为

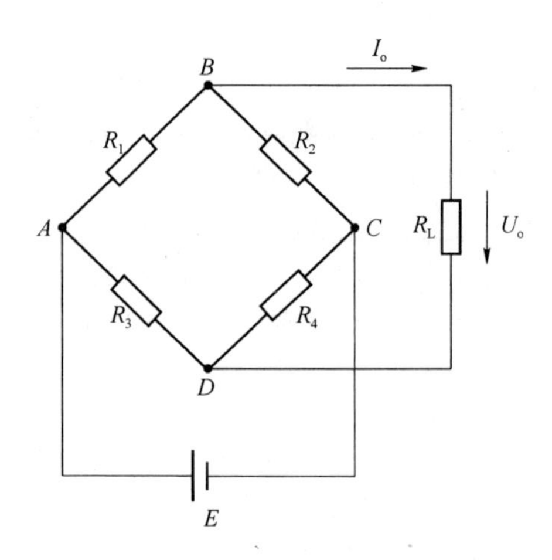


图 3.1.5 直流电桥

$$U_o = E\left(\frac{R_1}{R_1 + R_2} - \frac{R_3}{R_3 + R_4}\right) \tag{3.1.27}$$

当电桥平衡时，$U_o = 0$，则有

$$R_1 R_4 = R_2 R_3 \tag{3.1.28}$$

或

$$\frac{R_1}{R_2} = \frac{R_3}{R_4} \tag{3.1.29}$$

式(3.1.29)称为电桥平衡条件。这说明欲使电桥平衡，应使其相邻两臂电阻的比值相等，或相对两臂电阻的乘积相等。

(2) 电压灵敏度

$R_1$ 为电阻应变片，$R_2$、$R_3$ 及 $R_4$ 为电桥固定电阻，这就构成了单臂电桥。应变片工作时，其电阻值变化很小，电桥相应输出电压也很小，一般需要加入放大器放大。由于放大器的输入阻抗比桥路输出阻抗高很多，所以此时仍视电桥为开路情况。当产生应变时，若应变片电阻变化为 $\Delta R$，其他桥臂固定不变，电桥输出电压 $U_o \neq 0$，则电桥不平衡输出电压为

$$\begin{aligned} U_o &= E\left(\frac{R_1}{R_1 + \Delta R_1 + R_2} - \frac{R_3}{R_3 + R_4}\right) = E\,\frac{\Delta R_1 R_4}{(R_1 + \Delta R_1 + R_2)(R_3 + R_4)} \\ &= E\,\frac{\dfrac{R_4}{R_3}\dfrac{\Delta R_1}{R_1}}{\left(1 + \dfrac{\Delta R_1}{R_1} + \dfrac{R_2}{R_1}\right)\left(1 + \dfrac{R_4}{R_3}\right)} \end{aligned} \tag{3.1.30}$$

设桥臂比 $n = R_2/R_1$，考虑到平衡条件 $R_2/R_1 = R_4/R_3$，忽略分母中的 $\Delta R_1/R_1$，则式(3.1.30)可写为

$$U_o = E\,\frac{n}{(1+n)^2}\,\frac{\Delta R_1}{R_1} \tag{3.1.31}$$

电桥电压灵敏度定义为

$$K_U = \frac{U_o}{\frac{\Delta R_1}{R_1}} = E\frac{n}{(1+n)^2} \tag{3.1.32}$$

从式(3.1.32)分析发现:①电桥电压灵敏度正比于电桥供电电压。供电电压越高,电桥电压灵敏度越高,但供电电压的提高受到应变片允许功耗的限制,所以要作适当选择。②电桥电压灵敏度是桥臂电阻比值 $n$ 的函数,恰当地选择桥臂比 $n$ 的值,保证电桥具有较高的电压灵敏度。

当 $E$ 值确定后,$n$ 值取何值时使 $K_U$ 最高?

令 $dK_U/dn=0$,求 $K_U$ 的最大值,得

$$\frac{dK_U}{dn} = \frac{1-n^2}{(1+n)^3} = 0 \tag{3.1.33}$$

求得 $n=1$ 时,$K_U$ 最大。这就是说,在电桥电压确定后,当 $R_1=R_2=R_3=R_4$ 时,电桥电压灵敏度最高,此时有

$$U_o = \frac{E}{4}\cdot\frac{\Delta R_1}{R} \tag{3.1.34}$$

$$K_U = \frac{E}{4} \tag{3.1.35}$$

从上述可知,当电源电压 $E$ 和电阻相对变化量 $\Delta R_1/R_1$ 一定时,电桥的输出电压及其灵敏度也是定值,且与各桥臂电阻阻值大小无关。

(3) 非线性误差及其补偿方法

由式(3.1.30)求出的输出电压因略去分母中的 $\Delta R_1/R_1$ 项而得出的是理想值,实际值计算为

$$U'_o = E\frac{n\frac{\Delta R_1}{R_1}}{\left(1+n+\frac{\Delta R_1}{R_1}\right)(1+n)} \tag{3.1.36}$$

非线性误差为

$$\frac{U_o - U'_o}{U_o} = \frac{\frac{\Delta R_1}{R_1}}{1+n+\frac{\Delta R_1}{R_1}} \tag{3.1.37}$$

如果是四等臂电桥,$R_1=R_2=R_3=R_4$,则

$$\gamma_L = \frac{\frac{\Delta R_1}{2R_1}}{1+\frac{\Delta R_1}{2R_1}} \tag{3.1.38}$$

对于一般应变片来说,所受应变 $\varepsilon$ 通常在 $5\times10^{-3}$ 以下,若取 $K_U=2$,则 $\Delta R_1/R_1=K_U\varepsilon=0.01$,代入式(3.1.38)计算得非线性误差为 0.5%;若 $K_U=130$,$\varepsilon=1\times10^{-3}$时,$\Delta R_1/R_1=0.130$,则得到非线性误差为 6%。故当非线性误差不能满足测量要求时,必须予以消除。

为了减小和克服非线性误差,常采用差动电桥,在试件上安装两个工作应变片,一个受拉应变,一个受压应变,接入电桥相邻桥臂,称为半桥差动电路,该电桥输出电压为

$$U_o = E\left(\frac{\Delta R_1 + R_1}{\Delta R_1 + R_1 + R_2 - \Delta R_2} - \frac{R_3}{R_3 + R_4}\right) \tag{3.1.39}$$

若 $\Delta R_1 = \Delta R_2$，$R_1 = R_2$，$R_3 = R_4$，则得

$$U_o = \frac{E}{2} \cdot \frac{\Delta R_1}{R_1} \tag{3.1.40}$$

由式(3.1.40)可知，$U_o$ 与($\Delta R_1/R_1$)呈线性关系，差动电桥无非线性误差，而且电桥电压灵敏度 $K_U = \frac{E}{2}$，比单臂工作时提高一倍，同时还具有温度补偿作用。

若将电桥四臂接入四片应变片，即两个受拉应变、两个受压应变，将两个应变符号相同的接入相对桥臂上，构成全桥差动电路，若 $\Delta R_1 = \Delta R_2 = \Delta R_3 = \Delta R_4$，且 $R_1 = R_2 = R_3 = R_4$，则

$$U_o = E\frac{\Delta R_1}{R_1} \tag{3.1.41}$$

$$K_U = E \tag{3.1.42}$$

全桥差动电路不仅没有非线性误差，而且电压灵敏度是单臂电桥的 4 倍，同时仍具有温度补偿作用。

**2. 交流电桥**

根据直流电桥分析可知，由于应变电桥输出电压很小，一般都要加放大器，而直流放大器易于产生零漂，因此应变电桥多采用交流电桥，如图 3.1.6 所示。

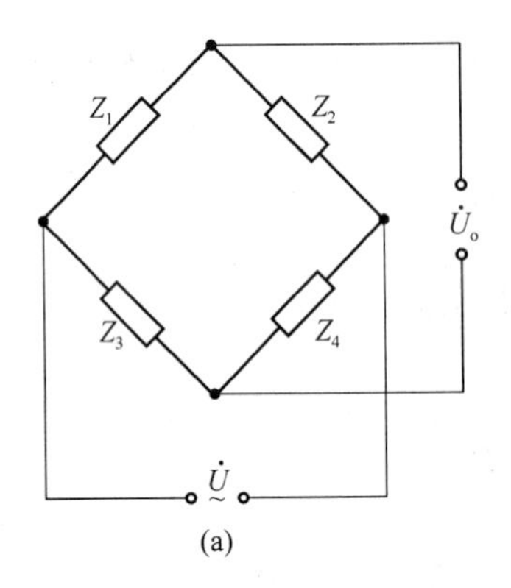


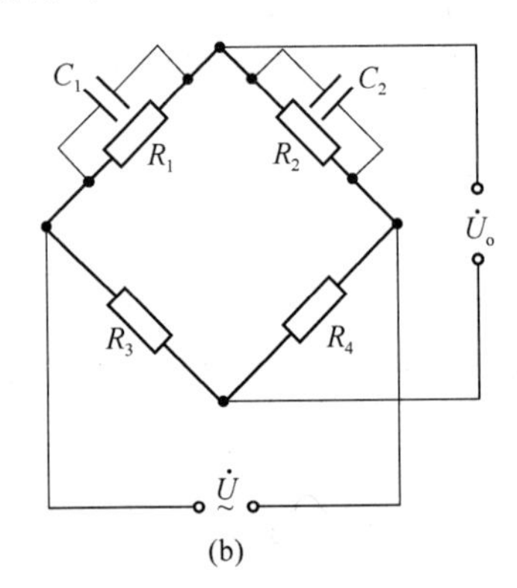


图 3.1.6 交流电桥

由于电桥供电电源为交流电源，引线分布电容使得二桥臂应变片呈现复阻抗特性，即相当于两只应变片各并联了一个电容，则每一桥臂上复阻抗如下：

$$\left.\begin{aligned} Z_1 &= \frac{R_1}{R_1 + j\omega R_1 C_1} \\ Z_2 &= \frac{R_2}{R_2 + j\omega R_2 C_2} \\ Z_3 &= R_3 \\ Z_4 &= R_4 \end{aligned}\right\} \tag{3.1.43}$$

式中，$C_1$、$C_2$ 表示应变片引线分布电容，由交流电路分析可得

$$\dot{U}_{o}=\frac{\dot{U}(Z_1Z_4-Z_2Z_3)}{(Z_1+Z_2)(Z_3+Z_4)} \tag{3.1.44}$$

要满足电桥平衡条件，则有

$$Z_1\cdot Z_4=Z_2\cdot Z_3 \tag{3.1.45}$$

取 $Z_1=Z_4=Z_2=Z_3$，将式(3.1.43)代入式(3.1.45)，可得

$$\frac{R_1}{1+\mathrm{j}\omega R_1C_1}R_4=\frac{R_2}{1+\mathrm{j}\omega R_2C_2}R_3 \tag{3.1.46}$$

$$\frac{R_3}{R_1}+\mathrm{j}\omega R_3C_1=\frac{R_4}{R_2}+\mathrm{j}\omega R_4C_2 \tag{3.1.47}$$

其实部、虚部分别相等，并整理可得交流电桥的平衡条件为

$$\frac{R_2}{R_1}=\frac{R_4}{R_3} \tag{3.1.48}$$

及

$$\frac{R_2}{R_1}=\frac{C_1}{C_2} \tag{3.1.49}$$

对这种交流电桥，除要满足电阻平衡条件外，还必须满足电容平衡条件。为此在桥路上除设有电阻平衡调节外还设有电容平衡调节。电桥平衡调节电路如图 3.1.7 所示。

当被测应力变化引起 $Z_1=Z_0+\Delta Z$，$Z_2=Z_0-\Delta Z$ 变化时，则电桥输出为

$$\dot{U}_0=\dot{U}\left(\frac{Z_0+\Delta Z}{2Z_0}-\frac{1}{2}\right)=\frac{1}{2}\dot{U}\frac{\Delta Z}{Z_0} \tag{3.1.50}$$

### 3.1.5　应变式传感器的应用

#### 1. 应变式力传感器

被测物理量为荷重或力的应变式传感器，统称为应变式力传感器，主要用作各种电子秤与材料试验机的测力元件、发动机的推力测试、水坝坝体承载状况监测等。

应变式力传感器要求有较高的灵敏度和稳定性，当传感器在受到侧向作用力或力的作用点发生轻微变化时，不应对输出有明显的影响。

(1) 柱(筒)式力传感器

图 3.1.8 所示为柱式、筒式力传感器，应变片粘贴在弹性体外壁应力分布均匀的中间部分，对称地粘贴多片，电桥接线时应尽量减小载荷偏心和弯矩的影响，贴片在圆柱面上的位置及在桥路中的连接如图 3.1.8(c)、(d)所示，$R_1$ 和 $R_3$ 串接，$R_2$ 和 $R_4$ 串接，并置于桥路对臂上以减小弯矩影响，横向贴片作温度补偿用。

(2) 环式力传感器

图 3.1.9 所示为环式力传感器结构图及应力分布图。与柱式相比，应力分布变化较大，且有正有负。由图 3.1.9(b)的应力分布可以看出，$R_2$ 应变片所在位置应变为零，故 $R_2$ 应变片起温度补偿作用。

对 $R/h>5$ 的小曲率圆环，可用式(3.1.51)及式(3.1.52)计算出 $A$、$B$ 两点的应变。

$$\varepsilon_A=-\frac{1.09FR}{bh^2E} \tag{3.1.51}$$

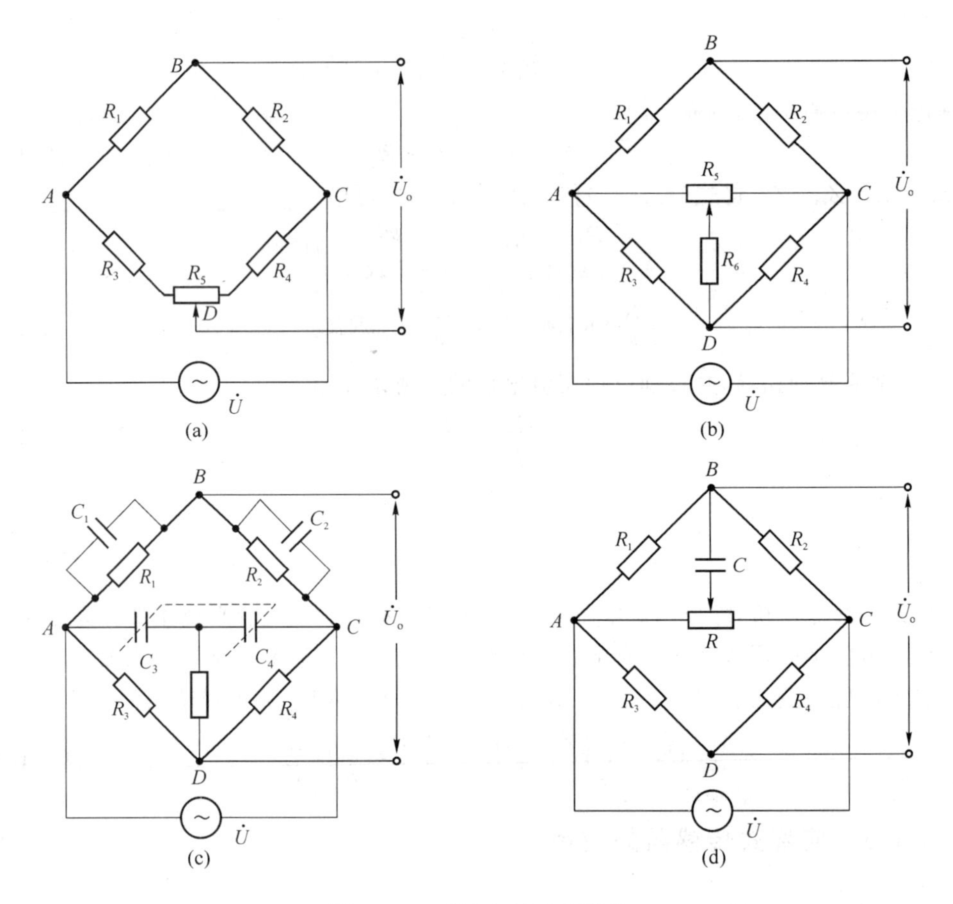


图 3.1.7 交流电桥平衡调节

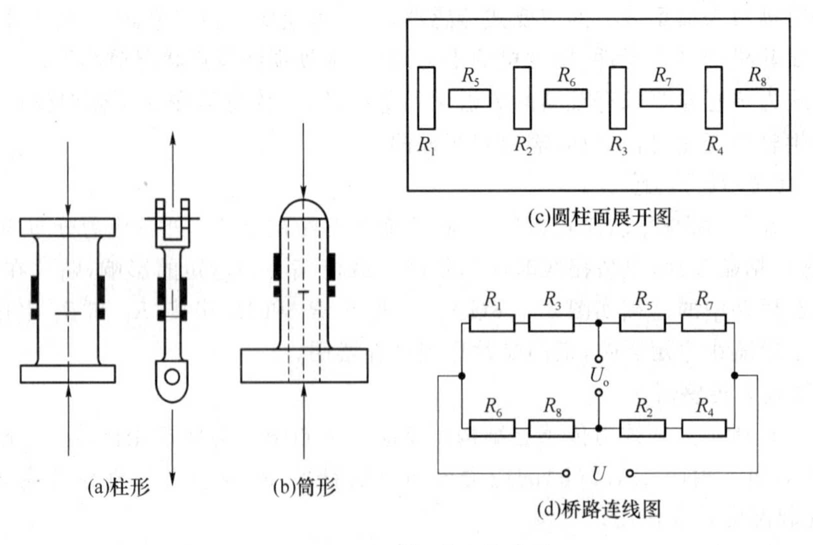


图 3.1.8 柱(筒)式力传感器

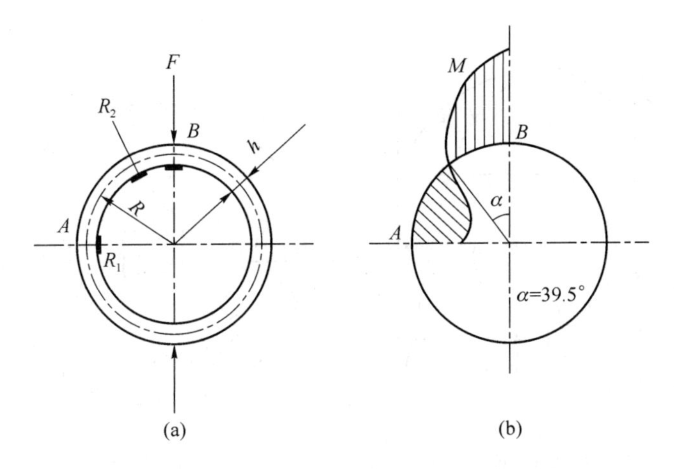


图 3.1.9 环式力传感器

$$\varepsilon_B = \frac{1.91FR}{bh^2E} \tag{3.1.52}$$

式中，$h$ 为圆环厚度；$b$ 为圆环宽度；$E$ 为材料弹性模量。

测出 $A$、$B$ 处的应变，即可确定载荷 $F$。

**2. 应变式压力传感器**

应变式压力传感器主要用来测量流动介质的动态或静态压力，如动力管道设备的进出口气体、液体的压力、发动机内部的压力变化、枪管及炮管内部的压力、内燃机管道压力等。应变片压力传感器大多采用膜片式或筒式弹性元件。

图 3.1.10 所示为膜片式压力传感器，应变片贴在膜片内壁，在压力 $P$ 作用下，膜片产生径向应变 $\varepsilon_r$ 和切向应变 $\varepsilon_t$，表达式分别为

$$\varepsilon_r = \frac{3P(1-\mu^2)(R^2-3x^2)}{8h^2E} \tag{3.1.53}$$

$$\varepsilon_t = \frac{3P(1-\mu^2)(R^2-x^2)}{8h^2E} \tag{3.1.54}$$

式中，$P$ 为膜片上均匀分布的压力；$R$、$h$ 为膜片的半径和厚度；$x$ 为离圆心的径向距离。

由应力分布图可知，膜片弹性元件承受压力 $P$ 时，其应变变化曲线的特点为：当 $x=0$ 时，$\varepsilon_{rmax}=\varepsilon_{tmax}$；当 $x=R$ 时，$\varepsilon_t=0$，$\varepsilon_r=-2\varepsilon_{rmax}$。

根据以上特点，一般在平膜片圆心处切向粘贴 $R_1$、$R_4$ 两个应变片，在边缘处沿径向粘贴 $R_2$、$R_3$ 两个应变片，然后接成全桥测量电路。

**3. 应变式容器内的液体重量传感器**

该传感器有一根传压杆，上端安装微压传感器，为了提高灵敏度，共安装了两只。下端安装感压膜，感压膜感受上面液体的压力。当容器中溶液增多时，感压膜感受的压力就增大。图 3.1.11 是插入式测量容器内液体重量传感器示意图。

容器内感压膜上面溶液重量与电桥输出电压之间的关系式为

$$U_o = (K_1+K_2)Q/A = (K_1+K_2)\rho gh \tag{3.1.55}$$

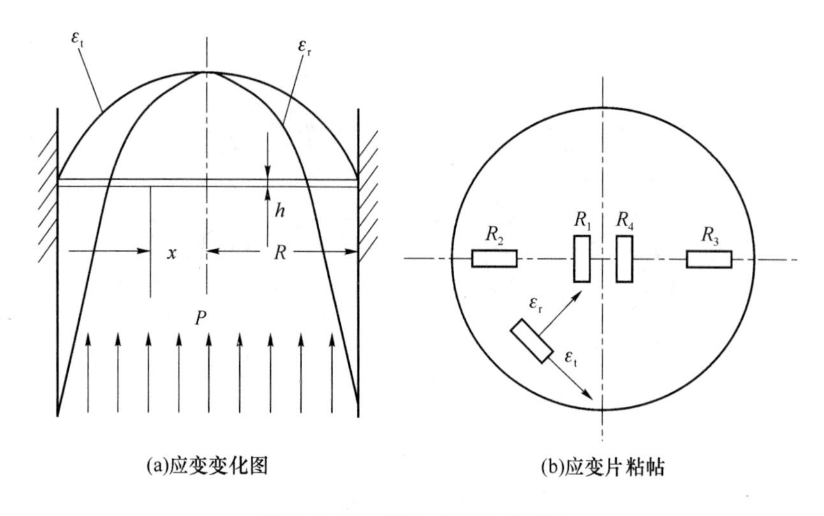


图 3.1.10　膜片式压力传感器

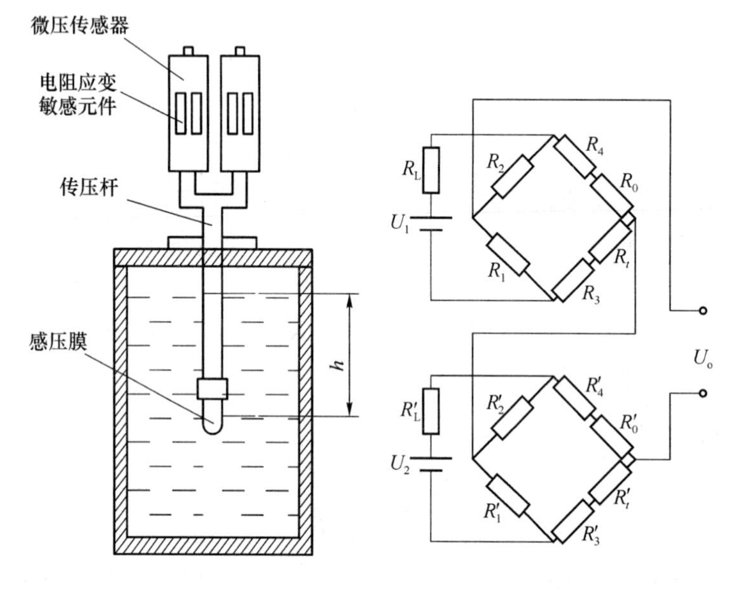


图 3.1.11　应变式容器内的液体重量传感器

式中，$K_1$、$K_2$ 为传感器的传递系数；$Q$ 为感压膜上方溶液重量；$A$ 为柱形容器的截面积；$\rho$ 为容器内液体密度；$h$ 为感压膜处的液位高度。

式(3.1.55)表明，电桥输出电压与柱形容器内感压膜上面溶液的重量呈线性关系，也与感压膜在液体中的高度呈线性关系。将感压膜置于容器底部，可以测量容器内储存的溶液重量。

**4. 应用注意事项**

(1) 应变极限

随着应变加大，应变器件输出的非线性也加大，一般将误差达到 10%时对应的应变作为应变器件的应变极限。

(2) 机械滞后

敏感栅、基底及胶粘层承受机械应变后，一般都会存在残余变形，造成应变器件的机械滞后。

(3) 零漂和蠕变

在恒定温度、无机械应变时，应变器件阻值随时间变化的特性称为零漂；在恒定温度、恒定应变时，应变器件阻值随时间变化的特性称为蠕变。零漂和蠕变产生的主要原因是应变器件制造过程中产生的内应力，以及在一定温度和载荷条件下电阻丝材料、胶粘剂和基底内部结构的变化。

(4) 绝缘电阻

绝缘电阻是指粘在试件上的应变器件的引出线与试件之间的电阻。通常绝缘电阻为50～100 MΩ，在长时间精密测量时要求大于100 MΩ。

(5) 最大工作电流

最大工作电流是指应变器件正常工作允许通过的最大电流。通常静态测量时为25 mA，动态测量时为75～100 mA。工作电流过大会导致应变器件过热、灵敏度变化、零漂和蠕变增加，甚至烧毁。

(6) 温度影响

温度影响是指由温度变化导致的应变器件电阻变化。与由应变引起的电阻变化往往具有同等数量级，须用适当电路进行温度补偿。

### 3.1.6 应变式传感器应用实例

图3.1.12是实用的称重及声光报警电路，可用于起重机、吊车等起重设备的超载保护和钢丝绳的受力控制，还可以用于各种场合的重量、拉力、压力的测量，可任意设定报警值，自动切断动力源，实现自动控制，因此用途广泛。

力敏传感器是由弹性体和粘贴在弹性体上的铂电阻应变片组成的。当传感器受力时应变片产生形变，其阻值发生变化，在应变片桥臂上施加电压，将有电压输出，即可获得与受力成正比的电压信号。此信号经 $A_1$ 放大器放大，一路经A/D转换器转换成数字信号进行显示，另一路和比较器 $A_2$ 和 $A_3$ 进行比较，根据输出信号进行声光报警。

测量不同的受力范围，可选用量程不同的传感器，但报警的输出信号均为0～20 mV。电路中，$RP_1$ 是调满载输出电位器，$RP_2$ 用于调零。7660是电压变换器，把+6 V电压转换为传感器负供桥电压，以提高抗干扰能力。

$A_2$ 和 $A_3$ 分别是110%和90%比较器。当 $A_1$ 输出电压高于 $A_3$ 的同相输入端时，$A_3$ 输出低电平，$VT_6$ 导通，灯 $H_1$ 亮，扬声器发出预报声；当 $A_1$ 输出电压高于 $A_2$ 的同相输入端时，$A_2$ 输出低电平，$VT_5$ 导通，继电器 $J_1$ 吸合，常开触点 $J_{1\text{-}3}$ 和 $J_{1\text{-}4}$ 闭合，灯 $H_2$ 亮，扬声器发出报警声，继电器 $J_1$ 的常闭触点 $J_{1\text{-}1}$ 和 $J_{1\text{-}2}$ 断开，提供给外部设备，用以切断动力源。CW9651为声音集成块，2端接法不同可发出不同声音。

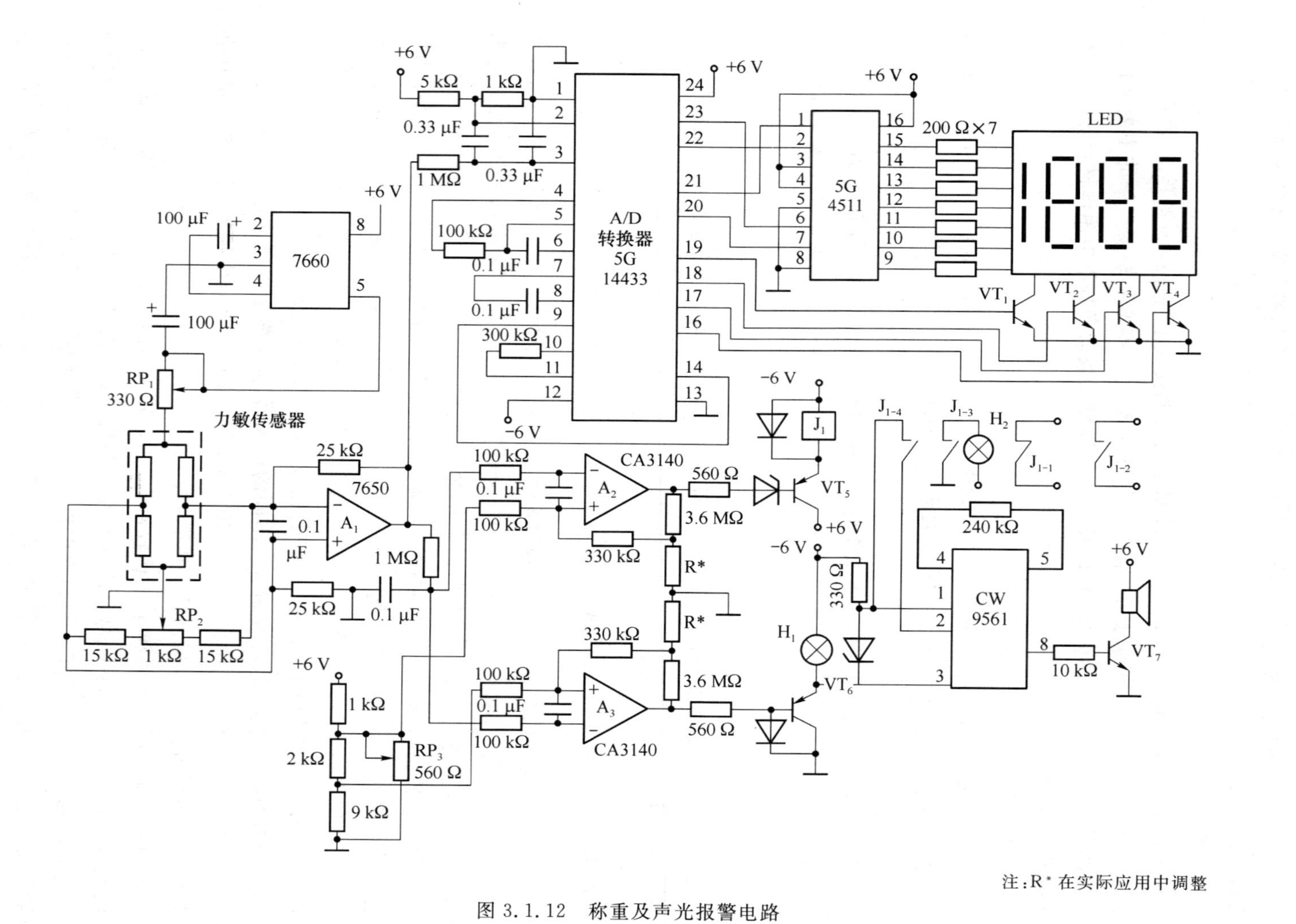


注:R* 在实际应用中调整

图 3.1.12 称重及声光报警电路

# 3.2　压电传感器

压电式传感器的工作原理是基于某些介质材料的压电效应，是典型的有源传感器。当材料受力作用而变形时，其表面会有电荷产生，从而实现非电量测量。压电式传感器具有体积小、重量轻、工作频带宽等特点，因此在各种动态力、机械冲击与振动的测量，以及声学、医学、力学、宇航等方面都得到了非常广泛的应用。

## 3.2.1　压电效应及压电材料

某些电介质，当沿着一定方向对其施加力而使它产生变形时，其内部就会产生极化现象，同时在它的两个表面上便产生符号相反的等量电荷，当外力去掉后，又重新恢复到不带电的状态，这种现象称为压电效应。当作用力方向改变时，电荷的极性也随之改变。

有时人们把这种机械能转为电能的现象，称为"正压电效应"。

相反，当在电介质极化方向上施加电场时，这些电介质也会产生变形，这种现象称为"逆压电效应"，也叫电致伸缩效应。

具有压电效应的材料称为压电材料，压电材料能实现机—电能量的相互转换，如图3.2.1所示。

图3.2.1　压电元件

在自然界中的大多数晶体都具有压电效应，但压电效应十分微弱。随着对材料的深入研究发现，石英晶体、钛酸钡、锆钛酸铅等材料是性能优良的压电材料。

压电材料的主要特性参数如下。

(1) 压电常数

压电常数是衡量材料压电效应强弱的参数，它直接关系到压电元件输出的灵敏度。

(2) 弹性常数

压电材料的弹性常数、刚度决定着压电器件的固有频率和动态特性。

(3) 介电常数

对于一定形状、尺寸的压电元件，其固有电容与介电常数有关，而固有电容又影响着压电传感器的频率下限。

(4) 机械耦合系数

其值等于转换输出能量(如电能)与输入的能量(如机械能)之比的平方根，它是衡量压电材料机—电能量转换效率的一个重要参数。

(5) 电阻

压电材料的绝缘电阻将减少电荷泄漏，从而改善压电传感器的低频特性。

(6) 居里点

压电材料开始丧失压电特性的温度值称为居里点温度。

### 3.2.2 压电效应的物理解释

#### 1. 石英晶体

石英晶体的化学式为 $SiO_2$，是单晶体结构。图 3.2.2(a)表示了天然结构的石英晶体外形，它是一个正六面体。石英晶体各个方向的特性是不同的，其中纵向轴 $z$ 称为光轴，经过六面体棱线并垂直于光轴的 $x$ 轴称为电轴，与 $x$ 轴和 $z$ 轴同时垂直的 $y$ 轴称为机械轴。

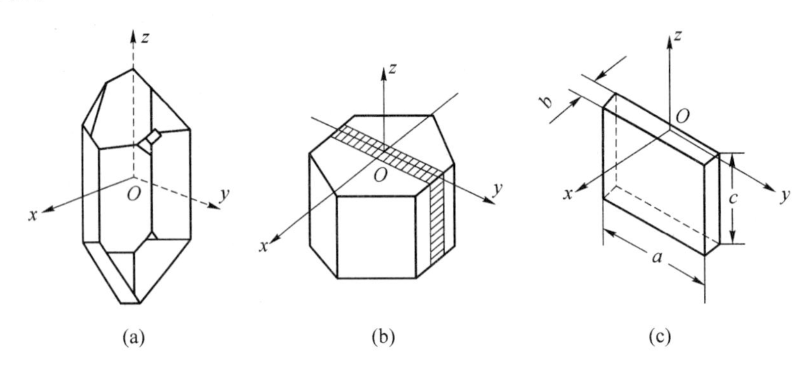


图 3.2.2 石英晶体

通常把沿电轴 $x$ 方向的力作用下产生电荷的压电效应称为“纵向压电效应”，而把沿机械轴 $y$ 方向的力作用下产生电荷的压电效应称为“横向压电效应”。而沿光轴 $z$ 方向受力时不产生压电效应。

若从晶体上沿 $y$ 方向切下一块如图 3.2.2(c)所示晶片，当在电轴方向施加作用力时，在与电轴 $x$ 垂直的平面上将产生电荷，其大小为

$$q_x = d_{11} f_x \tag{3.2.1}$$

式中，$d_{11}$ 为 $x$ 方向受力的压电系数；$f_x$ 为作用力。

若在同一切片上，沿机械轴 $y$ 方向施加作用力 $f_y$，则仍在与 $x$ 轴垂直的平面上产生电荷 $q_y$，其大小为

$$q_y = d_{12} f_y \tag{3.2.2}$$

式中，$d_{12}$ 为 $y$ 轴方向受力的压电系数，$d_{12} = -d_{11}$。

电荷 $q_x$ 和 $q_y$ 的符号由所受力的性质决定。

石英晶体的上述特性与其内部分子结构有关。图 3.2.3 是一个单元组体中构成石英晶体的硅离子和氧离子在垂直于 $z$ 轴的 $xy$ 平面上的投影，等效为一个正六边形排列。图中“⊕”代表硅离子，“⊖”代表氧离子。

当石英晶体未受外力作用时，正、负离子正好分布在正六边形的顶角上，形成三个互成 120°夹角的电偶极矩 $\boldsymbol{P}_1$、$\boldsymbol{P}_2$、$\boldsymbol{P}_3$，如图 3.2.3(a)所示。$\boldsymbol{P} = q\boldsymbol{L}$，$q$ 为电荷，$\boldsymbol{L}$ 为正负电荷之间的距离。此时正负电荷重心重合，电偶极矩的矢量和等于零，即 $\boldsymbol{P}_1 + \boldsymbol{P}_2 + \boldsymbol{P}_3 = 0$，所以晶体表面不产生电荷，即呈中性。当石英晶体受到沿 $x$ 轴方向的压力作用时，晶体沿 $x$ 方向将产生压缩变形，正负离子的相对位置也随之变动。如图 3.2.3(b)所示，此时正负

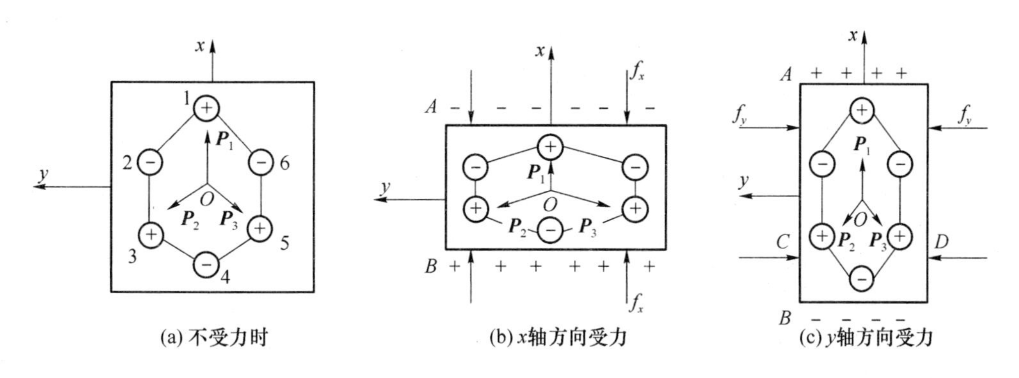


图 3.2.3 石英晶体压电模型

电荷重心不再重合，电偶极矩在 $x$ 方向上的分量由于 $\boldsymbol{P}_1$ 的减小和 $\boldsymbol{P}_2$、$\boldsymbol{P}_3$ 的增加而不等于零，即 $(\boldsymbol{P}_1+\boldsymbol{P}_2+\boldsymbol{P}_3)x>0$，在 $x$ 轴的正方向出现正电荷，电偶极矩在 $y$ 方向上的分量仍为零，不出现电荷。

当晶体受到沿 $y$ 轴方向的压力作用时，晶体的变形如图 3.2.3(c)所示。与图 3.2.3(b)情况相似，$\boldsymbol{P}_1$ 增大，$\boldsymbol{P}_2$、$\boldsymbol{P}_3$ 减小。在 $x$ 轴上出现电荷，它的极性为 $x$ 轴正向为负电荷。在 $y$ 轴方向上不出现电荷。

如果沿 $z$ 轴方向施加作用力，因为晶体在 $x$ 方向和 $y$ 方向所产生的形变完全相同，所以正负电荷重心保持重合，电偶极矩矢量和等于零。这表明沿 $z$ 轴方向施加作用力，晶体不会产生压电效应。

当作用力 $f_x$、$f_y$ 的方向相反时，电荷的极性也随之改变。

**2. 压电陶瓷**

压电陶瓷是人工制造的多晶体压电材料。材料内部的晶粒有许多自发极化的电畴，它有一定的极化方向，从而存在电场。在无外电场作用时，电畴在晶体中杂乱分布，它们的极化效应被相互抵消，压电陶瓷内极化强度为零。因此原始的压电陶瓷呈中性，不具有压电性质，如图 3.2.4(a)所示。

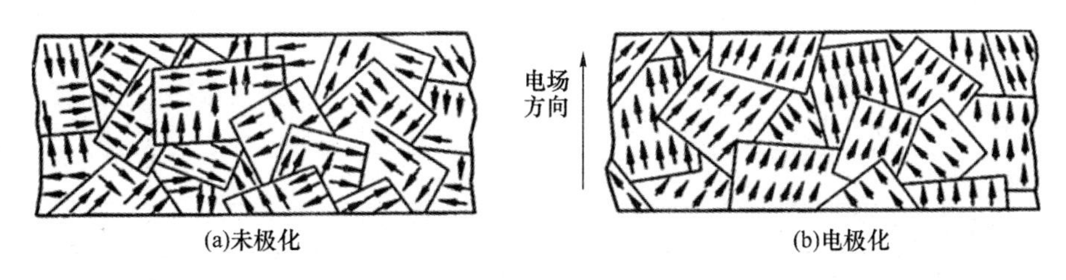


图 3.2.4 压电陶瓷的极化

在陶瓷上施加外电场时，电畴的极化方向发生转动，趋向于按外电场方向的排列，从而使材料得到极化。外电场愈强，就有更多的电畴更完全地转向外电场方向。当外电场强度增加到使所有电畴极化方向都整齐地与外电场方向一致时，材料的极化达到饱和。外电场去掉后，电畴的极化方向基本不变，即剩余极化强度很大，这时的材料才具有压电特性。

极化处理后陶瓷材料内部仍存在有很强的剩余极化，当陶瓷材料受到外力作用时，电畴的界限发生移动，电畴发生偏转，从而引起剩余极化强度的变化，因而在垂直于极化方向的平面上将出现极化电荷的变化。这种因受力而产生的由机械效应转变为电效应、将机械能转变为电能的现象，就是压电陶瓷的正压电效应。电荷的大小与外力成正比关系：

$$q = d_{33}F \tag{3.2.3}$$

式中，$d_{33}$为压电陶瓷的压电系数；$F$为作用力。

压电陶瓷的压电系数比石英晶体的大得多，所以采用压电陶瓷制作的压电式传感器的灵敏度较高。极化处理后，压电陶瓷材料的剩余极化强度和特性与温度有关，它的参数也随时间变化，从而使其压电特性减弱。

最早使用的压电陶瓷材料是钛酸钡（$BaTiO_3$）。它是由碳酸钡和二氧化钛按一定比例混合后烧结而成的。它的压电系数约为石英的 50 倍，但使用温度较低，最高只有 70 ℃，温度稳定性和机械强度都不如石英。

目前使用较多的压电陶瓷材料是锆钛酸铅（PZT 系列），它是钛酸钡（$BaTiO_3$）和锆酸铅（$PbZrO_3$）组成的 $Pb(ZrTi)O_3$。它有较高的压电系数和较高的工作温度。常用压电材料的性能如表 3.2.1 所示。

**表 3.2.1　常用压电材料的性能**

| 性能 \ 压电材料 | 石英 | 钛酸钡 | 锆钛酸铅 PZT-4 | 锆钛酸铅 PZT-5 | 锆钛酸铅 PZT-8 |
|---|---|---|---|---|---|
| 压电系数/($pC \cdot N^{-1}$) | $d_{11}=2.31$<br>$d_{14}=0.73$ | $d_{15}=260$<br>$d_{31}=-78$<br>$d_{33}=190$ | $d_{15}\approx410$<br>$d_{31}=-100$<br>$d_{33}=230$ | $d_{15}\approx670$<br>$d_{31}=-185$<br>$d_{33}=600$ | $d_{15}\approx330$<br>$d_{31}=-90$<br>$d_{33}=200$ |
| 相对介电常数 $\varepsilon_r$ | 4.5 | 1 200 | 1 050 | 2 100 | 1 000 |
| 居里点温度/℃ | 573 | 115 | 310 | 260 | 300 |
| 密度/($10^3$ $kg \cdot m^{-3}$) | 2.65 | 5.5 | 7.45 | 7.5 | 7.45 |
| 弹性模量/($10^3$ $N \cdot m^{-2}$) | 80 | 110 | 83.3 | 117 | 123 |
| 机械品质因数 | $10^5 \sim 10^6$ | | ≥500 | 80 | ≥800 |
| 最大安全应力/($10^5$ $N \cdot m^{-2}$) | 95～100 | 81 | 76 | 76 | 83 |
| 体积电阻率/($\Omega \cdot m$) | $>10^{12}$ | $10^{10}$(25 ℃) | $>10^{10}$ | $10^{11}$(25 ℃) | |
| 最高允许温度/℃ | 550 | 80 | 250 | 250 | |
| 最高允许湿度/(%) | 100 | 100 | 100 | 100 | |

## 3.2.3　压电传感器的测量电路

### 1. 压电传感器的等效电路

由压电元件的工作原理可知，压电传感器可以看作一个电荷发生器。同时，它也是一个电容器，晶体上聚集正负电荷的两表面相当于电容的两个极板，极板间物质等效为一种介质，则其电容为

$$C_a = \frac{\varepsilon_r \varepsilon_0 S}{d} \tag{3.2.4}$$

式中，$S$ 为压电片的面积；$d$ 为压电片的厚度；$\varepsilon_r$为压电材料的相对介电常数。

因此，压电传感器可以等效为一个与电容相串联的电压源，如图 3.2.5(a)所示；也可以等效为一个电荷源，如图 3.2.5(b)所示。电容器上的电压 $U_a$、电荷 $q$ 和电容 $C_a$ 三者关系为

$$U_a = \frac{q}{C_a} \tag{3.2.5}$$

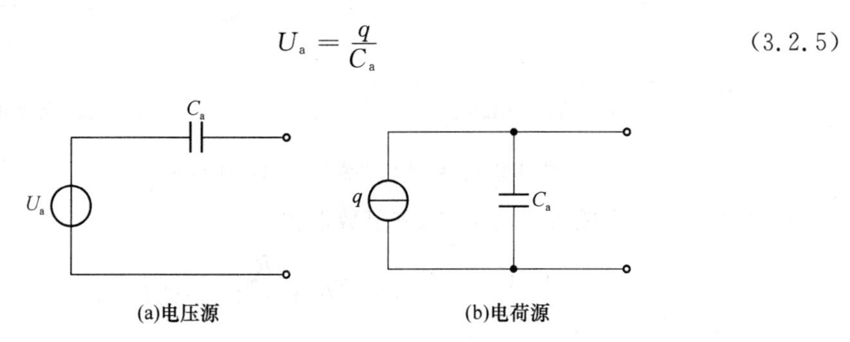


图 3.2.5　压电传感器的等效电路

压电传感器在实际使用时总要与测量仪器或测量电路相连接，因此还须考虑连接电缆的等效电容 $C_c$、放大器的输入电阻 $R_i$、输入电容 $C_i$ 以及压电传感器的泄漏电阻 $R_a$，这样压电传感器在测量系统中的实际等效电路如图 3.2.6 所示。

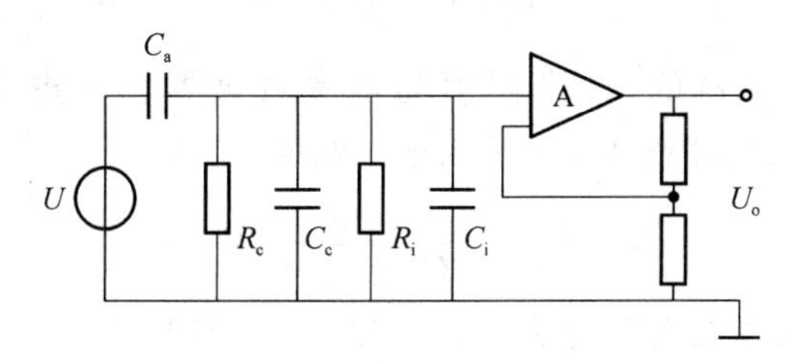


图 3.2.6　压电传感器的实际等效电路

**2. 测量电路特性分析**

压电传感器本身的内阻抗很高，而输出能量较小，因此它的测量电路通常需要接入一个高输入阻抗的前置放大器，其作用为：一是把它的高输出阻抗变换为低输出阻抗；二是放大传感器输出的微弱信号。压电传感器的输出可以是电压信号也可以是电荷信号，因此前置放大器也有两种形式：电压放大器和电荷放大器。

(1) 电压放大器(阻抗变换器)

图 3.2.7(a)、(b)是电压放大器电路原理图及其等效电路，在图 3.2.7(b)中，电阻 $R = R_a R_i / (R_a + R_i)$，电容 $C = C_a + C_c + C_i$，而 $U_a = q/C_a$。若压电元件受正弦力 $F = F_m \sin \omega t$ 的作用，则其电压为

$$U_a = \frac{dF_m}{C_a} \sin \omega t = U_m \sin \omega t \tag{3.2.6}$$

式中，$U_m$ 为压电元件输出电压幅值，$U_m = dF_m / C_a$；$d$ 为压电系数。

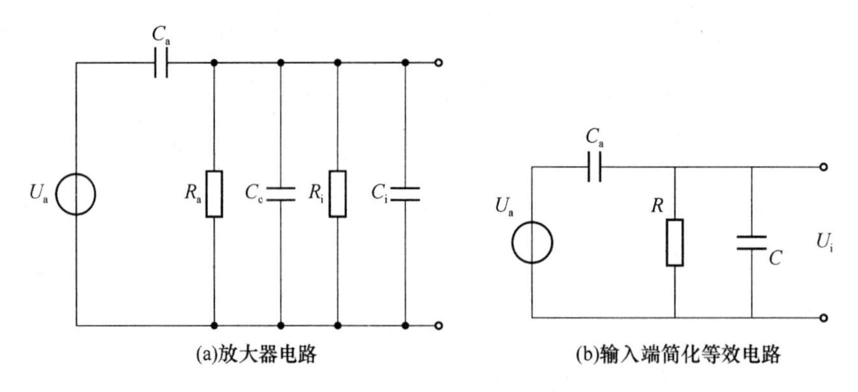


图 3.2.7　电压放大器电路原理及其等效电路

由此可得放大器输入端电压 $U_i$，其复数形式为

$$\dot{U}_i = dF\frac{j\omega R}{1 + j\omega R(C_i + C_a + C_c)} \tag{3.2.7}$$

$U_i$ 的幅值为 $U_{im}$，即

$$U_{im} = \frac{dF_m\omega R}{\sqrt{1 + \omega^2 R^2(C_a + C_c + C_i)^2}} \tag{3.2.8}$$

输入电压和作用力之间相位差为

$$\Phi = \frac{\pi}{2} - \arctan[\omega(C_a + C_c + C_i)R] \tag{3.2.9}$$

在理想情况下，传感器的 $R_a$ 电阻值与前置放大器输入电阻 $R_i$ 都为无限大，即 $\omega R(C_a+C_c+C_i)\gg 1$，那么理想情况下输入电压幅值 $U_{im}$ 为

$$U_{im} = \frac{dF_m}{C_a + C_c + C_i} \tag{3.2.10}$$

式(3.2.10)表明前置放大器的输入电压 $U_{im}$ 与频率无关。一般认为 $\omega/\omega_0 > 3$ 时，就可以认为 $U_{im}$ 与 $\omega$ 无关。$\omega_0$ 表示测量电路时间常数之倒数，即 $\omega_0 = 1/[R(C_a+C_c+C_i)]$。

这表明压电传感器有很好的高频响应。但是当作用于压电元件的力为静态力($\omega=0$)时，则前置放大器的输入电压等于零，因为电荷会通过放大器输入电阻和传感器本身漏电阻漏掉，所以压电传感器不能用于静态力的测量。

$C_c$ 为连接电缆电容，当电缆长度改变时，$C_c$ 也将改变，因而 $U_{im}$ 也随之变化。因此，压电传感器与前置放大器之间的连接电缆不能随意更换，否则将引入测量误差。

(2) 电荷放大器

电荷放大器常作为压电传感器的输入电路，由一个反馈电容 $C_f$ 和高增益运算放大器构成，当略去 $R_a$ 和 $R_i$ 的并联电阻后，电荷放大器可用图 3.2.8 所示等效电路来表示。

图中 A 为运算放大器增益。由于运算放大器输入阻抗极高，放大器输入端几乎没有分流，其输出电压 $U_o$ 为

$$U_o = -\frac{Aq}{C_a + C_c + C_i + C_f(A + 1)} \tag{3.2.11}$$

通常 $A=10^4\sim10^6$，因此若满足 $(1+A)C_f\gg C_a+C_c+C_i$ 时，式(3.2.11)可表示为

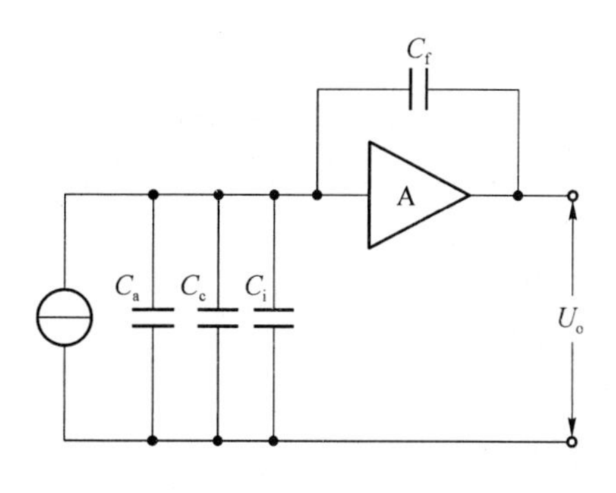


图 3.2.8　电荷放大器等效电路

$$U_o \approx -\frac{q}{C_f} \qquad (3.2.12)$$

由式可见，电荷放大器的输出电压 $U_o$ 与电缆电容 $C_c$ 无关，且与 $q$ 成正比，这是电荷放大器的最大特点。

**3. 压电元件的串联与并联特性**

一般压电元件的连接方式有两种，类似于电容器的连接，以两片为例进行说明。

一种是串联方式。输出的总电荷 $q'$ 等于单片电荷 $q$，输出电压 $U'_a$ 为单片电压 $U_a$ 的 2 倍，总电容 $C'_a$ 为单片电容 $C_a$ 的一半，即 $q'=q, U'_a=2U_a, C'_a=1/2C_a$。

一种是并联方式。其输出电容 $C'_a$ 为单片电容 $C_a$ 的 2 倍，输出电压 $U'_a$ 等于单片电压 $U_a$，极板上的电荷 $q'$ 是单片电荷 $q$ 的 2 倍，即 $C'_a=2C_a, U'_a=U_a, q'=2q$。

在这两种接法中，串联接法的输出电压大，本身电容小，适用于以电压作为输出信号并且测量电路输入阻抗很高的场合。并联接法输出电荷大，时间常数大，宜用于测量缓慢变化的信号。

## 3.2.4　压电式传感器的应用

### 1. 压电式测力传感器

图 3.2.9 是压电式单向测力传感器的结构图，它主要由石英晶片、绝缘套、电极、上盖及基座等组成。

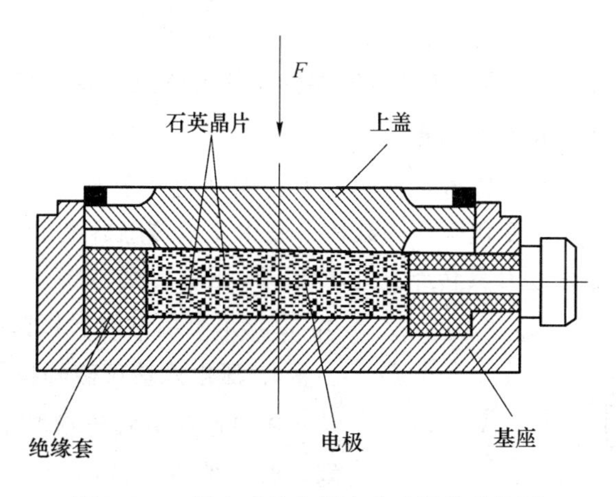


图 3.2.9　压电式单向测力传感器的结构图

传感器上盖为传力元件，它的外缘壁厚为 0.1～0.5 mm，当外力作用时，它将产生弹性变形，将力传递到石英晶片上。石英晶片采用 $xy$ 切型，利用其纵向压电效应，通过 $d_{11}$ 实现力—电转换。石英晶片的尺寸为 $\phi$8 mm×1 mm。该传感器的测力范围为 0～50 N，最小分辨率为 0.01 N，固有频率为 50～60 kHz，整个传感器重 10 g。

**2. 压电式加速度传感器**

图 3.2.10 是一种压电式加速度传感器的结构图。它主要由压电元件、质量块、预压弹簧、基座及外壳等组成。整个部件装在外壳内，并用螺栓加以固定。

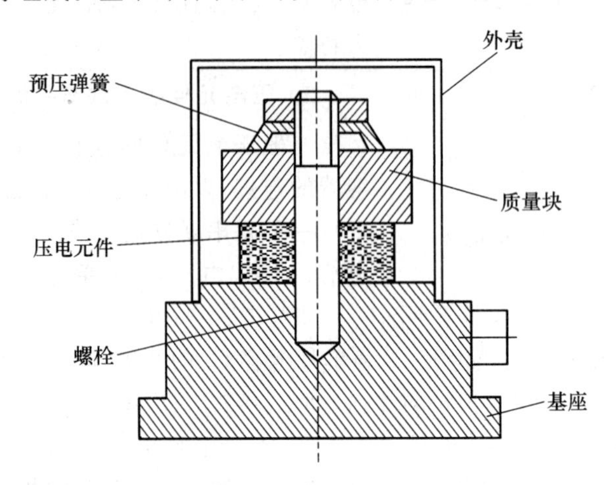


图 3.2.10　压电式加速度传感器结构图

当加速度传感器和被测物一起受到冲击振动时，压电元件受质量块惯性力的作用，根据牛顿第二定律，此惯性力是加速度的函数，即

$$F = ma \tag{3.2.13}$$

式中，$F$ 为质量块产生的惯性力；$m$ 为质量块的质量；$a$ 为加速度。

此时惯性力 $F$ 作用于压电元件上，因而产生电荷 $q$，当传感器选定后，$m$ 为常数，则传感器输出电荷为

$$q = d_{11}F = d_{11}ma \tag{3.2.14}$$

与加速度 $a$ 成正比。因此测得加速度传感器输出的电荷便可知加速度的大小。

**3. 压电式金属加工切削力测量**

图 3.2.11 是利用压电陶瓷传感器测量刀具切削力的示意图。由于压电陶瓷元件的自振频率高，特别适合测量变化剧烈的载荷。图中压电传感器位于车刀前部的下方，当进行切削加工时，切削力通过刀具传给压电传感器，压电传感器将切削力转换为电信号输出，记录下电信号的变化便测得切削力的变化。

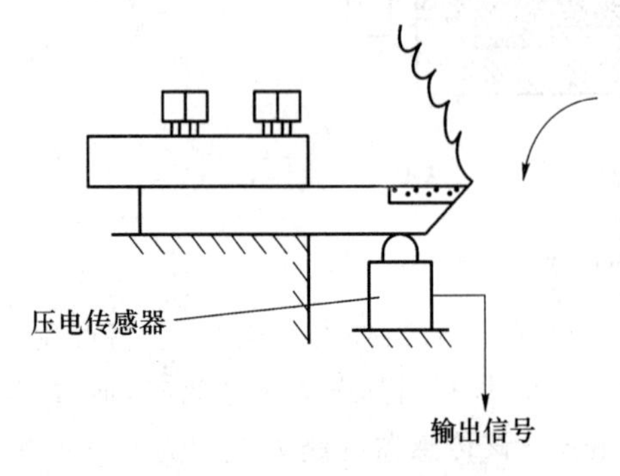


图 3.2.11　压电式刀具切削力测量示意图

**4. 压电式玻璃破碎报警器**

BS-D2 压电式传感器是专门用于检测玻璃破碎的一种传感器，它利用压电元件对振动敏感的特性来感知玻璃受撞击和破碎时产生的振动波。传感器把振动波转换成电压输出，输出电压经放大、滤波、比较等处理后提供给报警系统。

BS-D2 压电式玻璃破碎传感器的外形及内

部电路如图 3.2.12 所示。传感器的最小输出电压为 100 mV，最大输出电压为 100 V，内阻抗为 15～20 kΩ。

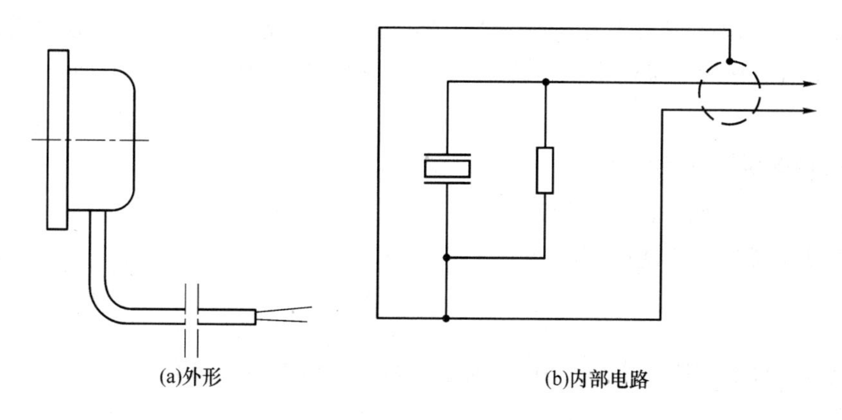


图 3.2.12　BS-D2 压电式传感器

报警器的电路框图如图 3.2.13 所示。使用时，传感器用胶粘贴在玻璃上，然后通过电缆和报警电路相连。为了提高报警器的灵敏度，信号经放大后，需经带通滤波器进行滤波，要求它对选定的频谱通带的衰减要小，而带外衰减要尽量大。由于玻璃振动的波长在音频和超声波的范围内，这就使滤波器成为电路中的关键。当传感器输出信号高于设定的阈值时，才会输出报警信号，驱动报警执行机构工作。

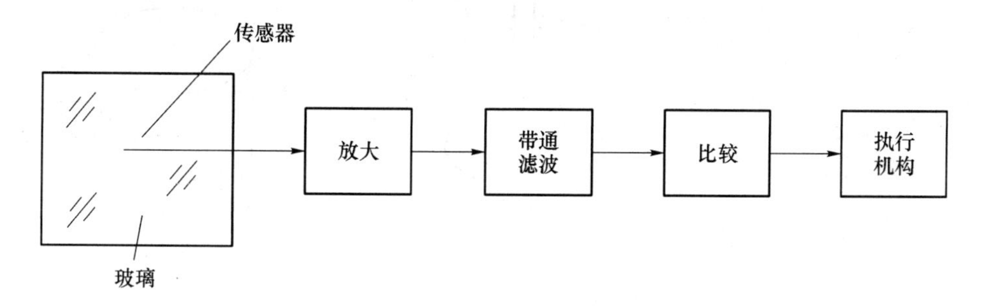


图 3.2.13　压电式玻璃破碎报警器电路框图

# 3.3　电容传感器

## 3.3.1　电容式传感器的工作原理

由绝缘介质分开的两个平行金属板组成的平板电容器，如果不考虑边缘效应，其电容为

$$C = \frac{\varepsilon S}{d} \tag{3.3.1}$$

式中，$\varepsilon$ 为电容极板间介质的介电常数，$\varepsilon=\varepsilon_0\varepsilon_r$，其中 $\varepsilon_0$ 为真空介电常数，$\varepsilon_r$ 为极板间介质

相对介电常数；$S$ 为两平行板所覆盖的面积；$d$ 为两平行板之间的距离。

当被测参数变化使得式中的 $S$、$d$ 或 $\varepsilon$ 发生变化时，电容 $C$ 也随之变化。如果保持其中两个参数不变，而仅改变其中一个参数，就可把该参数的变化转换为电容的变化，通过测量电路就可转换为电量输出。因此，电容式传感器可分为变极距型、变面积型和变介质型三种类型。

**1. 变极距型电容传感器**

图 3.3.1 为变极距型电容式传感器的原理图。当传感器的 $\varepsilon_r$ 和 $S$ 为常数，初始极距为 $d_0$ 时，可知其初始电容 $C_0$ 为

$$C_0 = \frac{\varepsilon_0 \varepsilon_r S}{d_0} \tag{3.3.2}$$

若电容器极板间距离由初始值 $d_0$ 缩小 $\Delta d$，电容增大 $\Delta C$，则有

$$C_1 = C_0 + \Delta C = \frac{\varepsilon_0 \varepsilon_r S}{d_0 - \Delta d} = \frac{C_0}{1 - \dfrac{\Delta d}{d_0}} \tag{3.3.3}$$

由式(3.3.3)可知，传感器的输出特性 $C=f(d)$不是线性关系。变极距型电容传感器只有在 $\Delta d/d_0$ 很小时，才有近似的线性输出。

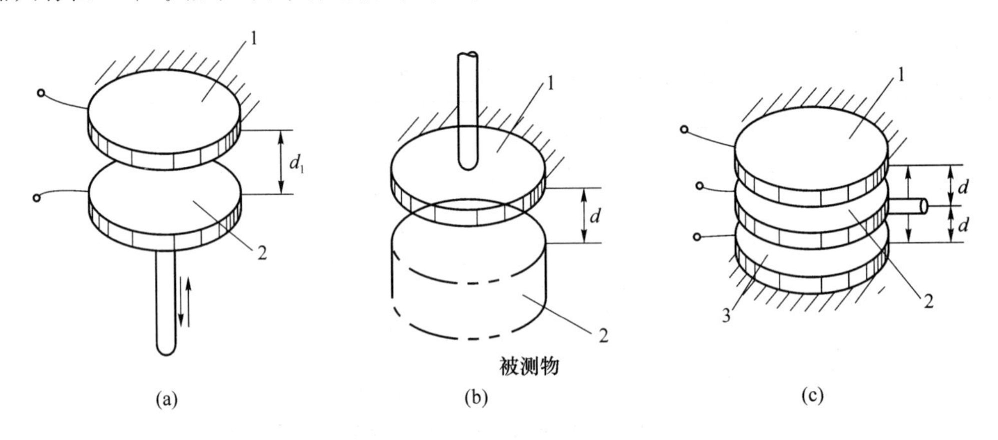


图 3.3.1　变极距型电容式传感器

另外，在 $d_0$ 较小时，对于同样的 $\Delta d$ 变化所引起的 $\Delta C$ 可以增大，从而使传感器灵敏度提高。但 $d_0$ 过小，容易引起电容器击穿或短路。为此，极板间可采用高介电常数的材料(云母、塑料膜等)作介质，此时电容 $C$ 变为

$$C = \frac{S}{\dfrac{d_g}{\varepsilon_0 \varepsilon_g} + \dfrac{d_0}{\varepsilon_0}} \tag{3.3.4}$$

式中，$\varepsilon_g$ 为云母的相对介电常数，$\varepsilon_g=7$；$\varepsilon_0$ 为空气的介电常数，$\varepsilon_0=1$；$d_0$为空气隙厚度；$d_g$为云母片的厚度。

云母片的相对介电常数是空气的 7 倍，其击穿电压不小于 1 000 kV/mm，而空气的仅为 3 kV/mm。因此有了云母片，极板间起始距离可大大减小。同时，能使传感器输出特性的线性度得到改善。

一般变极板间距离电容式传感器的起始电容在 20～100 pF，极板间距离在 25～200 μm，最大位移应小于间距的 1/10，在微位移测量中应用最广。

**2. 变面积型电容式传感器**

图 3.3.2 是变面积型电容传感器原理结构示意图。

$$C = C_0 - \Delta C = \varepsilon_0 \varepsilon_r (a - \Delta x) \frac{b}{d} \tag{3.3.5}$$

式中，$C_0 = \varepsilon_0 \varepsilon_r b_0 a_0 / d_0$，为初始电容。

电容的相对变化量为

$$\frac{\Delta C}{C_0} = \frac{\Delta x}{a} \tag{3.3.6}$$

很明显，这种形式的传感器其电容 $C$ 与水平位移 $\Delta x$ 是线性关系。

在电容式角位移传感器中，当动极板有一个角位移 $\theta$ 时，与定极板间的有效覆盖面积就改变，从而改变了两极板间的电容。

当 $\theta=0$ 时，则

$$C_0 = \frac{\varepsilon_0 \varepsilon_r S_0}{d_0} \tag{3.3.7}$$

式中，$\varepsilon_r$ 为介质相对介电常数；$d_0$ 为两极板间距离；$S_0$ 为两极板间初始覆盖面积。

当 $\theta \neq 0$ 时，则

$$C = \frac{\varepsilon S_0 \left(1 - \frac{\theta}{\pi}\right)}{d_0} \tag{3.3.8}$$

可见，传感器的电容 $C$ 与角位移 $\theta$ 呈线性关系。

**3. 变介质型电容式传感器**

图 3.3.3 是一种变极板间介质的电容式传感器，用于测量液位高低。

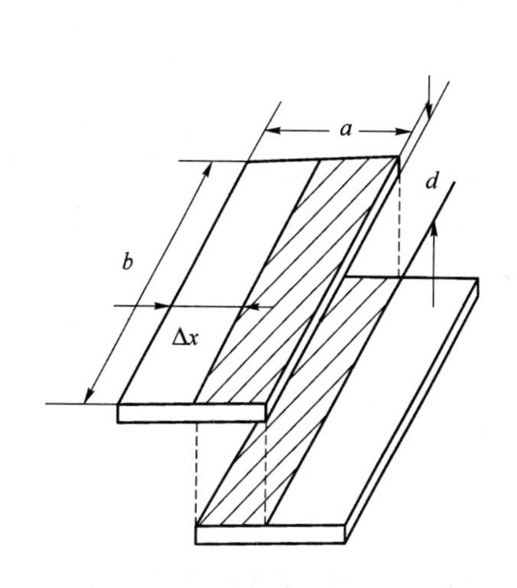


图 3.3.2　变面积型电容传感器

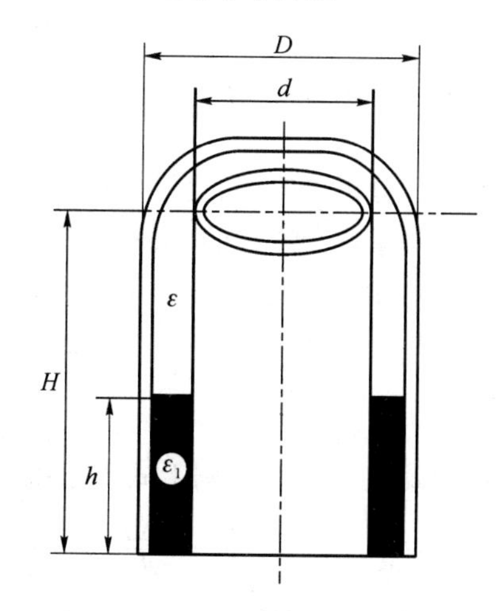


图 3.3.3　电容式液位变换器结构原理图

设被测介质的介电常数为 $\varepsilon_1$，液面高度为 $h$，变换器总高度为 $H$，内筒外径为 $d$，外筒

内径为 $D$，则此时变换器电容为

$$C=\frac{2\pi\varepsilon_1 h}{\ln\dfrac{D}{d}}+\frac{2\pi\varepsilon(H-h)}{\ln\dfrac{D}{d}}=\frac{2\pi\varepsilon H}{\ln\dfrac{D}{d}}+\frac{2\pi h(\varepsilon_1-\varepsilon)}{\ln\dfrac{D}{d}}$$

$$=C_0+\frac{2\pi(\varepsilon_1-\varepsilon)h}{\ln\dfrac{D}{d}} \tag{3.3.9}$$

式中，$\varepsilon$ 为空气介电常数；$C_0$ 为由变换器的基本尺寸决定的初始电容。

可见，此变换器的电容增量正比于被测液位高度。

变介质型电容传感器有较多的结构形式，可以用来测量纸张、绝缘薄膜等的厚度，也可用来测量粮食、纺织品、木材或煤等非导电固体介质的湿度。图 3.3.4 是一种常用的结构形式。图中两平行电极固定不动，极距为 $d_0$，相对介电常数为 $\varepsilon_{r2}$ 的电介质以不同深度插入电容器中，从而改变两种介质的极板覆盖面积。

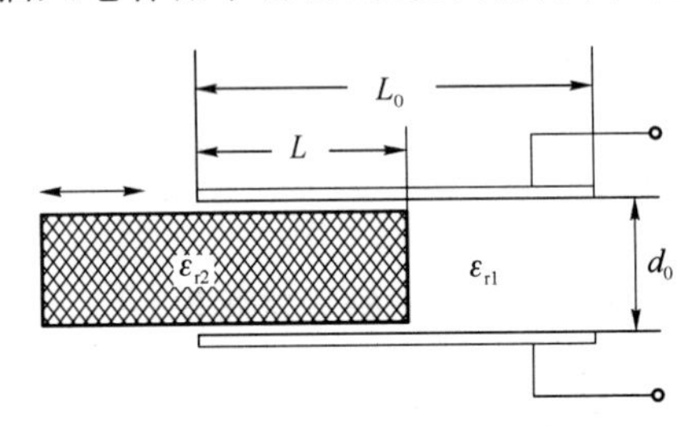

图 3.3.4 变介质型电容式传感器

传感器总电容 $C$ 为

$$C=C_1+C_2=\varepsilon_0 b_0\frac{\varepsilon_{r1}(L_0-L)}{d_0} \tag{3.3.10}$$

式中，$L_0$、$b_0$ 为极板长度和宽度；$L$ 为第二种介质进入极板间的长度。

若电介质 $\varepsilon_{r1}=1$，当 $L=0$ 时，传感器初始电容 $C_0=\dfrac{\varepsilon_0\varepsilon_{r1}L_0 b_0}{d_0}$。当介质 $\varepsilon_{r2}$ 进入极间 $L$ 后，引起电容的相对变化为

$$\frac{\Delta C}{C_0}=\frac{C-C_0}{C_0}=\frac{(\varepsilon_{r2}-1)L}{L_0} \tag{3.3.11}$$

可见，电容的变化与电介质 $\varepsilon_{r2}$ 的移动量 $L$ 呈线性关系。

### 3.3.2 电容式传感器的灵敏度

由以上分析可知，除变极距型电容传感器外，其他几种形式传感器的输入量与输出电容之间的关系均为线性的，故只讨论变极距型平板电容传感器的灵敏度及非线性。

电容的相对变化量为

$$\frac{\Delta C}{C_0}=\frac{\Delta d}{d_0}\left[\frac{1}{1-\dfrac{\Delta d}{d_0}}\right] \tag{3.3.12}$$

当 $|\Delta d/d_0|\ll 1$ 时，则上式可按级数展开，故得

$$\frac{\Delta C}{C_0}=\frac{\Delta d}{d_0}\left[1+\left(\frac{\Delta d}{d_0}\right)+\left(\frac{\Delta d}{d_0}\right)^2+\left(\frac{\Delta d}{d_0}\right)^3+\cdots\right] \tag{3.3.13}$$

因此，输出电容的相对变化量 $\Delta C/C_0$ 与输入位移 $\Delta d$ 之间呈非线性关系。当 $\Delta d/d_0\ll 1$ 时，可略去高次项，得到近似的线性：

$$\frac{\Delta C}{C_0} \approx \frac{\Delta d}{d_0} \tag{3.3.14}$$

可得电容传感器的灵敏度为

$$K = \frac{\Delta C}{\Delta d} = \frac{C_0}{d_0} \tag{3.3.15}$$

它说明了单位输入位移所引起输出电容相对变化的大小与 $d_0$ 呈反比关系。

如果考虑线性项与二次项，则可得出传感器的相对非线性误差 $\delta$ 为

$$\delta = \frac{\left|\left(\frac{\Delta d}{d_0}\right)^2\right|}{\left|\frac{\Delta d}{d_0}\right|} \times 100\% = \left|\frac{\Delta d}{d_0}\right| \times 100\% \tag{3.3.16}$$

由式(3.3.15)与式(3.3.16)可以看出，要提高灵敏度，应减小起始间隙 $d_0$，但非线性误差却随着 $d_0$ 的减小而增大。

在实际应用中，为了提高灵敏度，减小非线性误差，大都采用差动式结构。图 3.3.5 是变极距型差动平板式电容传感器结构示意图。

在差动式平板电容器中，当动极板位移 $\Delta d$ 时，电容器 $C_1$ 的间隙 $d_1$ 变为 $d_0-\Delta d$，电容器 $C_2$ 的间隙 $d_2$ 变为 $d_0+\Delta d$，则

$$C_1 = C_0 \frac{1}{1-\frac{\Delta d}{d_0}} \tag{3.3.17}$$

$$C_2 = C_0 \frac{1}{1+\frac{\Delta d}{d_0}} \tag{3.3.18}$$

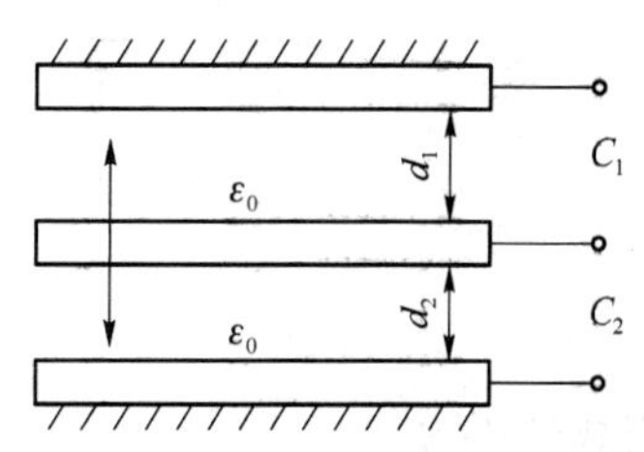

图 3.3.5　变极距型差动平板式电容传感器结构

在 $\Delta d/d_0 \ll 1$ 时，则按级数展开：

$$C_1 = C_0\left[1+\frac{\Delta d}{d_0}+\left(\frac{\Delta d}{d_0}\right)^2+\left(\frac{\Delta d}{d_0}\right)^3+\cdots\right] \tag{3.3.19}$$

$$C_2 = C_0\left[1-\frac{\Delta d}{d_0}+\left(\frac{\Delta d}{d_0}\right)^2-\left(\frac{\Delta d}{d_0}\right)^3+\cdots\right] \tag{3.3.20}$$

电容总的变化量为

$$\Delta C = C_1 - C_2 = C_0\left[2\frac{\Delta d}{d_0}+2\left(\frac{\Delta d}{d_0}\right)^3+2\left(\frac{\Delta d}{d_0}\right)^5+\cdots\right] \tag{3.3.21}$$

电容相对变化量为

$$\frac{\Delta C}{C_0} = 2\frac{\Delta d}{d_0}\left[1+\left(\frac{\Delta d}{d_0}\right)^2+\left(\frac{\Delta d}{d_0}\right)^4+\cdots\right] \tag{3.3.22}$$

如果只考虑线性项和三次项，则电容式传感器的相对非线性误差 $\delta$ 近似为

$$\delta = \frac{2\left|\left(\frac{\Delta d}{d_0}\right)^3\right|}{\left|2\left(\frac{\Delta d}{d_0}\right)\right|} \times 100\% = \left(\frac{\Delta d}{d_0}\right)^2 \times 100\% \tag{3.3.23}$$

可见，电容传感器做成差动式之后，灵敏度提高一倍，而且非线性误差大大降低了。

### 3.3.3 电容式传感器的测量电路

电容式传感器中电容以及电容变化值都十分微小，这样微小的电容还不能直接为目前的显示仪表所显示，也很难为记录仪所接受，不便于传输。这就必须借助于测量电路检测出这一微小的电容增量，并将其转换成与其成单值函数关系的电压、电流或者频率。电容转换电路有电桥电路、调频电路、运算放大器式电路、二极管双 T 形交流电桥、脉冲宽度调制电路等。

**1. 电桥电路**

电桥电路如图 3.3.6 所示。

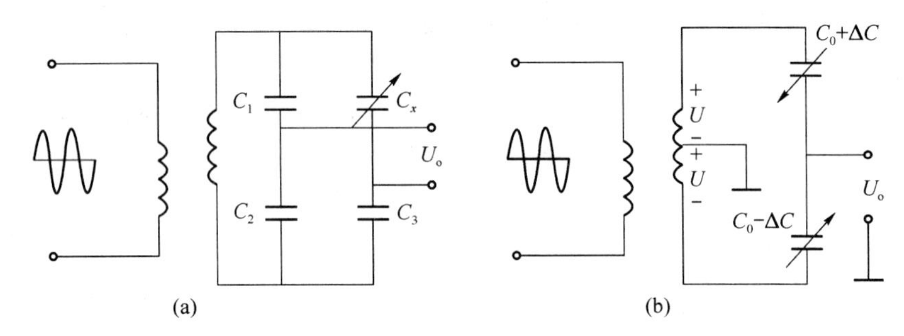


图 3.3.6　电桥电路

空载电压为

$$U_o = \frac{(C_0 - \Delta C) - (C_0 + \Delta C)}{(C_0 + \Delta C) + (C_0 - \Delta C)} U = -\frac{\Delta C}{C_0} U \tag{3.3.24}$$

**2. 调频测量电路**

调频测量电路把电容式传感器作为振荡器谐振回路的一部分。当输入量导致电容发生变化时，振荡器的振荡频率就发生变化。

虽然可将频率作为测量系统的输出量，用以判断被测非电量的大小，但此时系统是非线性的，不易校正，因此加入鉴频器，将频率的变化转换为振幅的变化，经过放大就可以用仪器指示或记录仪记录下来。调频测量电路原理框图如图 3.3.7 所示。

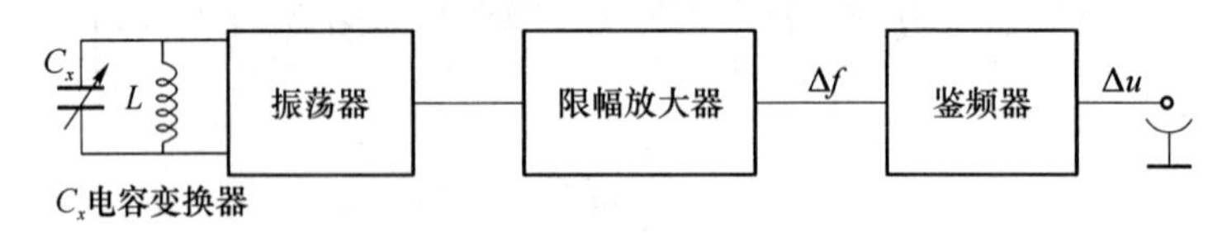


图 3.3.7　调频测量电路原理框图

图 3.3.7 中调频振荡器的振荡频率为

$$f = \frac{1}{2\pi(LC)^{\frac{1}{2}}} \tag{3.3.25}$$

式中，$L$ 为振荡回路的电感；$C$ 为振荡回路的总电容，$C = C_1 + C_2 + C_0 \pm \Delta C$。其中，$C_1$ 为振荡回路固有电容；$C_2$ 为传感器引线分布电容；$C_0 \pm \Delta C$ 为传感器的电容。

当被测信号为 0 时，$\Delta C=0$，则 $C=C_1+C_2+C_0$，所以振荡器有一个固有频率 $f_0$，

$$f_0=\frac{1}{2\pi[(C_1+C_2+C_0)L]^{\frac{1}{2}}} \tag{3.3.26}$$

当被测信号不为 0 时，$\Delta C\neq 0$，振荡器频率有相应变化，此时频率为

$$f=\frac{1}{2\pi[(C_1+C_2+C_0\pm\Delta C)L]^{\frac{1}{2}}}=f_0\pm\Delta f \tag{3.3.27}$$

调频电容传感器测量电路具有较高的灵敏度，可以测至 0.01 μm 级位移变化量。频率输出易于用数字仪器测量或与计算机通信，抗干扰能力强，可以发送、接收以实现遥测遥控。

**3. 运算放大器式电路**

运算放大器的放大倍数非常大，而且输入阻抗很高。运算放大器的这一特点可以使其作为电容式传感器的比较理想的测量电路。图 3.3.8 是运算放大器式电路原理图。

$C_x$ 为电容式传感器，$\Sigma$ 是虚地点。由运算放大器工作原理可得

$$\dot{U}_{\mathrm{o}}=-\frac{C}{C_x}\dot{U}_{\mathrm{i}} \tag{3.3.28}$$

如果传感器是一只平板电容，则 $C_x=\varepsilon S/d$，代入式(3.3.28)，有

$$\dot{U}_{\mathrm{o}}=-\dot{U}_{\mathrm{i}}\frac{C}{\varepsilon S}d \tag{3.3.29}$$

式中"—"号表示输出电压的相位与电源电压反相。式(3.3.29)说明运算放大器的输出电压与极板间距离 $d$ 呈线性关系。运算放大器电路解决了单个变极板间距式电容传感器的非线性问题。但要求输入阻抗及放大倍数足够大。为保证仪器精度，还要求电源电压的幅值和固定电容 $C$ 值稳定。

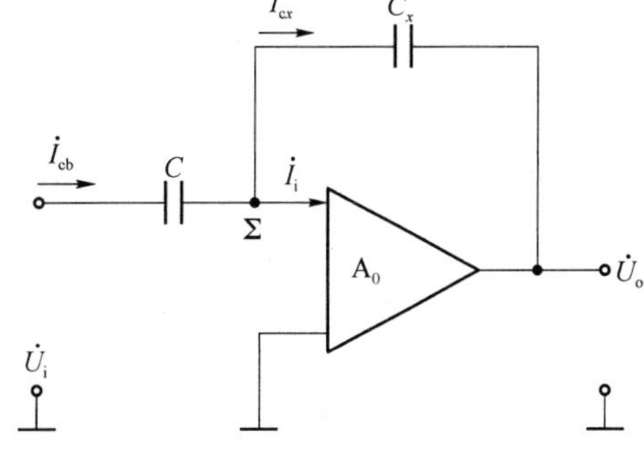


图 3.3.8　运算放大器式电路原理图

**4. 二极管双 T 形交流电桥**

图 3.3.9 所示是二极管双 T 形交流电桥电路原理图。$e$ 是高频电源，它提供幅值为 $U_{\mathrm{i}}$ 的对称方波，$VD_1$、$VD_2$ 为特性完全相同的两个二极管，$R_1=R_2=R$，$C_1$、$C_2$ 为传感器的两个差动电容。当传感器没有输入时，$C_1=C_2$。

电路工作原理如下：当 $e$ 为正半周时，二极管 $VD_1$ 导通、$VD_2$ 截止，于是电容 $C_1$ 充电；在随后负半周出现时，电容 $C_2$ 上的电荷通过电阻 $R_1$、负载电阻 $R_L$ 放电，流过 $R_L$ 的电流为 $I_1$。在负半周内，$VD_2$ 导通、$VD_1$ 截止，则电容 $C_2$ 充电；在随后出现正半周时，$C_2$ 通过电阻 $R_2$、负载电阻 $R_L$ 放电，流过 $R_L$ 的电流为 $I_2$。根据上面所给的条件，电流 $I_1=I_2$，且方向相反，在一个周期内流过 $R_L$ 的平均电流为零。

若传感器输入不为 0，则 $C_1\neq C_2$，那么 $I_1\neq I_2$，此时 $R_L$ 上必定有信号输出，其输出在一个周期内的平均值为

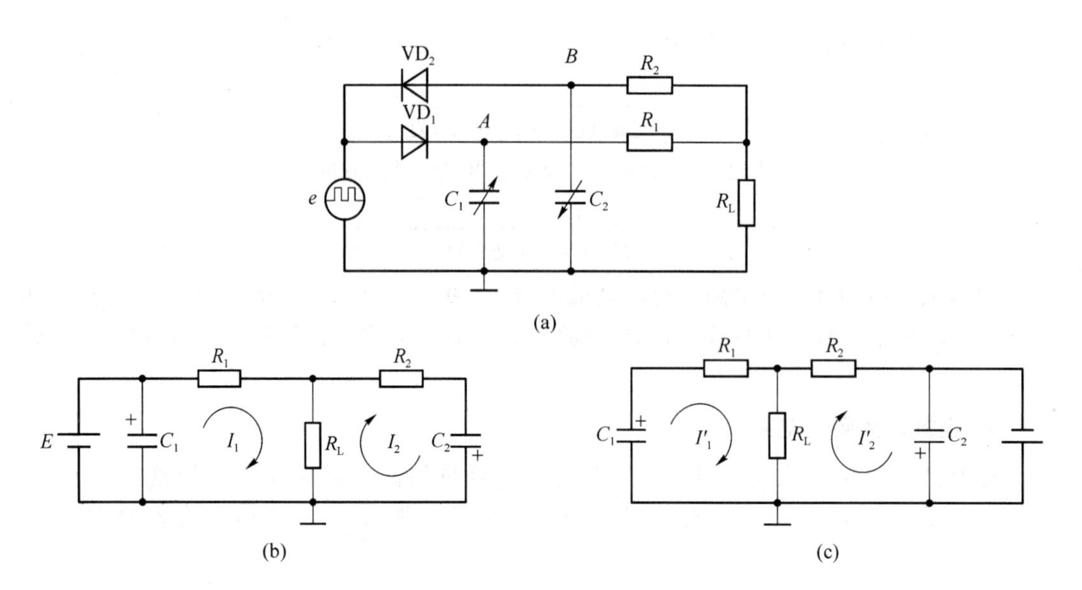


图 3.3.9 二极管双 T 形交流电桥电路

$$U_o = I_L R_L = \frac{1}{T}\left\{\int_0^T [I_1(t) - I_2(t)\mathrm{d}t]\right\}R_L$$

$$\approx \frac{R(R+2R_L)}{(R+R_L)^2}R_L U_i f(C_1 - C_2) \tag{3.3.30}$$

式中，$f$ 为电源频率。当 $R_L$ 已知时，上式中$\frac{R(R+2R_L)}{(R+R_L)^2}R_L = M$(常数)，则

$$U_o = U_i f M(C_1 - C_2) \tag{3.3.31}$$

从式(3.3.31)可知，输出电压 $U_o$ 不仅与电源电压的幅值和频率有关，而且与 T 形网络中的电容 $C_1$ 和 $C_2$ 的差值有关。当电源电压确定后，输出电压 $U_o$ 是电容 $C_1$ 和 $C_2$ 的函数。电路的灵敏度与电源幅值和频率有关，故输入电源要求稳定。当 $U_i$ 幅值较高，使二极管 $VD_1$、$VD_2$ 工作在线性区域时，测量的非线性误差很小。电路的输出阻抗与电容 $C_1$、$C_2$ 无关，而仅与 $R_1$、$R_2$ 及 $R_L$ 有关，其值为 1～100 kΩ。输出信号的上升沿时间取决于负载电阻。对于 1 kΩ 的负载电阻上升时间为 20 μs 左右，故可用来测量高速的机械运动。

### 5. 脉冲宽度调制电路

脉冲宽度调制电路如图 3.3.10 所示。

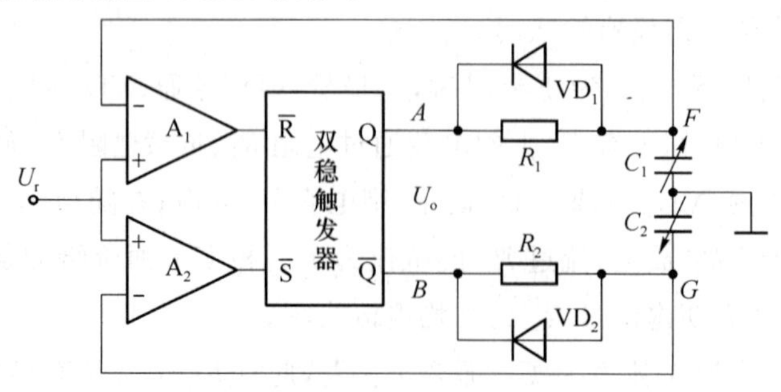


图 3.3.10 脉冲宽度调制电路

图中 $C_1$、$C_2$ 为差动式电容传感器，电阻 $R_1=R_2$，$A_1$、$A_2$ 为比较器。当双稳态触发器处于某一状态时，$Q=1$，$\bar{Q}=0$，$A$ 点高电位通过 $R_1$ 对 $C_1$ 充电，时间常数为 $\tau_1=R_1C_1$，直至 $F$ 点电位高于参比电位 $U_r$，比较器 $A_1$ 输出正跳变信号。与此同时，因 $\bar{Q}=0$，电容器 $C_2$ 上已充电流通过 $VD_2$ 迅速放电至零电平。$A_1$ 正跳变信号激励触发器翻转，使 $Q=0$，$\bar{Q}=1$，于是 $A$ 点为低电位，$C_1$ 通过 $VD_1$ 迅速放电，而 $B$ 点高电位通过 $R_2$ 对 $C_2$ 充电，时间常数为 $\tau_2=R_2C_2$，直至 $G$ 点电位高于参比电位 $U_r$。比较器 $A_2$ 输出正跳变信号，使触发器发生翻转，重复前述过程。电路各点波形如图 3.3.11 所示。

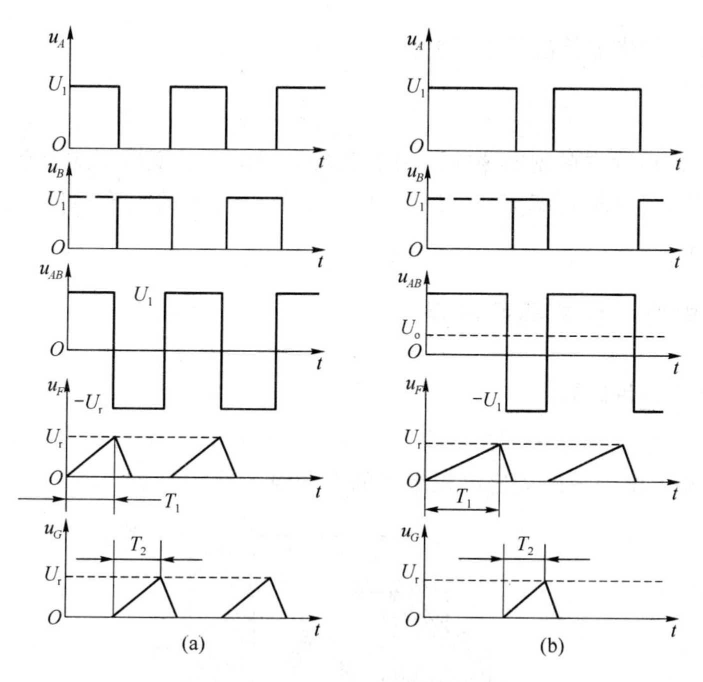


图 3.3.11 电路各点波形图

当差动电容器的 $C_1=C_2$ 时，其平均电压值为零。当差动电容 $C_1 \neq C_2$，且 $C_1>C_2$ 时，则 $\tau_1=R_1C_1>\tau_2=R_2C_2$。由于充放电时间常数变化，电路中各点电压波形产生相应改变。如图 3.3.11(b)所示，此时 $u_A$、$u_B$ 脉冲宽度不再相等，一个周期 $T_1+T_2$ 时间内其平均电压值不为零。$u_{AB}$ 电压经低通滤波器滤波后，可获得输出

$$u_{AB}=u_A-u_B=\frac{U_1(T_1-T_2)}{T_1+T_2} \tag{3.3.32}$$

式中，$U_1$ 为触发器输出高电平；$T_1$、$T_2$ 为 $C_1$、$C_2$ 充放电至 $U_r$ 所需时间。

由电路知识可知，

$$T_1=R_1C_1\ln\frac{U_1}{U_1-U_r} \tag{3.3.33}$$

$$T_2=R_2C_2\ln\frac{U_2}{U_2-U_r} \tag{3.3.34}$$

将 $T_1$、$T_2$ 代入式(3.3.32)，得

$$u_{AB}=\frac{C_1-C_2}{C_1+C_2}U_1 \tag{3.3.35}$$

把平行板电容器的公式代入式(3.3.35),在变极板距离的情况下可得

$$u_{AB} = \frac{d_2 - d_1}{d_1 + d_2} U_1 \tag{3.3.36}$$

式中,$d_1$、$d_2$ 分别为 $C_1$、$C_2$ 极板间距离。

当差动电容 $C_1 = C_2 = C_0$,即 $d_1 = d_2 = d_0$ 时,$u_{AB} = 0$;若 $C_1 \neq C_2$,设 $C_1 > C_2$,即 $d_1 = d_0 - \Delta d$,$d_2 = d_0 + \Delta d$,则

$$u_{AB} = \frac{\Delta d}{d} U_1 \tag{3.3.37}$$

同样,在变面积电容传感器中,则有

$$u_{AB} = \frac{\Delta A}{A} U_1 \tag{3.3.38}$$

由此可见,差动脉宽调制电路能适用于变极板间距以及变面积式差动式电容传感器,并具有线性特性,且转换效率高,经过低通放大器就有较大的直流输出,调宽频率的变化对输出没有影响。

### 3.3.4 电容式传感器的应用

#### 1. 电容式压力传感器

图 3.3.12 所示为差动电容式压力传感器的结构图。图中所示为一个膜片动电极和两个在凹形玻璃上电镀成的固定电极组成的差动电容器。

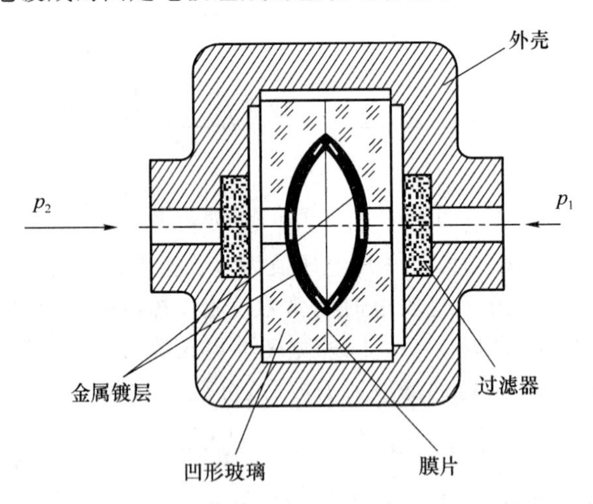


图 3.3.12 差动电容式压力传感器的结构图

当被测压力或压力差作用于膜片并使之产生位移时,形成的两个电容器的电容,一个增大,一个减小。该电容的变化经测量电路转换成与压力或压力差相对应的电流或电压的变化。

#### 2. 电容式加速度传感器

图 3.3.13 所示为差动式电容加速度传感器结构图。它有两个固定极板(与壳体绝缘),中间有一用弹簧片支撑的质量块,此质量块的两个端面经过磨平抛光后作为可动极

板(与壳体连接)。

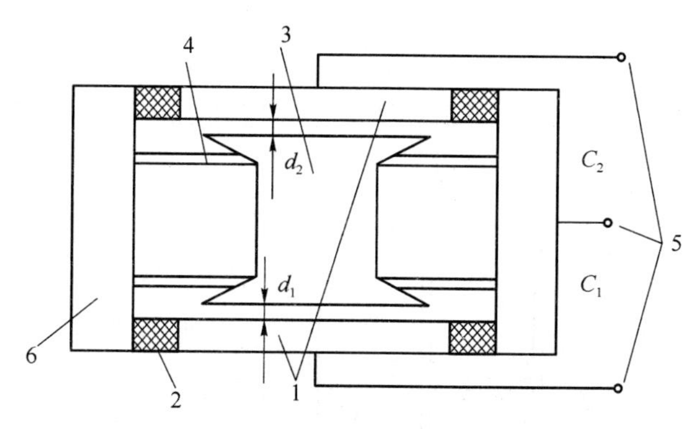


图 3.3.13　差动式电容加速度传感器结构图

1—固定电极；2—绝缘垫；3—质量块；

4—弹簧；5—输出端；6—壳体

当传感器壳体随被测对象在垂直方向上作直线加速运动时，质量块在惯性空间中相对静止，而两个固定电极将相对质量块在垂直方向上产生大小正比于被测加速度的位移。此位移使两电容的间隙发生变化，一个增加，一个减小，从而使 $C_1$、$C_2$ 产生大小相等、符号相反的增量，此增量正比于被测加速度。

电容式加速度传感器的主要特点是频率响应快和量程范围大，大多采用空气或其他气体作阻尼物质。

### 3. 差动式电容测厚传感器

图 3.3.14 所示为频率型差动式电容测厚传感器系统组成框图。

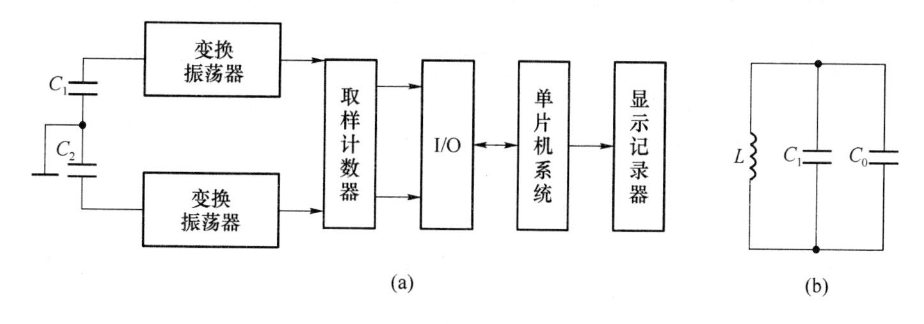


图 3.3.14　频率型差动式电容测厚传感器系统

将被测电容 $C_1$、$C_2$ 作为各变换振荡器的回路电容，振荡器的其他参数为固定值，等效电路如图 3.3.14(b)所示，图中 $C_0$ 为耦合和寄生电容，$f$ 为振荡频率。

设两传感器极板间距离固定为 $d_0$，若在同一时间分别测得上、下极板与金属板材上、下表面距离为 $d_{x1}$、$d_{x2}$，则被测金属板材厚度 $\delta=d_0-(d_{x1}+d_{x2})$。由此可见，振荡频率包含了电容传感器的间距 $d_x$ 的信息。各频率值通过取样计数器获得数字量，然后由微机进行处理以消除非线性频率变换产生的误差，即可获得板材厚度。

### 4. 电容式料位传感器

图 3.3.15 是电容式料位传感器结构示意图。测定电极安装在罐的顶部，这样在罐壁

和测定电极之间就形成了一个电容器。

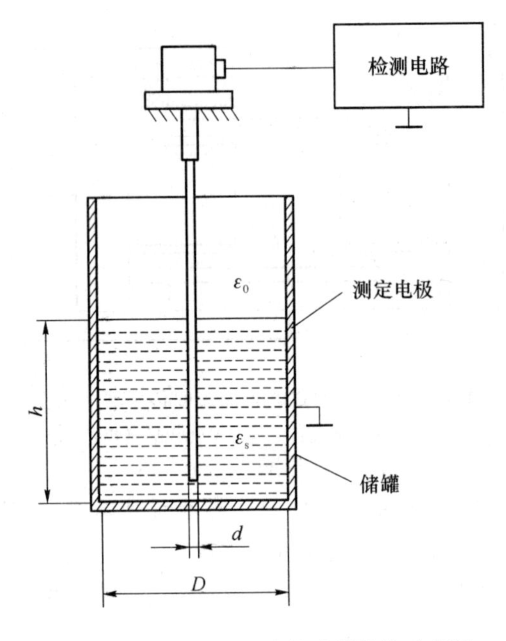


图 3.3.15　电容式料位传感器结构示意图

当罐内放入被测物料时，由于被测物料介电常数的影响，传感器的电容将发生变化，电容变化的大小与被测物料在罐内高度有关，且成比例变化。检测出这种电容的变化就可测定物料在罐内的高度。

传感器的静电电容可由下式表示：

$$C=\frac{k(\varepsilon_s-\varepsilon_0)h}{\ln\frac{D}{d}} \tag{3.3.39}$$

式中，$k$ 为比例常数；$\varepsilon_s$为被测物料的相对介电常数；$\varepsilon_0$为空气的相对介电常数；$D$ 为储罐的内径；$d$ 为测定电极的直径；$h$ 为被测物料的高度。

假定罐内没有物料时的传感器静电电容为 $C_0$，放入物料后传感器静电电容为 $C_1$，则两者电容差为 $\Delta C=C_1-C_0$。可见，两种介质常数差别越大，极径 $D$ 与 $d$ 相差愈小，传感器灵敏度就愈高。

测试电路如图 3.3.16 所示。该电路利用双时基集成电路 556 来产生可调方波宽度随被测电容 $C_x$ 变化的电压信号，其中方波振荡电路的引脚 5 输出的方波信号经 $C_2$、$R_2$ 组成的微分电路后，可按周期 $T=0.69(R_1+R_2)C_1$ 形成连续尖脉冲连到单稳态触发器的反向触发端。在振荡电路输出脉冲的下降沿触发后，输出变正，电容 $C_x$ 开始充电，电压随之上升，当其电压值高于$\frac{2}{3}V_{CC}$时，内部 $D$ 触发器反转，输出变低，引脚 9 输出的方波宽度为 $T_1=0.69R_3C_x$，且随被测电容 $C_x$ 成线性变化，其输出再经电容 $C_4$、$R_4$ 滤波平均后，其电压就可直接表示 $C_x$ 的大小，从而输出与电容成确定比例变化的电压信号。

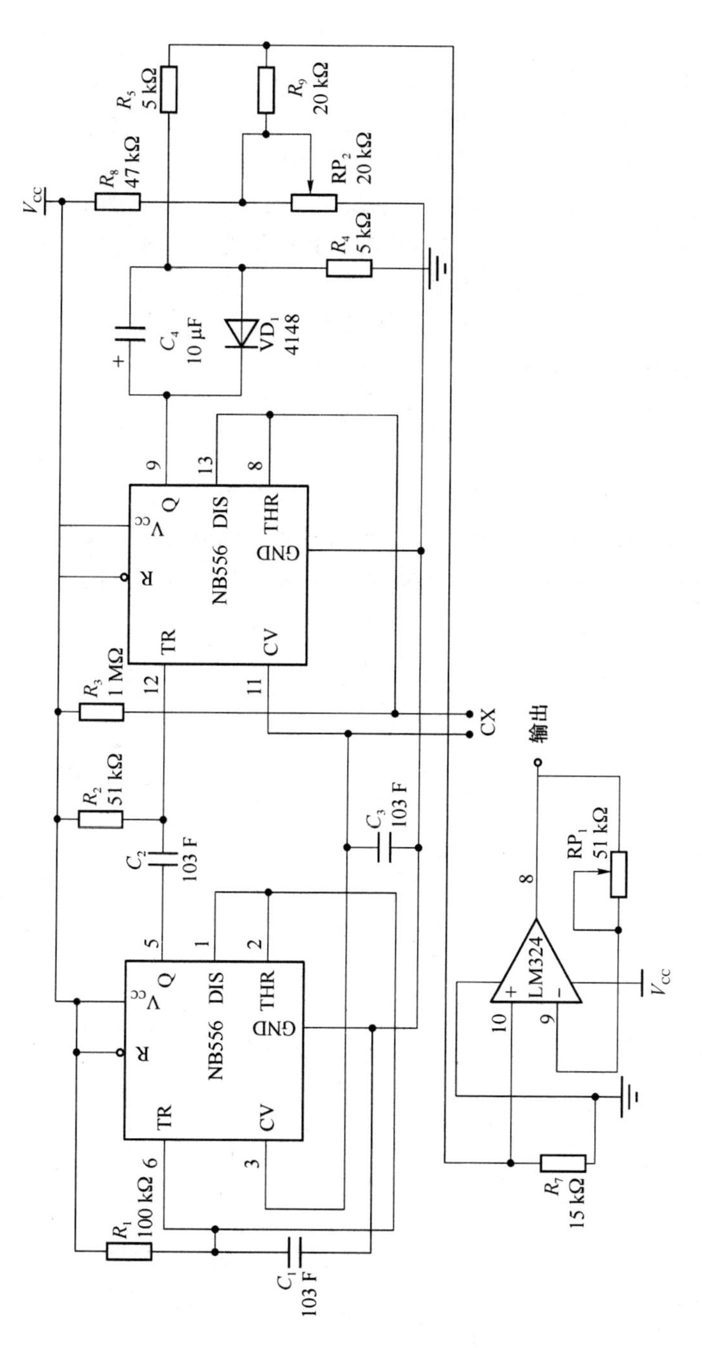


图 3.3.16 电容式料位计检测电路

# 课后习题

3.1　什么是金属应变效应？什么是半导体压阻效应？

3.2　推导金属应变片的灵敏度表达式。

3.3　应变片的温度误差是什么样的？如何补偿？

3.4　设计实现用四个应变片构成全桥电路测量悬臂梁所受应力。

3.5　以改变极板间距为例，推导电容传感器灵敏度的公式表达式。

3.6　掌握电容测量电路中的桥式电路及脉冲调宽电路的分析方法。

3.7　什么是正压电效应？什么是逆压电效应？

3.8　以石英晶体为例，阐述压电效应的微观机制。

3.9　说明压电陶瓷的正压电效应的工作机理。

3.10　压电传感器测量电路中前置放大器的作用及形式各是什么？

3.11　压电传感器能不能对静态力信号进行测量？为什么？

3.12　压电传感器能不能对缓慢变化的力信号进行测量？如何实现？

3.13　两片压电元件连接在一起，有哪两种连接方式？其特点各是什么？

# 第4章　物位及厚度检测

物位是液位、料位和相界面的统称。用来对物位进行测量的传感器称为物位传感器，由此制成的仪表称为物位计。液位是指开口容器或密封容器中液体介质液面的高低，用来测量液位的仪表称为液位计；料位是指固体粉状或颗粒物在容器中堆积的高度，用来测量料位的仪表称为料位计；相界面是指两种液体介质的分界面，用来测量分界面的仪表称为界面计。

物位检测方法主要有直读法、浮力法、静压法、电容法、核辐射法、超声波法、激光法和微波法等。机械量测量中，用到超声波测厚仪、核辐射式测厚仪、红外线测厚仪、激光测厚仪、微波测厚仪等。

## 4.1　超声波传感器

超声波技术是一门以物理、电子、机械及材料学为基础的各行各业都使用的通用技术之一。它是通过超声波产生、传播以及接收这个物理过程来完成的。超声波在液体、固体中衰减很小，穿透能力强，特别是对不透光的固体，超声波能穿透几十米的厚度。当超声波从一种介质入射到另一种介质时，由于在两种介质中的传播速度不同，在介质面上会产生反射、折射和波形转换等现象。超声波的这些特性使它在检测技术中获得了广泛的应用，如超声波无损探伤、厚度测量、流速测量、超声显微镜及超声成像等。

### 4.1.1　超声波及其物理性质

#### 1. 超声波简介

(1) 声波的分类

机械振动在弹性介质内的传播称为波动，简称为波。人能听见声音的频率为 20 Hz～20 kHz，即为可闻声波。超出此频率范围的声音，20 Hz 以下的声音称为次声波，20 kHz 以上的声音称为超声波。次声波可与人体器官发生共振，7～8 Hz 的次声波会引起人的恐怖感，动作不协调，甚至导致心脏停止跳动。一般说话的频率范围为 100 Hz～8 kHz。超声波与可闻声波不同，它可以被聚焦，具有能量集中的特点。超声波的频率越高，绕射能力越弱，但反射能力越强。声波按频率进行划分如图 4.1.1 所示。

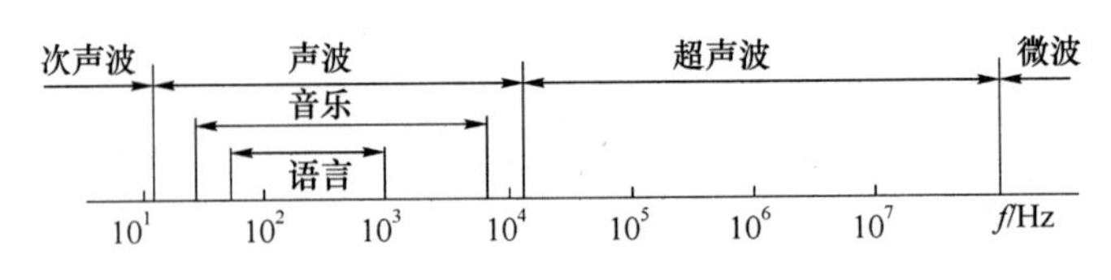


图 4.1.1　声波频率的界限划分

(2) 声波的波形

① 纵波:质点振动方向与波的传播方向一致的波。

② 横波:质点振动方向垂直于传播方向的波。

③ 表面波:质点的振动介于横波与纵波之间,沿着表面传播的波。

横波只能在固体中传播,纵波能在固体、液体和气体中传播,表面波随深度增加衰减很快。为了测量各种状态下的物理量,多采用纵波。

(3) 声速、波长与指向性

① 声速

纵波、横波及表面波的传播速度取决于介质的弹性系数、介质的密度以及声阻抗。介质的声阻抗 $Z$ 等于介质的密度 $\rho$ 和声速 $c$ 的乘积,即

$$Z = \rho c \tag{4.1.1}$$

常用材料的密度、声阻抗与声速如表 4.1.1 所示。

**表 4.1.1　常用材料的密度、声阻抗与声速(环境温度为 0 ℃)**

| 介质 | 纵波速度/($10^5$ cm·$s^{-1}$) | 密度/(g·$cm^{-3}$) | 声阻抗/(g·$cm^{-2}$·$s^{-1}$) |
|---|---|---|---|
| 铝 | 6.22 | 2.65 | 1.70 |
| 钢 | 5.81 | 7.8 | 4.76 |
| 镍 | 5.6 | 8.9 | 4.98 |
| 镁 | 4.33 | 1.74 | 0.926 |
| 铜 | 4.62 | 8.93 | 4.11 |
| 黄铜 | 4.43 | 8.5 | 3.61 |
| 铅 | 2.13 | 11.4 | 2.73 |
| 水银 | 1.46 | 13.6 | 1.93 |
| 玻璃 | 4.9～5.9 | 2.5～5.9 | 1.81 |
| 聚乙烯 | 2.67 | 1.1 | 0.924 |
| 电木 | 2.59 | 1.4 | 0.363 |
| 水 | 1.43 | 1.00 | 0.143 |
| 变压器油 | 1.39 | 0.92 | 0.128 |
| 空气 | 0.331 | 0.001 2 | 0.000 042 |

② 波长

超声波的波长 $\lambda$ 与频率 $f$ 的乘积恒等于声速 $c$,即

$$\lambda f = c \tag{4.1.2}$$

纵波的音速在常温空气中约 $3.4\times10^4$ cm/s，在水中为 $1.4\times10^5$ cm/s，在铝中为 $6.22\times10^5$ cm/s。如果发射一个超声波的频率为 40 kHz，则可利用 $\lambda f=c$ 求出超声波在空气中、水中及铝中的波长 $\lambda$ 分别为

空气中：
$$\lambda=\frac{3.4\times10^4}{4\times10^4}=0.86\ \text{cm} \tag{4.1.3}$$

水中：
$$\lambda=\frac{1.4\times10^5}{4\times10^4}=3.5\ \text{cm} \tag{4.1.4}$$

铝中：
$$\lambda=\frac{6.22\times10^5}{4\times10^4}=15.55\ \text{cm} \tag{4.1.5}$$

③ 指向性

超声波声源发出的超声波束以一定的角度逐渐向外扩散。在声束横截面的中心轴线上，超声波最强，且随着扩散角度的增大而减小，如图 4.1.2 所示。

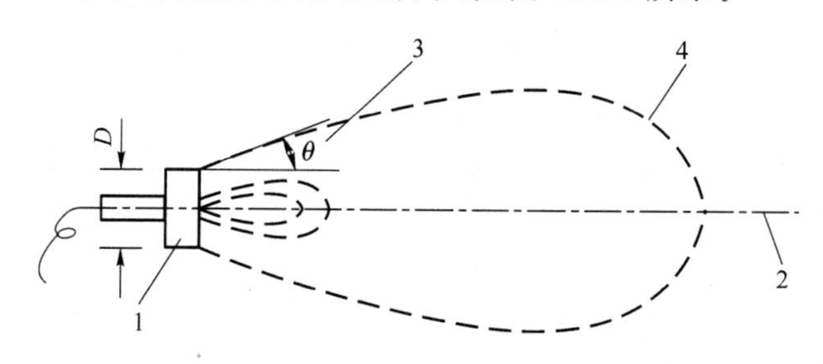


图 4.1.2　超声波指向性示意图

1—超声源；2—轴线；3—指向角；4—等强度线

指向角 $\theta$ 与超声源的直径 $D$ 以及波长 $\lambda$ 之间的关系为

$$\sin\theta=1.22\lambda/D \tag{4.1.6}$$

设超声源的直径 $D=20$ mm，射入钢板的超声波（纵波）频率为 5 MHz，则可得 $\theta=4^\circ$，可见该超声波的指向性是十分尖锐的。

(4) 超声波的损失

理想情况下，超声波发射出去后，会一边扩大，一边直线前进，只要介质没有吸收超声波的性质，超声波的强度不论传到任何地方都不会减弱。不过实际上超声波的强度随着距离的增加而逐渐减弱，其原因有二：一是随着距离的增加波面会扩大，从而造成扩散损失；二是超声波会被传播介质吸收及散射，从而造成波动能量的损失。一般称为吸收损失，也称衰减。

图 4.1.3 所示即为超声波在各类介质中的衰减情形，在图中会发现频率越低的超声波衰减越小。

**2. 超声波的反射和折射**

超声波从一种介质传播到另一介质，在两个介质的分界面上，一部分能量被反射回原介质，叫作反射波；另一部分透射过界面，在另一种介质内部继续传播，叫作折射波。这样的两种情况分别称为声波的反射和折射，如图 4.1.4 所示。

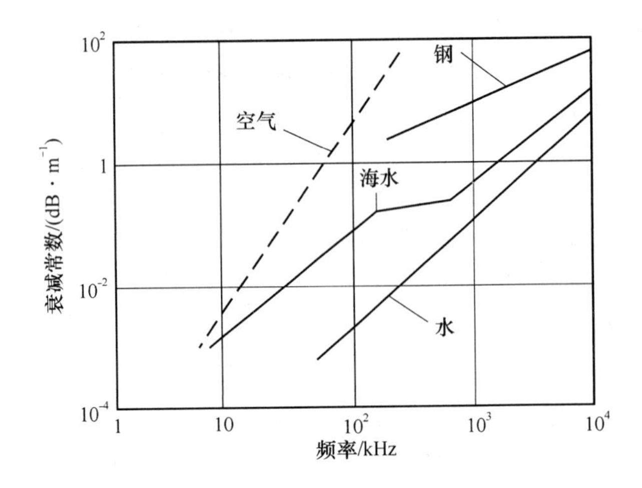


图 4.1.3 超声波在各类介质中的衰减情形

（1）反射定律

入射角 $\alpha$ 的正弦与反射角 $\alpha'$ 的正弦之比等于波速之比。当入射波和反射波的波形相同、波速相等时，入射角 $\alpha$ 等于反射角 $\alpha'$。

（2）折射定律

入射角 $\alpha$ 的正弦与折射角 $\beta$ 的正弦之比等于超声波在入射波所处介质的波速 $c_1$ 与在折射波中介质的波速 $c_2$ 之比，即

$$\frac{\sin\alpha}{\sin\beta}=\frac{c_1}{c_2} \tag{4.1.7}$$

（3）反射和透射

当超声波经过性质不同的介质交界面时，一部分会反射，其余的会穿透过去。这种反射或穿透的强度由这两个交界介质的声阻抗 $Z$ 决定。

假设现在将超声波垂直地射入声阻抗不同的交界面时，如图 4.1.5 所示，则音波的反射率 $\gamma$ 可用下式表示：

$$\gamma=\frac{Z_2-Z_1}{Z_2+Z_1} \tag{4.1.8}$$

反射率 $\gamma$ 的平方称为反射系数。

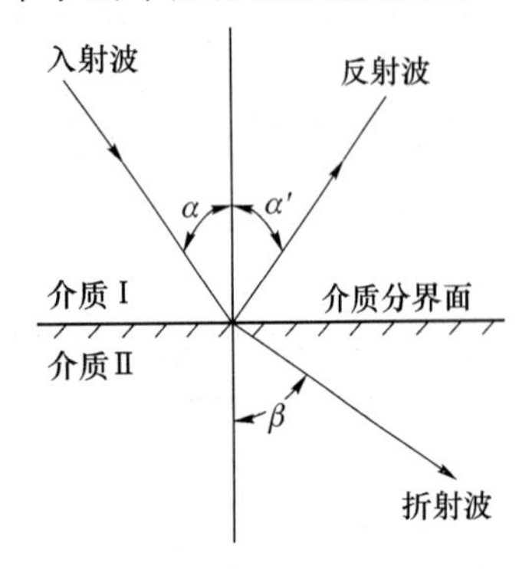


图 4.1.4 超声波的反射和折射

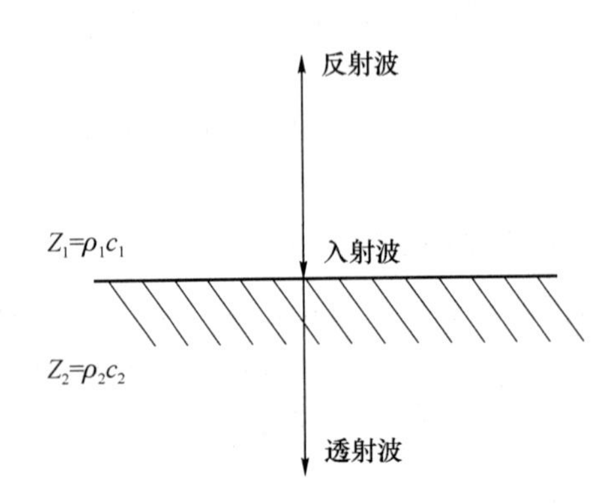


图 4.1.5 超声波的反射和透射

由式(4.1.8)可知,两种介质的特性阻抗差越大,反射率也就越大。超声波射入交界面除了部分反射外,其余的全部穿透过去,而超声波的穿透率 $T$ 可以用下式表示:

$$T = 1 - \gamma^2 = 1 - \left(\frac{Z_2 - Z_1}{Z_2 + Z_1}\right)^2 = \frac{4Z_1 Z_2}{(Z_2 + Z_1)^2} \quad (4.1.9)$$

**3. 超声波的衰减与干涉**

声波在介质中传播时,随着传播距离的增加,能量逐渐衰减。其声压和声强的衰减规律为

$$P_x = P_0 e^{-\alpha x} \quad (4.1.10)$$

$$I_x = I_0 e^{-2\alpha x} \quad (4.1.11)$$

式中,$P_x$、$I_x$ 为距声源 $x$ 处的声压和声强;$x$ 为声波与声源间的距离;$\alpha$ 为衰减系数。

声波在介质中传播时,能量的衰减决定于声波的扩散、散射和吸收。在理想介质中,声波的衰减仅来自于声波的扩散,即随声波传播距离增加而引起声能的减弱。散射衰减是固体介质中的颗粒界面或流体介质中的悬浮粒子使声波散射。吸收衰减是由介质的导热性、黏滞性及弹性滞后造成的,介质吸收声能并转换为热能。

如果在一种介质中传播几个声波,会产生波的干涉现象。由不同波源发出的频率相同、振动方向相同、相位相同或相位差恒定的两个波在空间相遇时,某些点振动始终加强,某些点振动始终减弱或消失,这种现象称为干涉现象。

两个振幅相同的相干波在同一直线上彼此相向传播时叠加而成的波称为驻波。每相距 $\lambda/2$ 的这些点上,介质保持静止状态,这些点称为节点,节点之间对应介质位移最大的点称为波腹。

### 4.1.2 超声波传感器的结构

为了以超声波作为检测手段,必须产生超声波和接收超声波。完成这种功能的装置就是超声波传感器,习惯上称为超声波换能器,或超声波探头。

超声波发射探头发出的超声波脉冲在介质中传到其界面经过反射后,再返回接收探头,这就是超声波测距原理。

**1. 超声波探头**

超声波传感器按工作原理分类,有压电式、磁致伸缩式、电磁式等。

压电式超声波探头常用的材料是压电晶体和压电陶瓷,它是利用压电材料的压电效应来工作的:逆压电效应将高频电振动转换成高频机械振动,从而产生超声波,可作为发射探头;而利用正压电效应,将超声振动波转换成电信号,可作为接收探头。超声波探头中的压电陶瓷芯片的作用:将数百伏的超声电脉冲加到压电晶片上,利用逆压电效应,使晶片发射出持续时间很短的超声振动波。当超声波经被测物反射回到压电晶片时,利用压电效应,将机械振动波转换成同频率的交变电荷和电压。

按结构的不同,超声波探头又分为直探头、斜探头、双探头、表面波探头、聚焦探头、冲水探头、水浸探头、空气传导探头以及其他专用探头等。部分超声波探头结构示意图如图4.1.6所示。

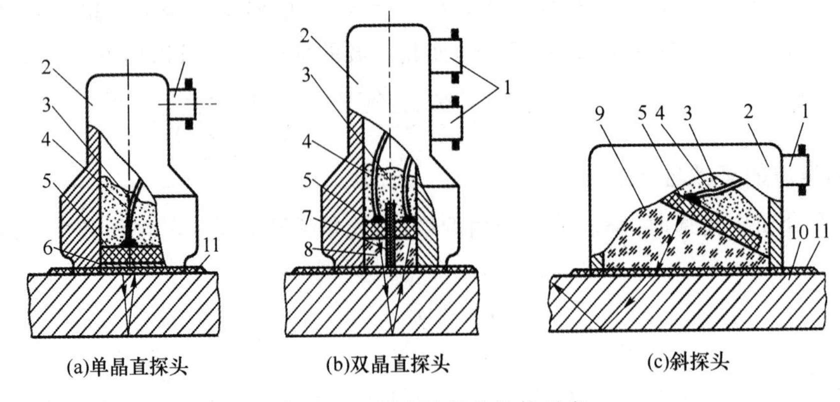


图 4.1.6　超声波探头结构示意

1—接插件；2—外壳；3—阻尼吸收块；4—引线；5—压电晶体；6—保护膜；
7—隔离层；8—延迟块；9—有机玻璃斜楔块；10—试件；11—耦合剂

(1) 单晶直探头

它是用于固体介质的单晶直探头(俗称直探头)，压电晶片采用 PZT 压电陶瓷材料制作，外壳用金属制作，保护膜用于防止压电晶片磨损。保护膜可以用三氧化二铝(钢玉)、碳化硼等硬度很高的耐磨材料制作。阻尼吸收块用于吸收压电晶片背面的超声脉冲能量，防止杂乱反射波产生，提高分辨力。阻尼吸收块用钨粉、环氧树脂等浇注。

超声波的发射和接收虽然均是利用同一块晶片，但时间上有先后之分，所以单晶直探头是处于分时工作状态，必须用电子开关来切换这两种不同的状态。

(2) 双晶直探头

它由两个单晶探头组合而成，装配在同一壳体内。其中一片晶片发射超声波，另一片晶片接收超声波。两晶片之间用一片吸声性能强、绝缘性能好的薄片加以隔离，使超声波的发射和接收互不干扰。略有倾斜的晶片下方还设置延迟块，它用有机玻璃或环氧树脂制作，能使超声波延迟一段时间后才入射到试件中，可减小试件接近表面处的盲区，提高分辨能力。双晶探头的结构虽然复杂些，但检测精度比单晶直探头高，且超声波信号的反射和接收的控制电路较单晶直探头简单。

(3) 斜探头

压电晶片粘贴在与底面成一定角度(如 30°、45°等)的有机玻璃斜楔块上，压电晶片的上方用吸声性强的阻尼吸收块覆盖。当斜楔块与不同材料的被测介质(试件)接触时，超声波产生一定角度的折射，倾斜入射到试件中去，可产生多次反射，而传播到较远处去，折射角可通过计算求得。

(4) 聚焦探头

分辨试件中细小的缺陷，这种探头称为聚焦探头，是一种很有发展前途的新型探头。

聚焦探头采用曲面晶片来发出聚焦的超声波，也可以采用两种不同声速的塑料来制作声透镜，还可利用类似光学反射镜的原理制作声凹面镜来聚焦超声波。如果将双晶直探头的延迟块按上述方法加工，也可具有聚焦功能。

(5) 箔式探头

利用压电材料聚偏二氟乙烯(PVDF)高分子薄膜制作出的薄膜式探头称为箔式探

头，可以获得 0.2 mm 直径的超细声束，用在医用 CT 诊断仪器上可以获得高清晰度的图像。

(6) 空气传导型探头

超声探头的发射换能器和接收换能器一般是分开设置的，两者结构也略有不同，如图 4.1.7 所示。发射器的压电片上粘贴了一只锥形共振盘，以提高发射效率和方向性。接收器在共振盘上还增加了一只阻抗匹配器，以滤除噪声，提高接收效率。空气传导的超声发射器和接收器的有效工作范围可达几米至几十米。

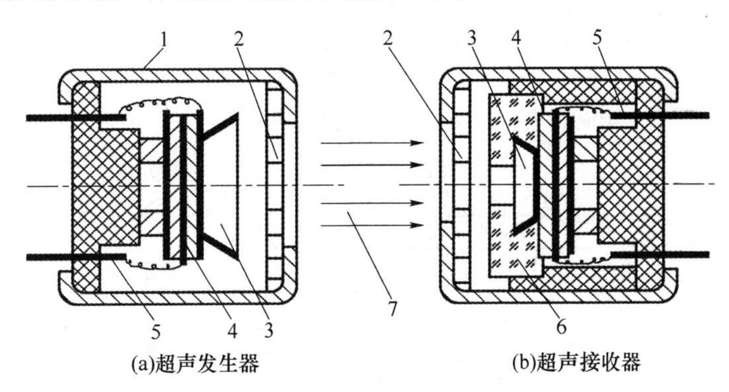


图 4.1.7　空气传导型超声发生、接收器结构示意图

1—外壳；2—金属丝网罩；3—锥形共振盘；4—压电晶体片；

5—引脚；6—阻抗匹配器；7—超声波束

**2. 超声波探头耦合剂**

一般不能直接将超声波探头放在被测介质(特别是粗糙金属)表面上来回移动，以防磨损。超声波探头与被测物体接触时，探头与被测物体表面间存在一层空气薄层，空气将引起界面间强烈的杂乱反射波，造成干扰，并造成很大的衰减。为此，必须将接触面之间的空气排挤掉，使超声波能顺利地入射到被测介质中。在工业中，经常使用一种称为耦合剂的液体物质，使之充满在接触层中，起到传递超声波的作用。常用的耦合剂有自来水、机油、甘油、水玻璃、胶水、化学糨糊等。耦合剂的厚度应尽量薄一些，以减小耦合损耗。

## 4.1.3　超声波传感器的基本应用

使用光学传感器检测物体时，无法检测到透明的物体；用红外传感器的情况下，被测对象必须是和环境温度不同的物体。然而使用超声波传感器，对被测对象没有上述的要求限制。使用超声波传感器时有直接检测方式和反射检测方式两种情况。

直接检测方式是将发射器与接收器相配置，当能够直接接收到对面发射来的超声波时，或者说接收器有信号电压输出时，就表示没有物体在阻挡超声波的传输。反过来，当没有信号电压输出时，就有物体阻挡了超声波的传输。

反射检测方式是将发射器与接收器配置在比较接近的地方，当能够接收到反射回来的超声波时，或者说接收器有信号电压输出时，就表示有物体在反射超声波。反射检测方式又分为发射器与接收器，是由两个独立的超声波传感器来完成的分体式、一个超声波传感器兼作发射器与接收器的一体式两种形式。

**1. 超声波测厚**

超声波测厚常用脉冲回波法，如图 4.1.8 所示。超声波探头与被测物体表面接触，主控制器产生一定频率的脉冲信号送往发射电路，经电流放大后激励压电式探头，以产生重复的超声波脉冲。脉冲波传到被测工件另一面被反射回来，被同一探头接收。如果超声波在工件中的声速 $v$ 是已知的，设工件厚度为 $\delta$，脉冲波从发射到接收的时间间隔 $t$ 可以测量，因此可求出工件厚度为

$$\delta = vt/2 \tag{4.1.12}$$

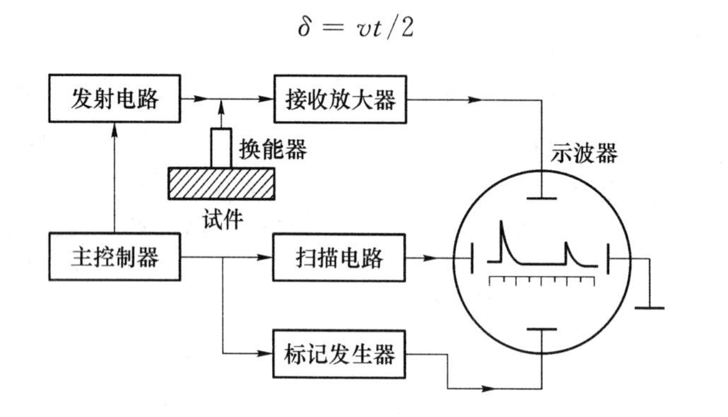


图 4.1.8　脉冲回波法测厚工作原理

从显示器上直接观察发射和回波反射脉冲，并求出时间间隔 $t$。当然也可用稳频晶振产生的时间标准信号来测量时间间隔 $t$，从而做成厚度数字显示仪表。

**2. 超声波测物位**

(1) 声阻式液位计

如图 4.1.9 所示，声阻式液位计结构简单，使用方便。

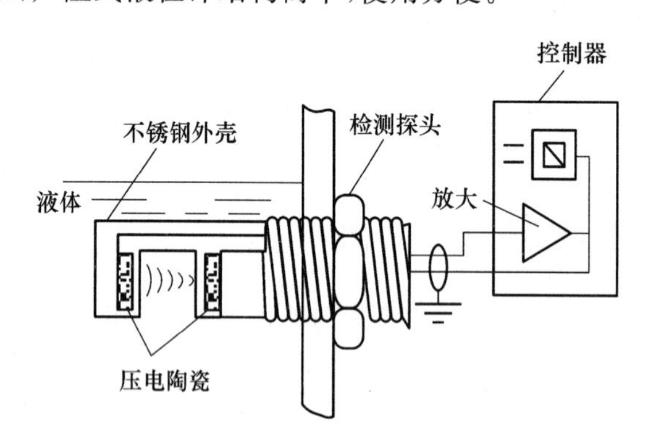


图 4.1.9　声阻式液位计结构

(2) 液介穿透式超声液位计

液介穿透式超声液位计的结构如图 4.1.10 所示，该液位计结构简单，不受被测介质物理性质的影响，工作安全可靠。

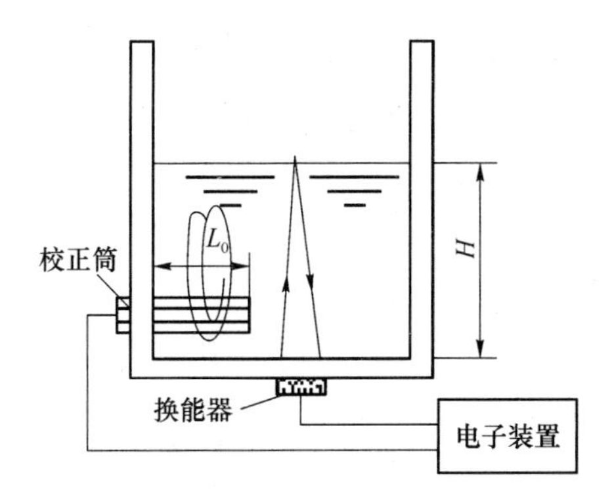


图 4.1.10　液介穿透式超声液位计的结构

## 4.1.4　超声波传感器的基本电路

### 1. 超声波传感器的驱动电路

发射用的超声波传感器的驱动方式有自激型与他激型之分。

(1) 自激型驱动电路

自激型振荡电路就像石英振子那样，利用超声波传感器自身的谐振特性使其在谐振频率附近产生振荡。

图 4.1.11 是自激型晶体管振荡电路，其中 MA40A3S 是振荡频率为 40 kHz 的超声波传感器。

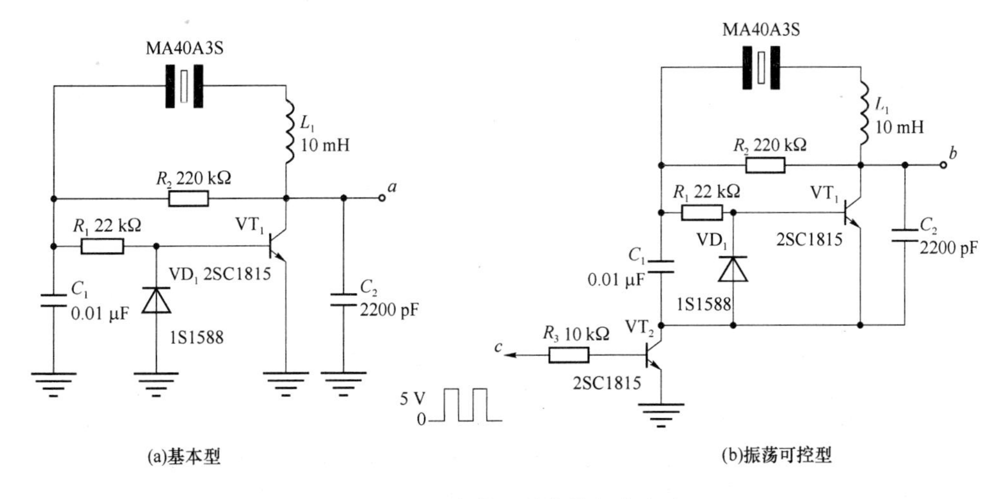


图 4.1.11　自激型晶体管振荡电路

图 4.1.11(a)是科耳皮兹式振荡电路。超声波传感器在电感性的频率下产生振荡。该振荡频率与串联谐振频率不一致，造成这种现象的原因是反谐振频率对它的影响，具体地讲就是 $C_1$、$C_2$ 的调整会影响振荡频率。

图 4.1.11(b)是一个具有振荡控制端的自激型晶体管振荡电路。由于它将地信号接到了晶体管 $VT_2$ 的集电极上，因此当 $VT_2$ 截止时振荡就会停止。

图 4.1.12 是自激型运算放大器振荡放大电路。

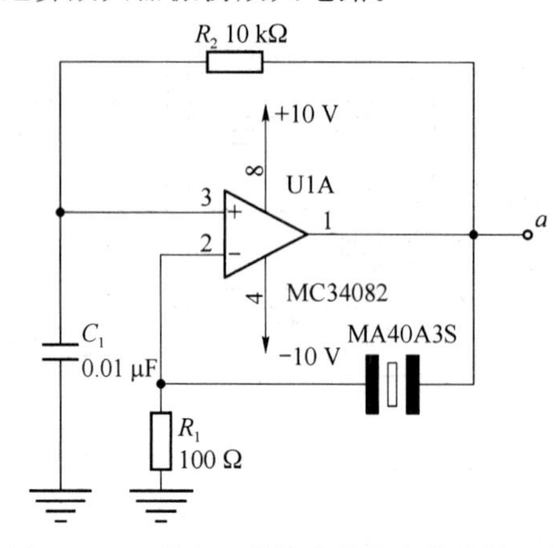


图 4.1.12 使用运算放大器的自激放大电路

(2) 他激型驱动电路

图 4.1.13 为使用时基电路 555 的振荡电路。在他激型驱动电路中,具有可以自由选择振荡频率的优点,但也带来了频率不够稳定的缺点。

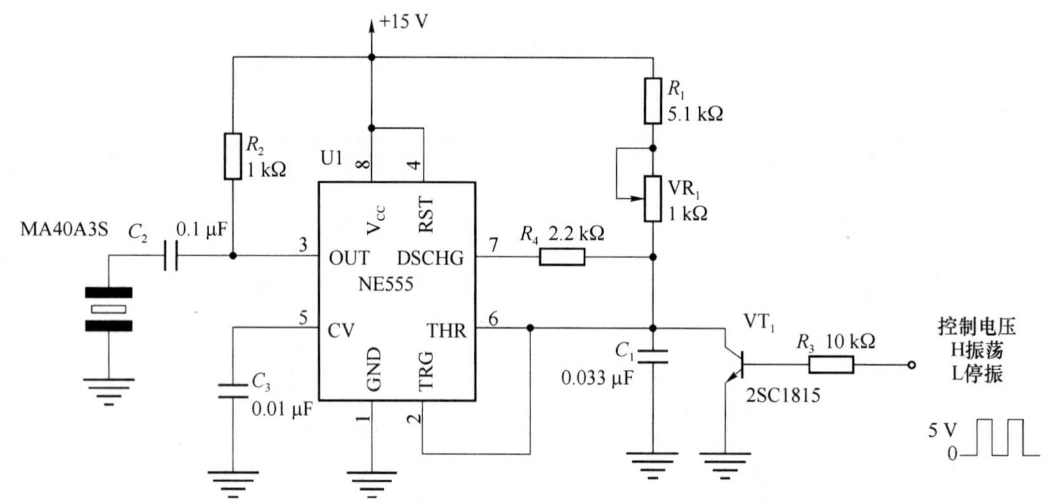


图 4.1.13 使用时基电路 555 的他激型振荡电路

555 电路在 10 kHz 以下时的振荡频率的温度系数为 50 ppm/℃,当频率进一步提高时频率温度特性会变差,在 40 kHz 时变为 100～200 ppm/℃。由此推算,当温度变化10 ℃时频率的变化量约为 100 Hz。这么大的变化量还不足以影响超声波传感器的正常工作。

这里讲的温度系数只是其自身的温度系数,不包括元器件温度系数的影响。不过,只要 $R_1$、$R_2$ 选用温度系数小的金属膜电阻器,$C_1$ 选用温度系数小的聚丙烯薄膜电容器或聚苯乙烯薄膜电容器即可。在宽带域超声波传感器的情况下,因为其通频带较宽,所以也可以使用聚酯薄膜电容器。

**2. 超声波传感器的接收电路**

(1) 使用运算放大器的接收电路

超声波传感器接收的信号,最大时约为 1 V,最小时约为 1 mV。为了将该电压放大到后续电路易于处理的电压，增益至少也应当达到 100 倍以上。

图 4.1.14 为使用运算放大器的放大电路。

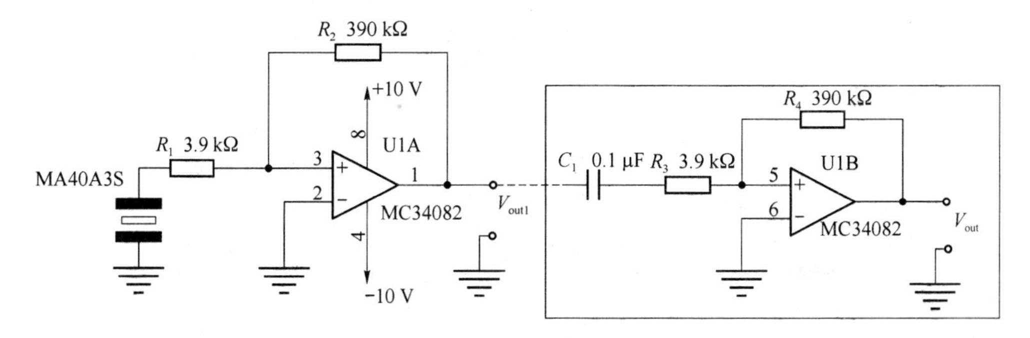


图 4.1.14　使用运算放大器的电路(100 倍增益)

(2) 使用视频放大器的接收电路

图 4.1.15 为使用视频放大器 LM733 的接收电路。LM733 的增益可以设定为 10 倍、100 倍和 400 倍，考虑到增益越大其输入阻抗越小，一般该类电路的增益为 100 倍。

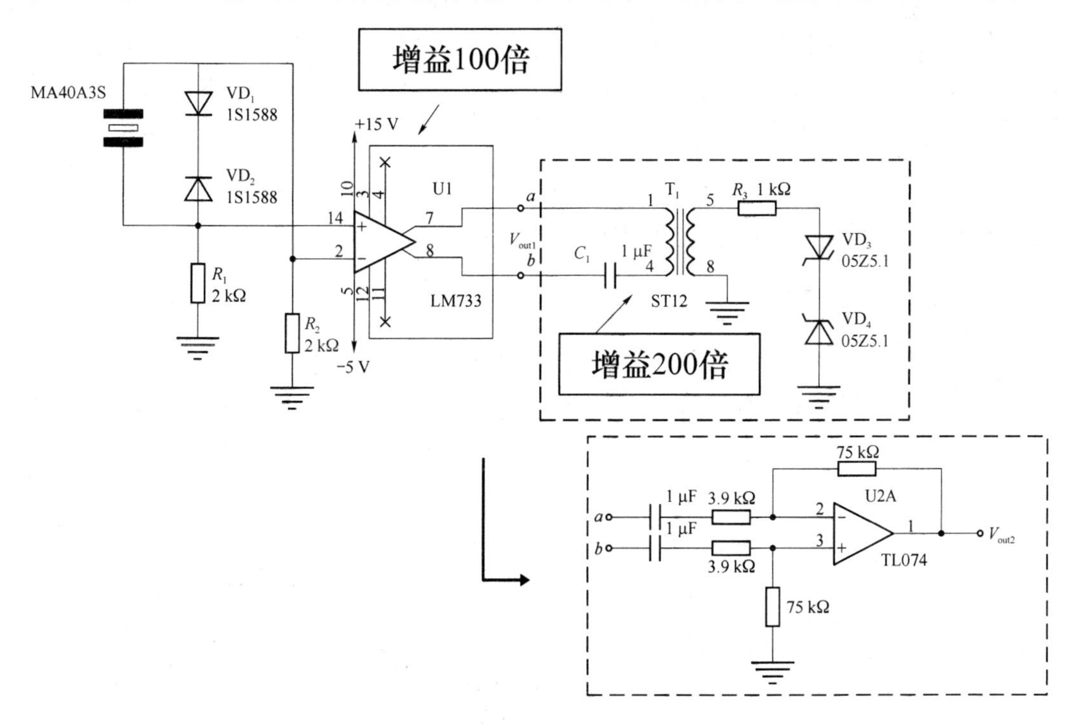


图 4.1.15　使用视频放大器 LM733 的放大电路

因为其输入和输出都采用差动放大方式，所以有必要将差动电压输出转换成单端输出，这样就需要如图 4.1.15 中那样使用输出变压器。这里也可以使用 ST12 进行电压放大。

输入端的二极管和输出端的雪崩二极管都是起保护作用的。图中还给出了在不使用变压器时，可以使用运算放大器替代变压器的方法。

(3) 使用比较器的接收电路

图 4.1.16 为使用比较器集成电路 LM393 的接收电路。

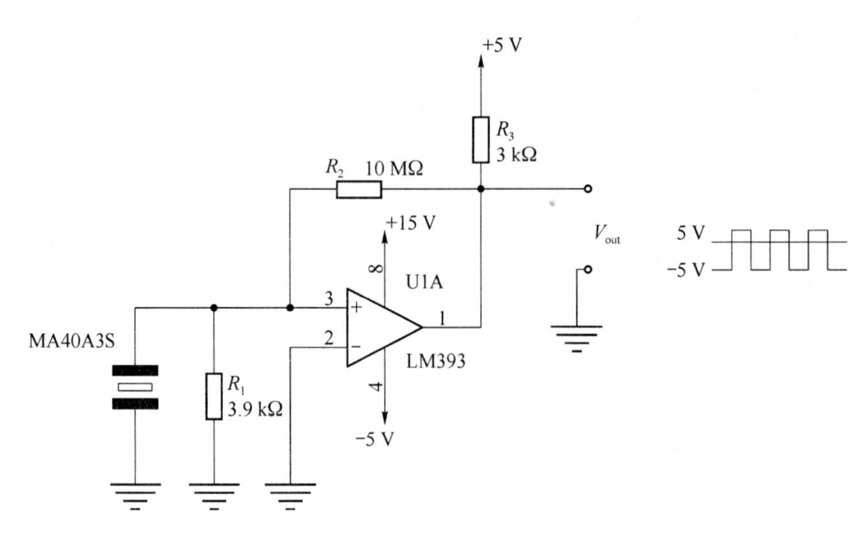


图 4.1.16　使用比较器集成电路的放大电路

比较器和运算放大器一样不进行相位补偿，因此也可以像运算放大器那样高速运行。但是，如果将它作为放大器使用，就容易产生自激振荡，因此这里还仅仅把它作为比较器使用。为此，其输出就只取＋5 V 或者－5 V 两个值。由于其本身属于数字输出，因此使用起来反倒很容易。另外，为了避免噪声，可以通过正反馈的方式给它一个很小的、约±1 mV 的滞后电压。

## 4.1.5　超声波传感器应用实例

### 1. 汽车倒车探测器(倒车雷达)

选用封闭型的发射超声波传感器 MA40EIS 和接收超声波传感器 MA40EIR 安装在汽车尾部的侧角处，按如图 4.1.17 所示电路装配即可构成一个汽车倒车尾部防撞探测器。它分为超声发射电路、超声接收电路和信号处理电路。

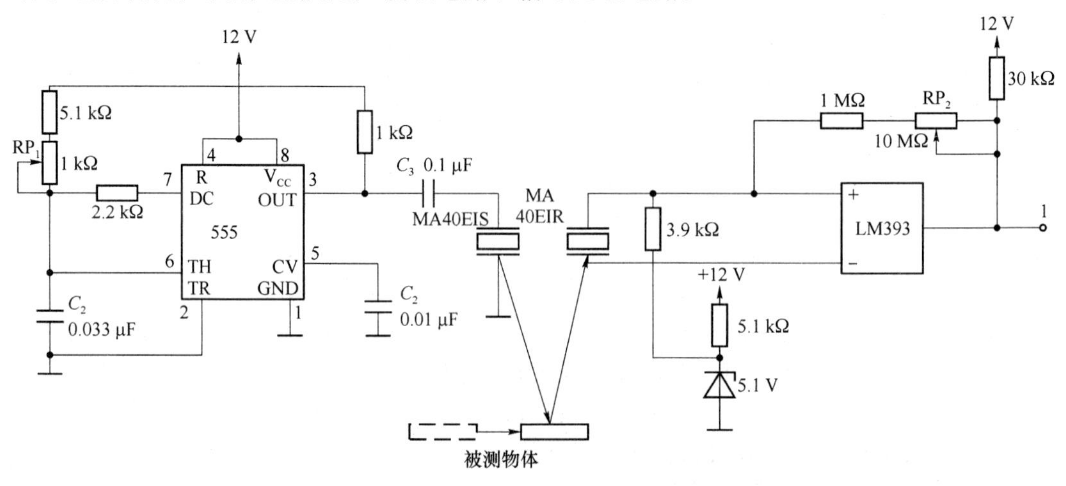


图 4.1.17　超声发射电路

(1) 超声发射接收电路

超声发射与接收电路如图 4.1.17 所示。

超声发射电路由时基电路 555 组成,555 振荡电路的频率可以调整,调节电位器 $RP_1$ 可将接收超声波传感器的输出电压频率调至 40 kHz。

超声波接收电路使用超声波接收传感器 MA40EIR,MA40EIR 的输出由集成比较器 LM393 进行处理。LM393 输出的是比较规范的方波信号。

(2) 信号处理电路

信号处理电路采用集成电路 LM2901N,如图 4.1.18 所示。它原是测量转速用的集成电路,其内部有 F/V 转换器和比较器,它的输入要求有一定频率的信号。

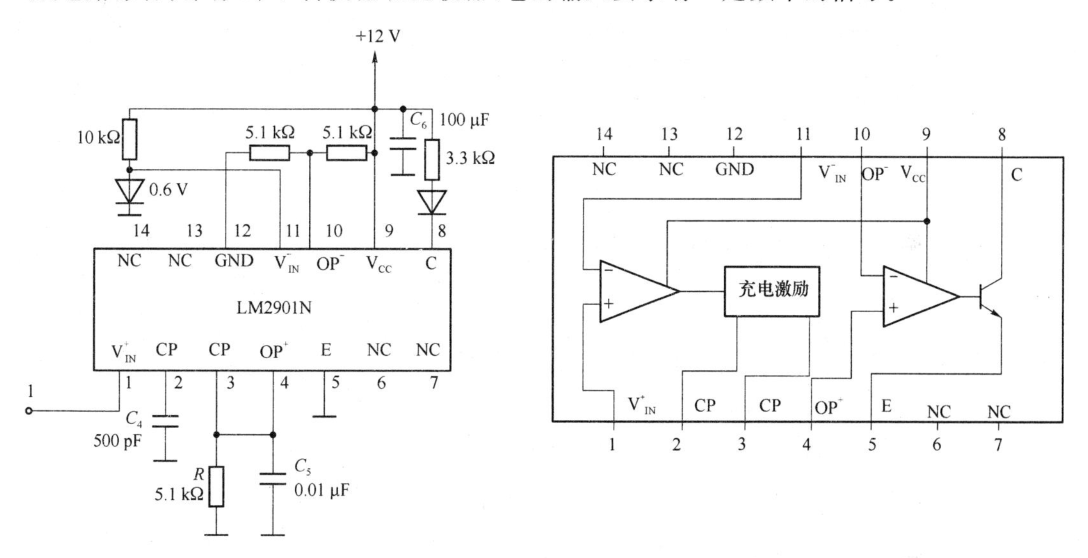


图 4.1.18　信号处理电路

当超声发射器和接收器的位置确定时,移动被测物体的位置,当倒车时对车尾或车尾后侧的安全构成威胁时,应使 LED 亮以示报警,这一点要借助于微调电位器 $RP_1$ 进行。调试好发射器、接收器的位置、角度后,再往车后处安装。报警的方式可以用红色发光二极管,也可采用蜂鸣器或扬声器报警,采用声光报警则更佳。

**2. 超声波测距**

图 4.1.19 为超声波测距计电路,超声波传感器采用 MA40S2S。

工作原理简述如下:用 NE555 低频振荡器调制 40 kHz 的高频信号,高频信号通过超声波传感器以声能形式辐射出去,辐射波遇到被检测物体就形成反射波,被 MA40S2S 所接收。

反射波的电平与被检测物体远近距离有关,距离不同时电平差别有几十 dB 以上。为此,电路中增设可变增益放大器(STCC)对电平进行调整。该信号通过定时控制电路、触发电路、门电路变换为与距离相适应的信号。用时钟脉冲对信号的发送波与接收波之间的延迟时间计数,计数器的输出值就是相应的距离。

图 4.1.20 是采用超声波模块 RS-2410 的测距计。

RS-2410 模块内有发送与接收电路,以及相应的定时控制电路等。KD-300 为数字显

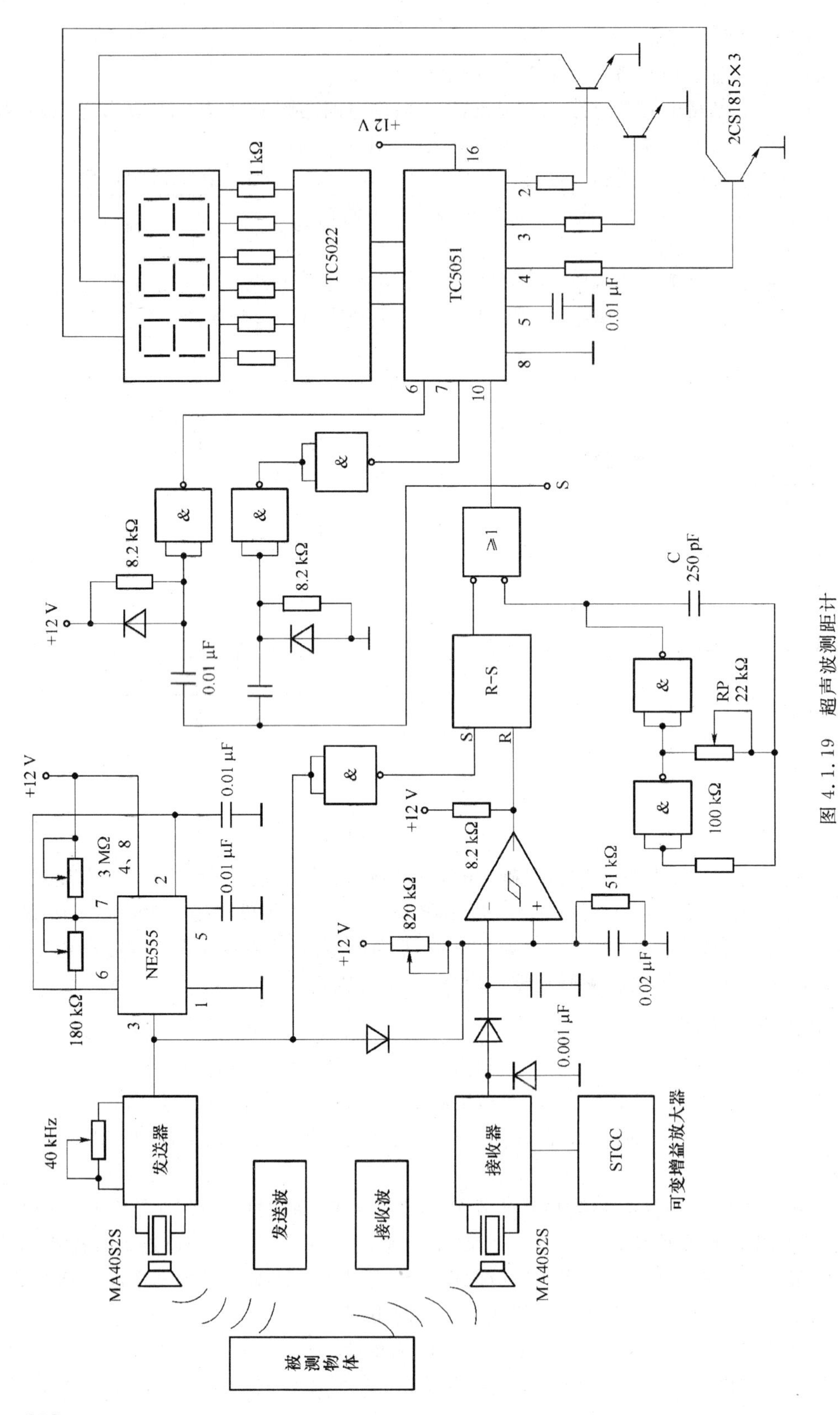


图 4.1.19　超声波测距计

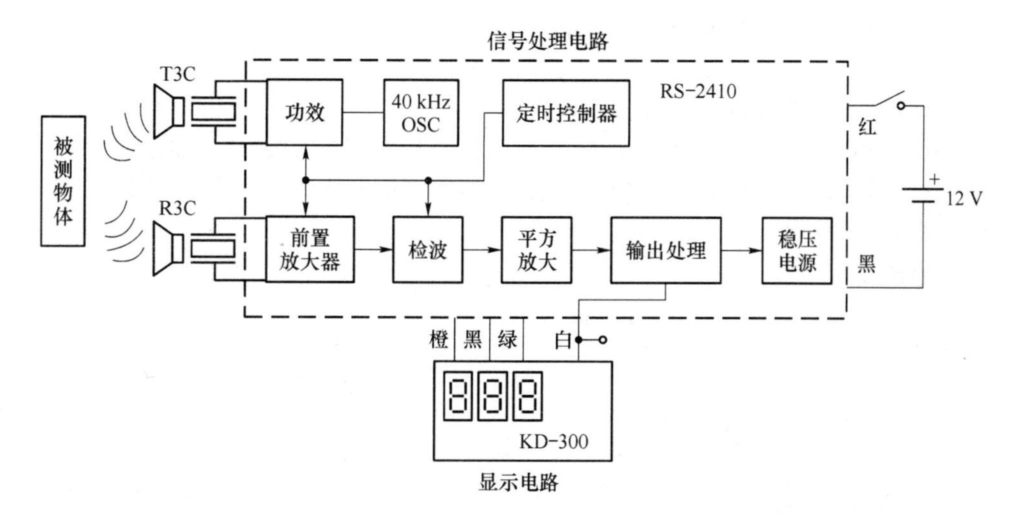


图 4.1.20　采用超声波模块的测距计

示电路，用三位数字显示 RS-2410 的输出，单位为 cm。这种超声波测距计能测出的最大距离为 600 cm 左右，最小距离为 2 cm 左右。

# 4.2　涡流传感器

根据法拉第电磁感应原理，块状金属导体置于变化的磁场中或在磁场中作切割磁力线运动时，导体内将产生呈涡旋状的感应电流，此电流叫电涡流或涡流，这种现象称为涡流效应。

根据电涡流效应制成的传感器称为电涡流式传感器。按照电涡流在导体内的贯穿情况，传感器可分为高频反射式和低频透射式两类，但从基本工作原理上来说仍是相似的。电涡流式传感器最大的特点是能对位移、厚度、表面温度、速度、应力、材料损伤等进行非接触式连续测量，另外还具有体积小、灵敏度高、频率响应宽等特点，应用极其广泛。

## 4.2.1　涡流传感器的基本特性

### 1. 工作原理

形成涡流必须具备两个条件：存在交变磁场；块状的导体处于交变磁场中。

电涡流式传感器的原理图如 4.2.1 所示，该图由传感器线圈和被测导体组成线圈—导体系统。

根据法拉第定律，当传感器线圈通以正弦交变电流时，线圈周围空间必然产生正弦交变磁场，使置于此磁场中的金属导体中感应电涡流，而涡流又产生新的交变磁场。根据楞次定律，新的交变磁场的作用将反抗原磁场，导致传感器线圈的等效阻抗发生变化。由上可知，线圈阻抗的变化完全取决于被测金属导体的电涡流效应。

涡流效应既与被测体的电阻率 $\rho$、磁导率 $\mu$ 以及几何形状有关，又与线圈几何参数、线圈中激磁电流频率有关，还与线圈与导体间的距离 $x$ 有关。因此，传感器线圈受电涡

流影响时的等效阻抗 $Z$ 的函数关系式为

$$Z = f(\rho, \mu, r, f, x) \tag{4.2.1}$$

式中,$r$ 为线圈与被测体的尺寸因子。

如果保持式(4.2.1)中其他参数不变,而只改变其中一个参数,传感器线圈阻抗 $Z$ 就仅仅是这个参数的单值函数。通过与传感器配用的测量电路测出阻抗 $Z$ 的变化量,即可实现对该参数的测量。

**2. 渗透深度**

涡流传感器简化模型如图 4.2.2 所示。

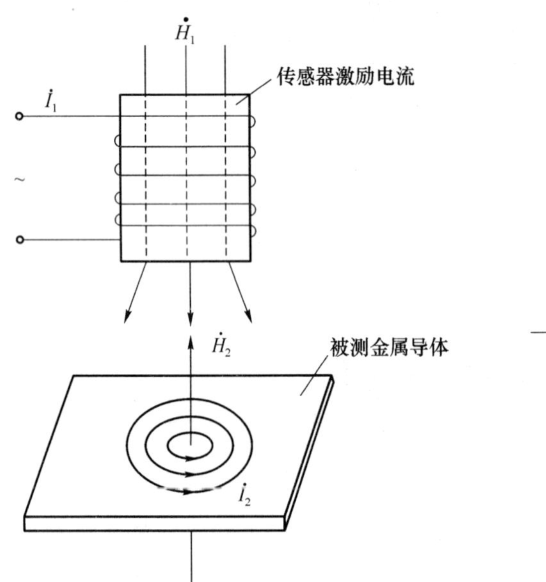


图 4.2.1　电涡流式传感器原理图

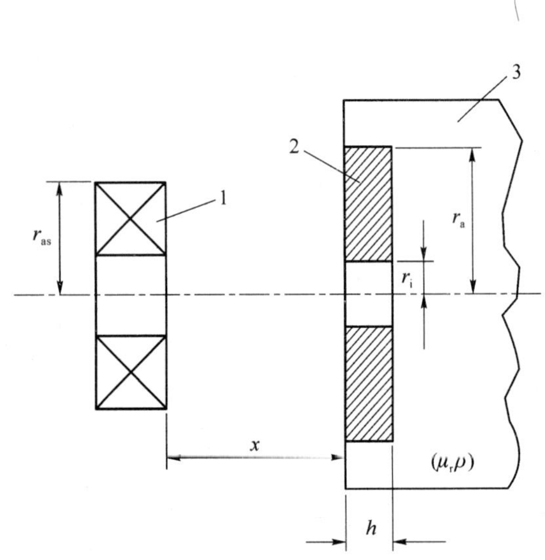


图 4.2.2　涡流传感器简化模型

1—传感器线圈;2—短路环;3—被测导体

模型中把在被测金属导体上形成的电涡流等效成一个短路环,即假设电涡流仅分布在环体之内,涡流在金属导体内部的渗透深度 $h$ 可由以下公式求得:

$$h = \left(\frac{\rho}{\pi \mu_0 u_r f}\right)^{\frac{1}{2}} \tag{4.2.2}$$

式中,$\rho$ 为被测导体的电阻率;$\mu_0$ 为空气的磁导率;$\mu_r$ 为被测导体的相对磁导率;$f$ 为线圈激磁电流的频率。

**3. 径向形成范围**

线圈—导体系统产生的电涡流密度既是线圈与导体间距离 $x$ 的函数,又是沿线圈半径方向 $r$ 的函数。当 $x$ 一定时,电涡流密度 $J$ 与半径 $r$ 的关系曲线如图 4.2.3 所示。

图 4.2.3 中,用一个平均半径为 $r_{as}=(r_i+r_a)/2$ 的短路环来表示分散的电涡流(阴影部分)。金属导体表面电涡流的径向形成范围大约在传感器线圈外径 $r_{as}$ 的 1.8～2.5 倍范围内,且分布不均匀。电涡流密度在短路环半径 $r=0$ 处为零。电涡流密度的最大值出现在 $r=r_{as}$ 附近的一个狭窄区域内。

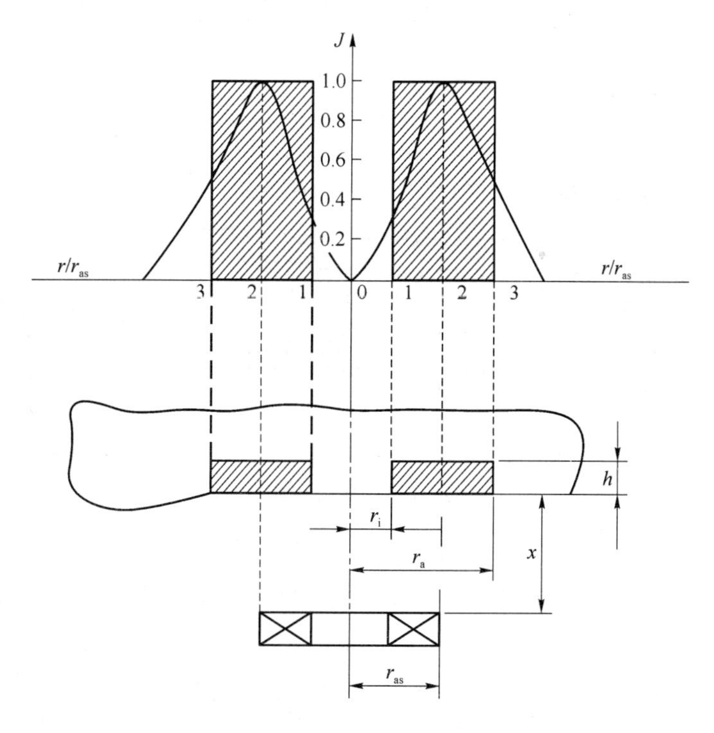


图 4.2.3　电涡流密度 $J$ 与半径 $r$ 的关系曲线

**4. 涡流强度与距离之间的关系**

当线圈距离金属导体的间距 $x$ 改变时，电涡流密度发生变化，即电涡流强度随距离 $x$ 的变化而变化。根据线圈—导体系统的电磁作用，可以得到金属导体表面的电涡流强度为

$$I_2 = I_1\left[\frac{1-x}{(x^2+r_{as}^2)^{\frac{1}{2}}}\right] \tag{4.2.3}$$

式中，$I_1$ 为线圈激励电流；$I_2$ 为金属导体中等效电流；$x$ 为线圈到金属导体表面的距离；$r_{as}$为线圈外径。

根据式(4.2.3)作出的归一化曲线如图 4.2.4 所示。

由图 4.2.4 可见，电涡流强度与距离 $x$ 呈非线性关系，且随着 $x/r_{as}$的增加而迅速减小。当利用电涡流式传感器测量位移时，只有在 $x/r_{as}$ 取 0.05～0.15 的范围才能得到较好的线性和较高的灵敏度。

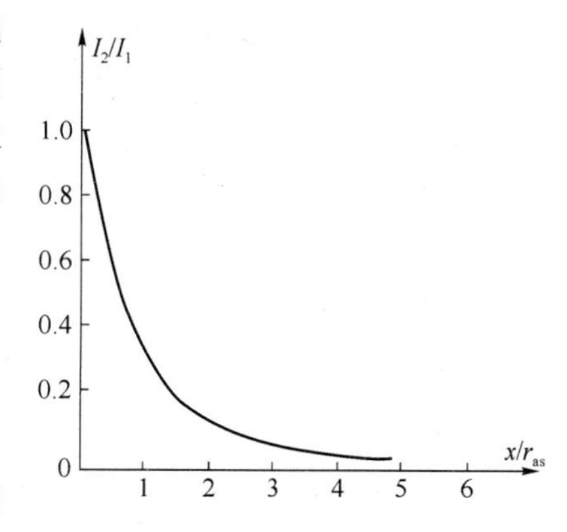


图 4.2.4　涡流强度与距离的关系

## 4.2.2　高频反射式涡流传感器

**1. 结构形式**

高频反射式涡流传感器的结构形式如图 4.2.5所示。其中，1 为传感器线圈，2 为框架，3

为框架衬套，4 为支架，5 为连接电缆，6 为插头。

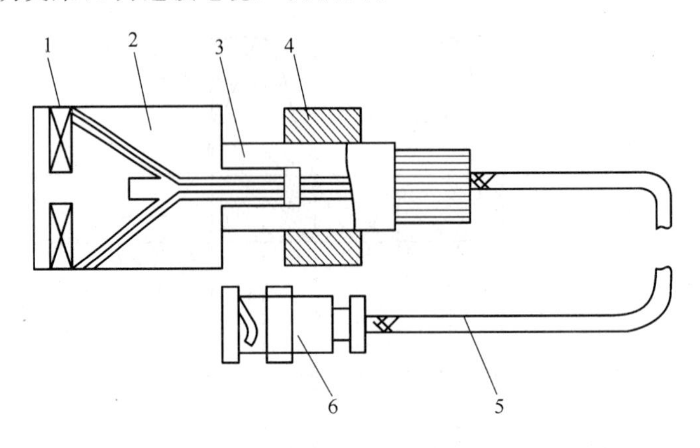


图 4.2.5　高频反射式涡流传感器的结构形式

**2. 测厚工作原理**

图 4.2.6 所示是高频反射式涡流测厚仪的测试系统原理图。

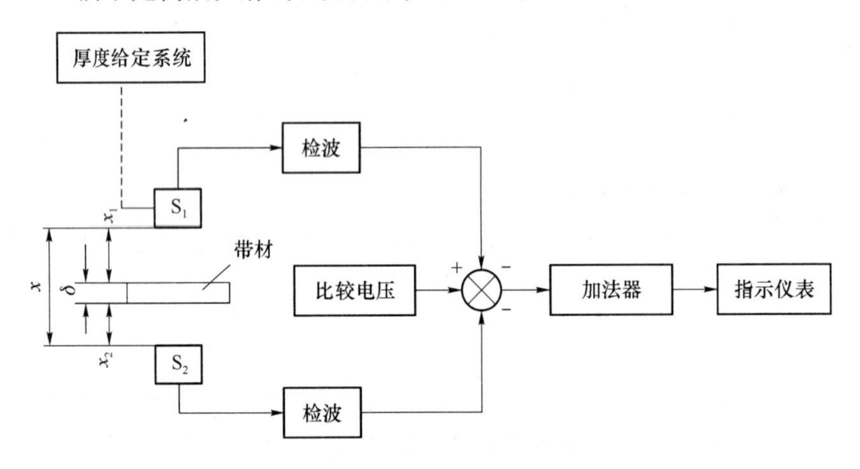


图 4.2.6　高频反射式涡流测厚仪测试系统原理图

为了克服带材不够平整或运行过程中上下波动的影响，在带材的上、下两侧对称地设置了两个特性完全相同的涡流传感器 $S_1$、$S_2$。$S_1$、$S_2$ 与被测带材表面之间的距离分别为 $x_1$ 和 $x_2$。若带材厚度不变，则被测带材上、下表面之间的距离总有 $x_1+x_2=$常数的关系存在。两传感器的输出电压之和为 $2U_0$ 数值不变。如果被测带材厚度改变量为 $\Delta\delta$，则两传感器与带材之间的距离也改变了一个 $\Delta\delta$，两传感器输出电压此时为 $2U_0+\Delta U$。$\Delta U$ 经放大后，通过指示仪表电路即可指示出带材的厚度变化值。带材厚度给定值与偏差指示值的代数和就是被测带材的厚度。

**3. 应用举例**

(1) 镀层厚度测量

涡流传感器可无接触地测量金属板厚度和非金属板的镀层厚度，如图 4.2.7 所示。

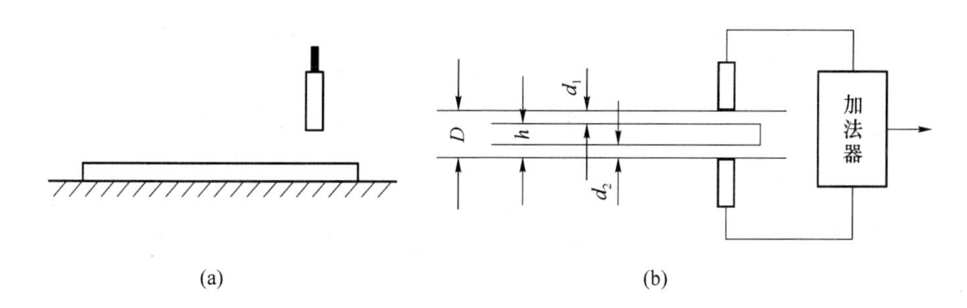


图 4.2.7　涡流传感器测量金属板厚度和非金属板的镀层厚度

(2) 电涡流式转速传感器

图 4.2.8 所示为电涡流式转速传感器的工作原理图。在软磁材料制成的输入轴上加工一个键槽,在距输入表面 $d_0$ 处设置电涡流传感器,输入轴与被测旋转轴相连。

当被测旋转轴转动时,输出轴的距离发生 $d_0+\Delta d$ 的变化。由于电涡流效应,这种变化将导致振荡谐振回路的品质因数变化,使传感器线圈的电感随 $\Delta d$ 的变化也发生变化,它们将直接影响振荡器的电压幅值和振荡频率。因此,随着输入轴的旋转,从振荡器输出的信号中包含有与转数成正比的脉冲频率信号。该信号由检波器检出电压幅值的变化量,然后经整形电路输出脉冲频率信号 $f_n$,经电路处理便可得到被测转速。

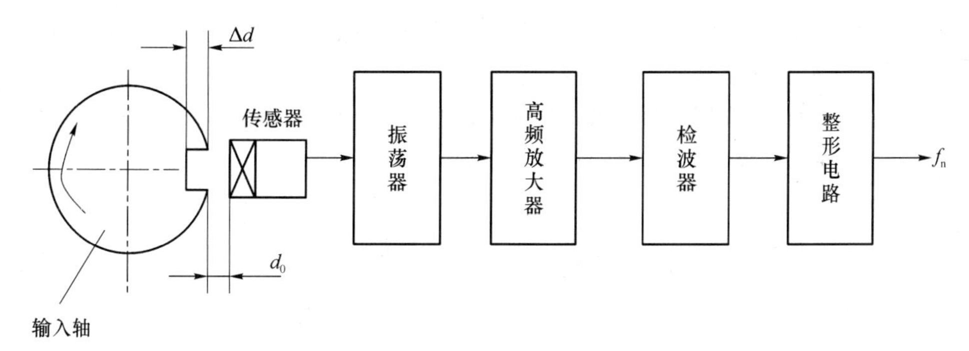


图 4.2.8　电涡流式转速传感器工作原理图

这种转速传感器可实现非接触式测量,抗污染能力很强,可安装在旋转轴近旁长期对被测转速进行监视,最高测量转速可达 600 000 r/min。

## 4.2.3　低频透射式涡流传感器

### 1. 低频透射式涡流传感器测厚原理

低频透射式涡流传感器的工作原理如图 4.2.9 所示,图中的发射线圈 $L_1$ 和接收线圈 $L_2$ 是两个绕于胶木棒上的线圈,分别位于被测材料 $M$ 的上、下方。由振荡器产生的音频电压 $u$ 加到 $L_1$ 的两端后,线圈中即流过一个同频率的交流电流,并在其周围产生一个交变磁场。

下面分两种情况进行讨论。

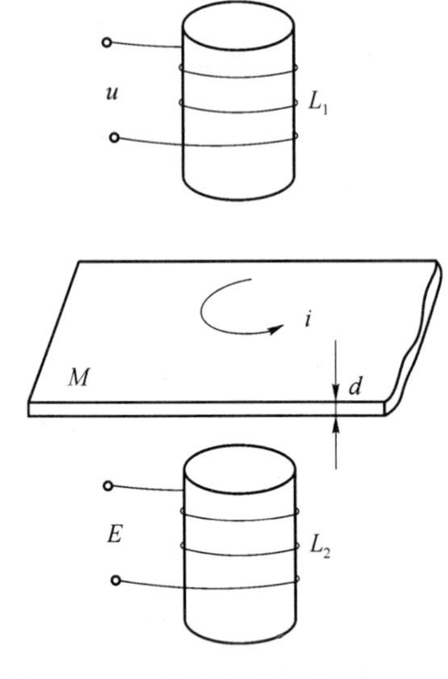


图 4.2.9 透射式涡流传感器原理图

（1）两线圈之间不存在被测材料 $M$

如果两线圈之间不存在被测材料 $M$，$L_1$ 的磁场就能直接贯穿 $L_2$，于是 $L_2$ 的两端会产生一个交变电动势 $E$。$E$ 的大小与 $u$ 的幅值、频率以及 $L_1$ 和 $L_2$ 的圈数、结构和两者间的相对位置有关。如果这些参数都确定不变，那么 $E$ 就是一个恒定值。

（2）两线圈之间存在被测材料 $M$

如果在 $L_1$ 和 $L_2$ 之间放置一金属板 $M$ 后，情况就不同了。$L_1$ 产生的磁力线必然切割 $M$，并在其中产生涡流 $i$。这个涡流损耗了部分磁场能量，使到达 $L_2$ 的磁力线减少，从而引起 $E$ 的下降。$M$ 的厚度 $h$ 越大，涡流损耗也越大，$E$ 就越小。由此可知，$E$ 的大小间接反映了 $M$ 的厚度 $h$。这就是低频透射式涡流传感器的测厚原理。

**2. 低频透射式涡流传感器测厚应注意的问题**

$M$ 中的涡流 $i$ 的大小不仅取决于 $h$，且与金属板 $M$ 的电阻率 $\rho$ 有关，于是引起相应的测试误差并限制了测厚范围。

为使交变电势 $E$ 与厚度 $h$ 得到较好的线性关系，应选用较低的测试频率 $f$，通常选 1 kHz。但此时灵敏度较低。

若频率 $f$ 一定，当被测材料的电阻率 $\rho$ 不同时，会对测量结果的线性度及灵敏度有影响。因此要根据不同的电阻率选择对应的测试频率。

# 课后习题

4.1 掌握超声波在典型介质（钢、水、空气）中的速度、声音阻抗、波长（频率 40 kHz）之间的计算关系。

4.2 试写出超声波的反射系数与声音阻抗的关系表达式。

4.3 举例说明超声波传感器在测距、探伤等方面的应用。

4.4 什么是涡流效应？涡流产生的必要条件？

4.5 分析高频反射式涡流传感器、低频透射式涡流传感器的工作原理。

4.6 涡流传感器能不能对金属内部进行探伤？

# 第 5 章　位移及转速检测

本章主要介绍自感式位移计、差动变压式位移计、电位器式位移计、光电转速计等的原理、结构、特性及应用。

## 5.1　电感传感器

利用电磁感应原理将被测非电量如位移、压力、流量、振动等转换成线圈自感量 $L$ 或互感量 $M$ 的变化，再由测量电路转换为电压或电流的变化量输出，这种装置称为电感式传感器。电感式传感器具有结构简单、工作可靠、测量精度高、零点稳定、输出功率较大等一系列优点，其主要缺点是灵敏度、线性度和测量范围相互制约，传感器自身频率响应低，不适用于快速动态测量。这种传感器能实现信息的远距离传输、记录、显示和控制，在工业自动控制系统中被广泛采用。

### 5.1.1　变磁阻式传感器

#### 1. 工作原理

变磁阻式传感器也称简单的自感传感器，其结构如图 5.1.1 所示。它由线圈、铁心和衔铁三部分组成。铁心和衔铁由导磁材料如硅钢片或坡莫合金制成，在铁心和衔铁之间有气隙，气隙厚度为 $\delta$，传感器的运动部分与衔铁相连。当衔铁移动时，气隙厚度 $\delta$ 发生改变，引起磁路中磁阻变化，从而导致电感线圈的电感值变化，因此只要能测出这种电感的变化，就能确定衔铁位移量的大小和方向。

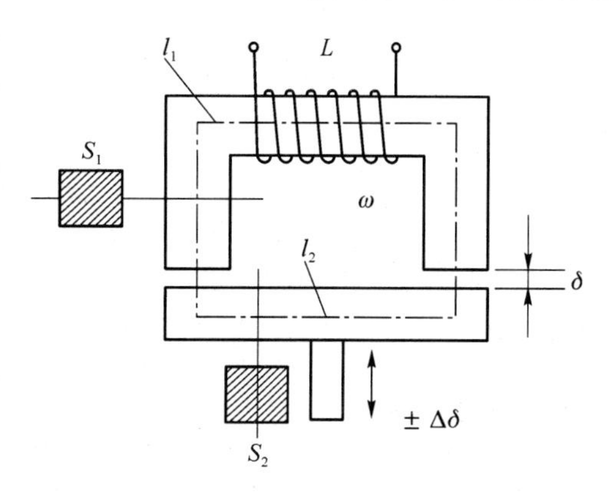

图 5.1.1　变磁阻式传感器

根据电感定义，线圈中的电感 $L$ 可由下式确定：

$$L = \frac{\omega\varphi}{I} \tag{5.1.1}$$

式中，$I$ 为通过线圈的电流；$\omega$ 为线圈的匝数；$\varphi$ 为穿过线圈的磁通。

由磁路欧姆定律，得

$$\varphi = \frac{\omega I}{R_m} \tag{5.1.2}$$

$R_m$ 为磁路总磁阻。对于变气隙式传感器，因为气隙很小，所以可以认为气隙中的磁场是均匀的。若忽略磁路磁损，则磁路的总磁阻为

$$R_m = \frac{l_1}{\mu_1 S_1} + \frac{l_2}{\mu_2 S_2} + \frac{2\delta}{\mu_0 S_0} \tag{5.1.3}$$

式中，$\mu_1$ 为铁心材料的磁导率；$\mu_2$ 为衔铁材料的磁导率；$l_1$ 为磁通通过铁心的长度；$l_2$ 为磁通通过衔铁的长度；$S_1$ 为铁心的截面积；$S_2$ 为衔铁的截面积；$\mu_0$ 为空气的磁导率；$S_0$ 为气隙的截面积；$\delta$ 为气隙的厚度。

通常气隙的磁阻远大于铁心和衔铁的磁阻，则式(5.1.3)可近似为

$$R_m = \frac{2\delta}{\mu_0 S_0} \tag{5.1.4}$$

可得

$$L = \frac{\omega^2}{R_m} = \frac{\omega^2 \mu_0 S_0}{2\delta} \tag{5.1.5}$$

式(5.1.5)表明，当线圈匝数为常数时，电感 $L$ 仅仅是磁路中磁阻 $R_m$ 的函数，只要改变 $\delta$ 或 $S_0$ 均可导致电感变化，因此变磁阻式传感器又可分为变气隙厚度 $\delta$ 的传感器和变气隙面积 $S_0$ 的传感器。使用最广泛的是变气隙厚度 $\delta$ 式电感传感器。

**2. 输出特性**

设电感传感器初始气隙为 $\delta_0$，初始电感为 $L_0$，衔铁位移引起的气隙变化量为 $\Delta\delta$，可知 $L$ 与 $\delta$ 之间是非线性关系，特性曲线如图 5.1.2 表示。

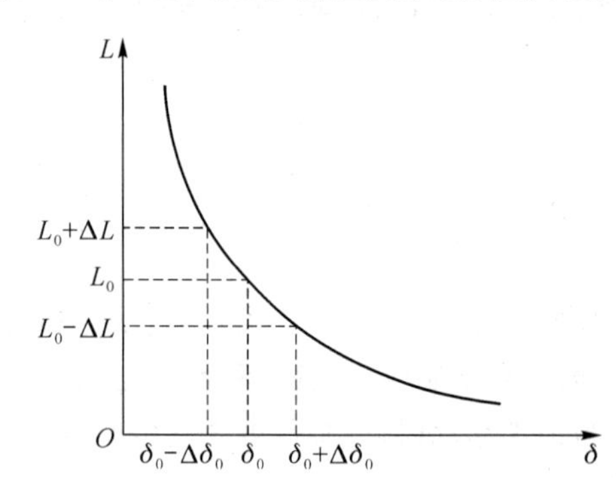


图 5.1.2 变气隙式电感传感器的 $L$—$\delta$ 特性

考虑变气隙式电感传感器的灵敏度，当衔铁位于中间位置时，初始电感为

$$L_0 = \frac{\omega^2 \mu_0 S_0}{2\delta_0} \tag{5.1.6}$$

当衔铁上移 $\Delta\delta$ 时，传感器气隙减小 $\Delta\delta$，即 $\delta=\delta_0-\Delta\delta$，则此时输出电感为 $L=L_0+\Delta L$，有

$$L = L_0 + \Delta L = \frac{\omega^2 \mu_0 S_0}{2(\delta_0 - \Delta\delta)} = \frac{L_0}{1 - \frac{\Delta\delta}{\delta_0}} \tag{5.1.7}$$

当 $\Delta\delta/\delta_0 \ll 1$ 时，可将上式用泰勒级数展开成级数形式为

$$L = L_0\left[1 + \left(\frac{\Delta\delta}{\delta_0}\right) + \left(\frac{\Delta\delta}{\delta_0}\right)^2 + \left(\frac{\Delta\delta}{\delta_0}\right)^3 + \cdots\right] \tag{5.1.8}$$

由上式可求得电感的相对增量 $\Delta L/L_0$ 的表达式，即

$$\frac{\Delta L}{L_0} = \frac{\Delta\delta}{\delta_0}\left[1 + \left(\frac{\Delta\delta}{\delta_0}\right) + \left(\frac{\Delta\delta}{\delta_0}\right)^2 + \cdots\right] \tag{5.1.9}$$

忽略高次项，可得

$$\frac{\Delta L}{L_0} = \frac{\Delta\delta}{\delta_0} \tag{5.1.10}$$

因此可求得灵敏度为

$$K_0 = \frac{\Delta L}{\Delta \delta} = \frac{L_0}{\delta_0} \tag{5.1.11}$$

由此可见，变气隙式电感式传感器用于测量微小位移时是比较精确的。为了减小非线性误差，实际测量中广泛采用差动变气隙式电感传感器，随着中间衔铁位移的变化，距离上下两个铁心的气隙也发生相应变化。

**3. 测量电路**

电感式传感器的测量电路有交流电桥式、交流变压器式以及谐振式等几种形式。

(1) 交流电桥式测量电路

图 5.1.3 所示为交流电桥测量电路，把差动式电感传感器的两个线圈作为电桥的两个桥臂 $Z_1$ 和 $Z_2$，另外两个相邻的桥臂用纯电阻代替。

其输出电压为

$$\dot{U}_o = \frac{\dot{U}_{AC}}{2}\frac{\Delta Z_1}{Z_1} = \frac{\dot{U}_{AC}}{2}\frac{j\omega\Delta L}{R_0 + j\omega L_0} \approx \frac{\dot{U}_{AC}}{2}\frac{\Delta L}{L_0} \tag{5.1.12}$$

式中，$L_0$ 为衔铁在中间位置时单个线圈的电感；$\Delta L$ 为单线圈电感的变化量。

(2) 变压器式交流电桥

变压器式交流电桥测量电路如图 5.1.4 所示，电桥两臂 $Z_1$、$Z_2$ 为差动传感器的线圈阻抗，另外两桥臂为交流变压器二次侧线圈的 1/2 阻抗。当负载阻抗为无穷大时，桥路输出电压为

$$\dot{U}_o = U_A - U_B = \frac{Z_1\dot{U}}{Z_1 + Z_2} - \frac{\dot{U}}{2} = \frac{Z_1 - Z_2}{Z_1 + Z_2}\frac{\dot{U}}{2} \tag{5.1.13}$$

当传感器的衔铁处于中间位置，即 $Z_1 = Z_2 = Z_0$ 时，有 $\dot{U}_o = 0$，电桥平衡。

当传感器衔铁上移时，有 $Z_1 = Z_0 + \Delta Z$，$Z_2 = Z_0 - \Delta Z$，此时

$$\dot{U}_o = \frac{\dot{U}}{2}\frac{\Delta Z}{Z_0} = \frac{\dot{U}}{2}\frac{\Delta L}{L_0} \tag{5.1.14}$$

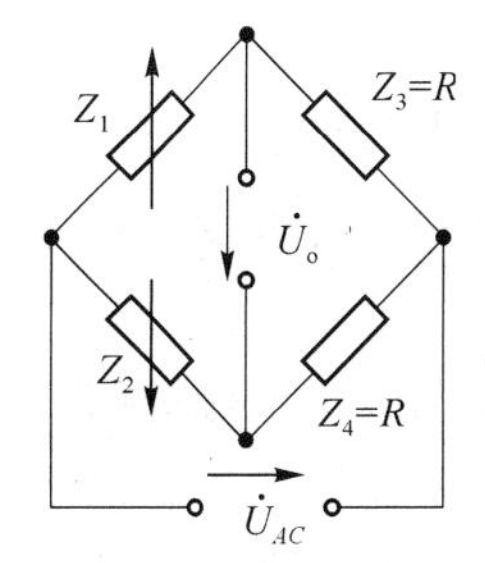

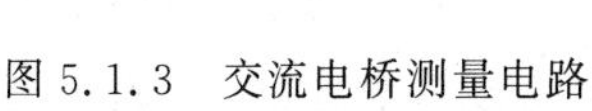


图 5.1.3　交流电桥测量电路

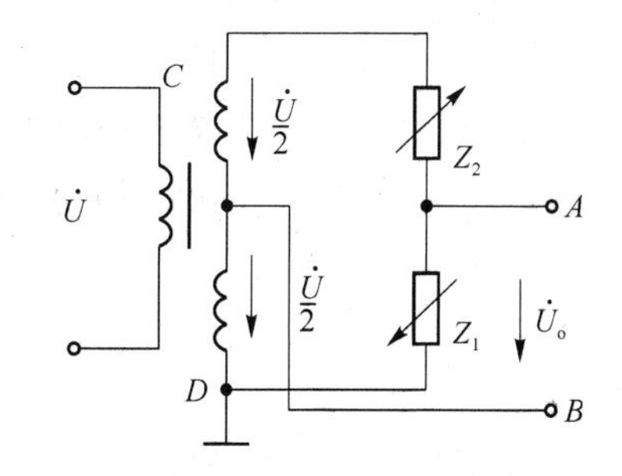


图 5.1.4　变压器式交流电桥测量电路

当传感器衔铁下移时，则 $Z_1 = Z - \Delta Z$，$Z_2 = Z + \Delta Z$，此时

$$\dot{U}_o = -\frac{\dot{U}}{2}\frac{\Delta Z}{Z} = -\frac{\dot{U}}{2}\frac{\Delta L}{L} \tag{5.1.15}$$

可知，衔铁上下移动相同距离时，输出电压的大小相等，但方向相反。但是由于 $\dot{U}_o$ 是

交流电压,因此输出指示无法判断位移方向。

(3) 谐振式测量电路

谐振式测量电路有谐振式调幅电路(如图 5.1.5 所示)和谐振式调频电路(如图 5.1.6 所示)。

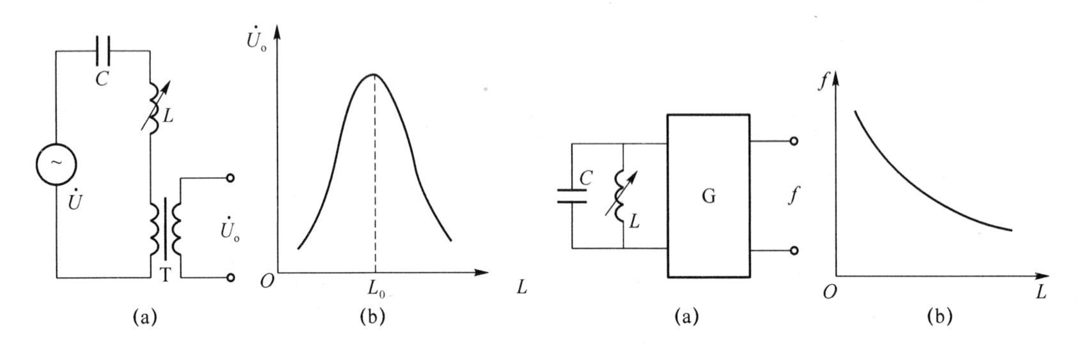


图 5.1.5　谐振式调幅电路　　　　图 5.1.6　谐振式调频电路

在调幅电路中,传感器电感 $L$ 与电容 $C$、变压器一次侧串联在一起,接入交流电源,变压器二次侧将有电压 $\dot{U}_o$ 输出,输出电压的频率与电源频率相同,而幅值随着电感 $L$ 而变化,图 5.1.5(b)所示为输出电压 $\dot{U}_o$ 与电感 $L$ 的关系曲线,其中 $L_0$ 为谐振点的电感值。此电路灵敏度很高,但线性差,适用于线性要求不高的场合。

调频电路的基本原理是传感器电感 $L$ 的变化将引起输出电压频率的变化。一般是把传感器电感 $L$ 和电容 $C$ 接入一个振荡回路中。当 $L$ 变化时,振荡频率 $f$ 随之变化,根据 $f$ 的大小即可测出被测量的值。图 5.1.6(b)表示 $f$ 与 $L$ 的特性,它具有明显的非线性关系。

**4. 变磁阻式传感器的应用**

图 5.1.7 所示是变气隙式电感压力传感器的结构图。它由膜盒、铁心、衔铁及线圈等组成,衔铁与膜盒的上端连在一起。

当压力进入膜盒时,膜盒的顶端在压力 $P$ 的作用下产生与压力 $P$ 大小成正比的位移。于是衔铁也发生移动,从而使气隙发生变化,流过线圈的电流也发生相应的变化,电流表指示值就反映了被测压力的大小。

图 5.1.8 所示为变气隙式差动电感压力传感器。它主要由 C 形弹簧管、衔铁、铁心和线圈等组成。

当被测压力进入 C 形弹簧管时,C 形弹簧管产生变形,其自由端发生位移,带动与自由端连接成一体的衔铁运动,使线圈 1 和线圈 2 中的电感发生大小相等、符号相反的变化,即一个电感增大,另一个电感减小。电感的这种变化通过电桥电路转换成电压输出。由于输出电压与被测压力之间成比例关系,所以只要用检测仪表测量出输出电压,即可得知被测压力的大小。

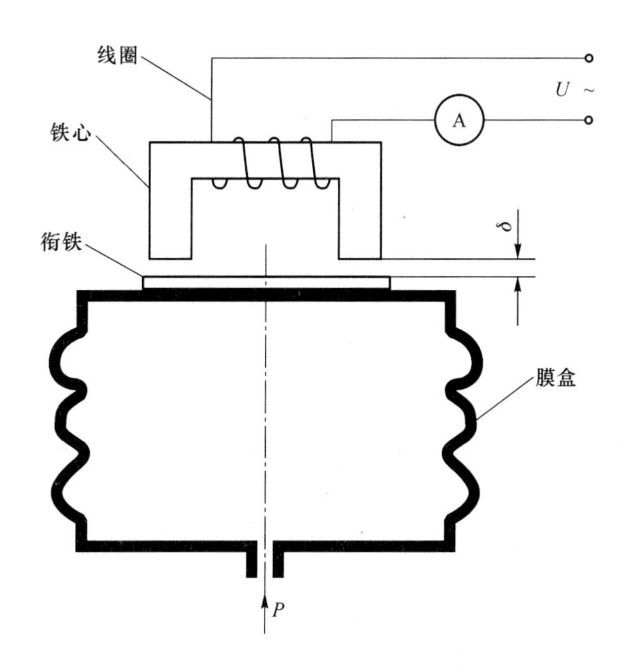


图5.1.7　变气隙式电感压力传感器

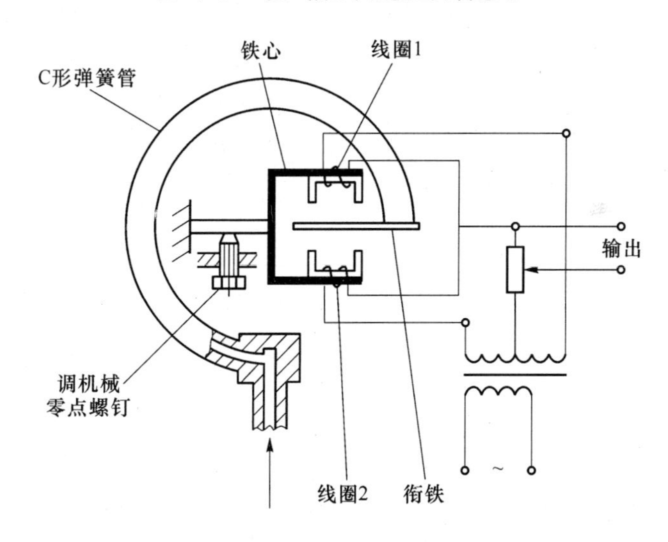


图5.1.8　变气隙式差动电感压力传感器

## 5.1.2　差动变压器式传感器

把被测非电量的变化转换为线圈互感量变化的传感器称为互感式传感器。这种传感器是根据变压器的基本原理制成的，并且二次侧绕组都用差动形式连接，故称差动变压器式传感器。差动变压器结构形式较多，有变气隙式、变面积式和螺线管式等，但其工作原理基本一样。其中应用最多的是螺线管式差动变压器，它可以测量1～100 mm范围内的机械位移，并具有测量精度高，灵敏度高，结构简单，性能可靠等优点。

**1. 工作原理**

螺线管式差动变压器的结构如图 5.1.9 所示，它由一次侧线圈、两个二次侧线圈和插入线圈中央的圆柱形铁心等组成。

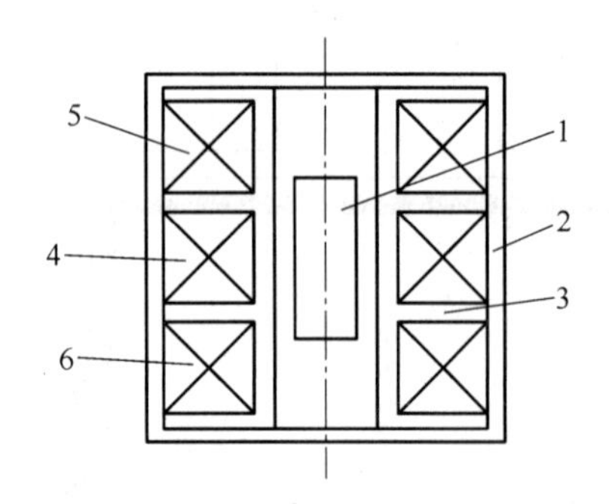


图 5.1.9　螺线管式差动变压器的结构

1—活动衔铁；2—导磁外壳；3—骨架；4—匝数为 $\omega_1$ 的一次侧绕组；5—匝数为 $\omega_{2a}$ 的二次侧绕组；6—匝数为 $\omega_{2b}$ 的二次侧绕组

螺线管式差动变压器按线圈绕组排列的方式不同，可分为一节、二节、三节、四节和五节式等类型，如图 5.1.10 所示。一节式灵敏度高，三节式零点残余电压较小，通常采用的是二节式和三节式两类。

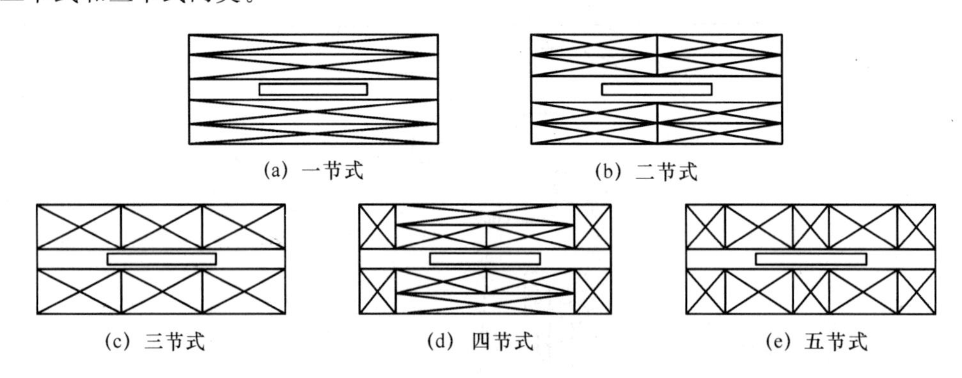


图 5.1.10　线圈排列方式

差动变压器式传感器中两个二次侧线圈反向串联，并且在忽略铁损、导磁体磁阻和线圈分布电容的理想条件下，其等效电路如图 5.1.11 所示。当一次侧绕组 $\omega_1$ 加以激励电压 $\dot{U}_1$ 时，根据变压器的工作原理，在两个二次侧绕组 $\omega_{2a}$ 和 $\omega_{2b}$ 中便会产生感应电势 $\dot{E}_{2a}$ 和 $\dot{E}_{2b}$。如果工艺上保证变压器结构完全对称，则当活动衔铁处于初始平衡位置时，必然会使两互感系数 $M_1=M_2$。根据电磁感应原理，将有 $\dot{E}_{2a}=\dot{E}_{2b}$。由于变压器两二次侧绕组反向串联，因而 $\dot{U}_2=\dot{E}_{2a}-\dot{E}_{2b}=0$，即差动变压器输出电压为零。

当活动衔铁向上移动时，由于磁阻的影响，$\omega_{2a}$ 中的磁通将大于 $\omega_{2b}$，使 $M_1>M_2$，因而 $\dot{E}_{2a}$ 增加，而 $\dot{E}_{2b}$ 减小。反之，$\dot{E}_{2b}$ 增加，$\dot{E}_{2a}$ 减小。因为 $\dot{U}_2=\dot{E}_{2a}-\dot{E}_{2b}$，所以当 $\dot{E}_{2a}$、$\dot{E}_{2b}$ 随着衔铁位移 $x$ 变化时，$\dot{U}_2$ 也必将随 $x$ 变化。图 5.1.12 给出了变压器输出电压 $\dot{U}_2$ 与活动衔

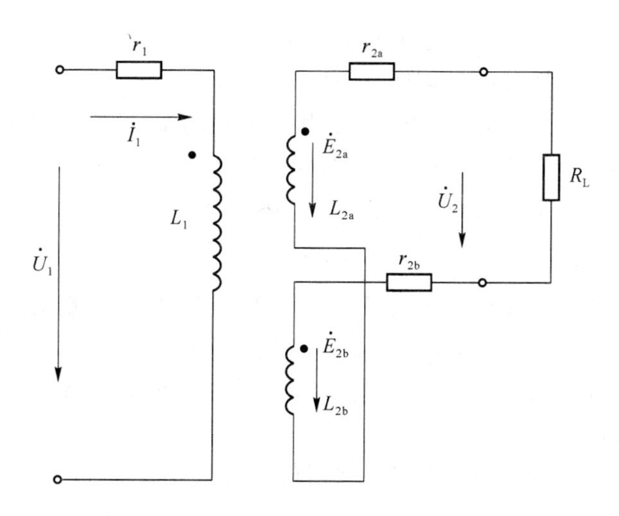


图 5.1.11　差动变压器等效电路

铁位移 $x$ 的关系曲线。

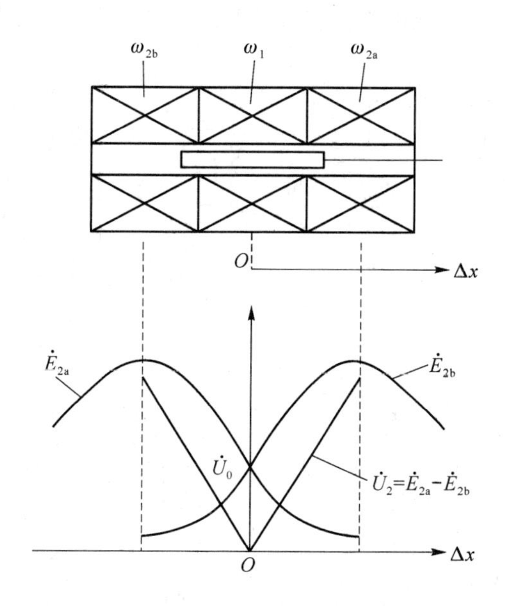


图 5.1.12　差动变压器的输出电压特性曲线

由于二次侧两绕组反向串联，且考虑到二次侧开路，则由以上关系可得：

$$\dot{U}_2 = \dot{E}_{2a} - \dot{E}_{2b} = \frac{j\omega(M_1 - M_2)\dot{U}_1}{r_1 + j\omega L_1} \tag{5.1.16}$$

当活动衔铁处于中间位置时，$M_1 = M_2$，故$\dot{U}_2 = 0$。当活动衔铁向上移动时，$M_1 > M_2$，故$\dot{U}_2$ 与 $\dot{E}_{2a}$同极性。当活动衔铁向下移动时，$M_1 < M_2$，故$\dot{U}_2$ 与$\dot{E}_{2b}$同极性。

实际上，当衔铁位于中心位置时，差动变压器输出电压并不等于零，一般差动变压器在零位移时的输出电压称为零点残余电压，也叫零位电压，记作 $U_0$。它的存在使传感器的输出特性不过零点，造成实际特性与理论特性不完全一致。

产生零位电压的原因主要是变压器结构和电气参数的不对称，也可能是由电源电压波形失真及含有噪声等造成的导磁材料不均匀。零位电压是有害的，尽管它的数值小，但是经过后续放大电路的放大后，可能会造成执行器误动作，给测量带来误差。另外，由于输出特性曲线在零点附近比较平坦，使得测量在零点附近变得不灵敏。因此实际应用时，在测量电路中要对零位电压采取补偿措施。

**2. 测量电路**

差动变压器输出的是交流电压，若用交流电压表测量，只能反映衔铁位移的大小，而不能反映移动方向。另外，其测量值中将包含零点残余电压。为了达到能辨别移动方向及消除零点残余电压的目的，实际测量时，常常采用差动整流电路和相敏检波电路。

(1) 差动整流电路

这种电路是把差动变压器的两个二次侧输出电压分别整流，然后将整流的电压或电流的差值作为输出。图 5.1.13 给出了几种典型电路形式，图中(a)、(c)为差动电压整流，(b)、(d)为差动电流整流，电阻 $R_0$ 用于调整零点残余电压。

下面结合图 5.1.13(c)，分析差动整流电路的工作原理。

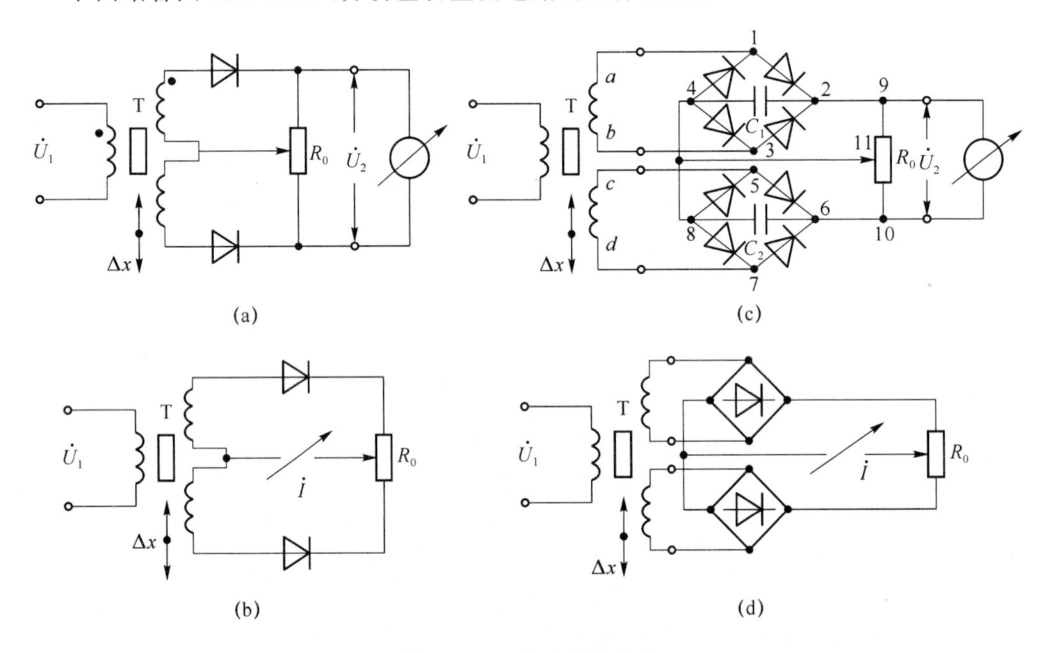


图 5.1.13　差动整流电路

从图 5.1.13(c)电路结构可知，不论两个二次侧线圈的输出瞬时电压极性如何，流经电容 $C_1$ 的电流方向总是从 2 到 4，流经电容 $C_2$ 的电流方向从 6 到 8，故整流电路的输出电压为

$$\dot{U}_2 = \dot{U}_{24} - \dot{U}_{68} \tag{5.1.17}$$

当衔铁在零位时，因为$\dot{U}_{24}=\dot{U}_{68}$，所以$\dot{U}_2=0$；当衔铁在零位以上时，因为$\dot{U}_{24}>\dot{U}_{68}$，则$\dot{U}_2>0$；而当衔铁在零位以下时，则有$\dot{U}_{24}<\dot{U}_{68}$，则$\dot{U}_2<0$。

因此，这种方法既能测量中间衔铁位移量的大小，也能判断衔铁的移动方向。差动整流电路结构简单,需要考虑相位调整和零点残余电压的影响。

(2) 相敏检波电路

电路如图 5.1.14 所示。$VD_1$、$VD_2$、$VD_3$、$VD_4$ 为四个性能相同的二极管,以同一方向串联成一个闭合回路,形成环形电桥。输入信号 $u_2$(差动变压器式传感器输出的调幅波电压)通过变压器 $T_1$ 加到环形电桥的一条对角线。参考信号 $u_0$ 通过变压器 $T_2$ 加入环形电桥的另一条对角线。输出信号 $u_L$ 从变压器 $T_1$ 与 $T_2$ 的中心抽头引出。平衡电阻 $R$ 起限流作用,避免二极管导通时变压器 $T_2$ 的二次侧电流过大。$R_L$ 为负载电阻。

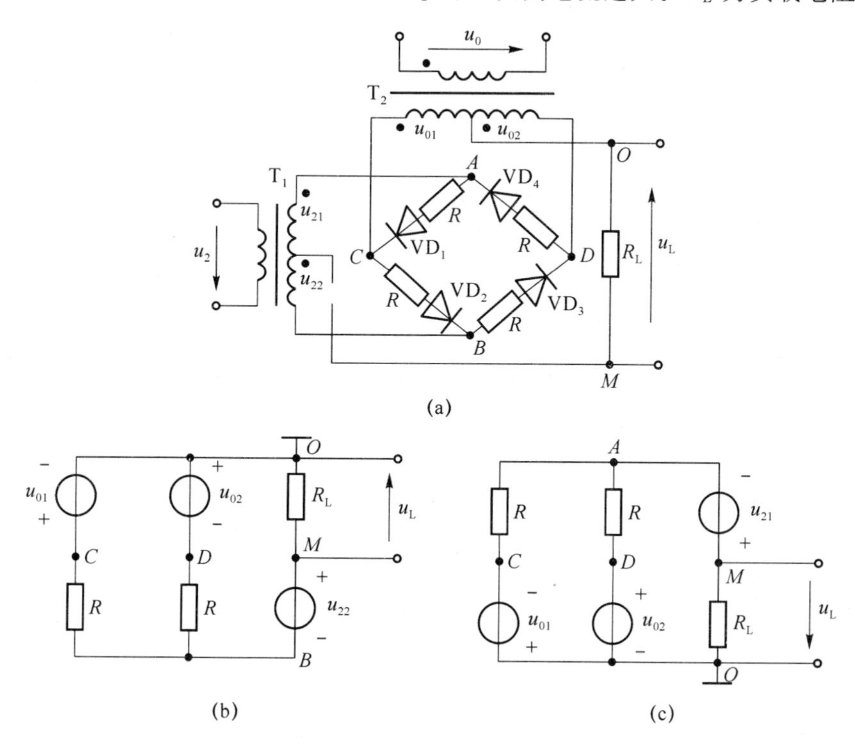


图 5.1.14　相敏检波电路

$u_0$ 的幅值要远大于输入信号 $u_2$ 的幅值,以便有效控制四个二极管的导通状态,且 $u_0$ 和差动变压器式传感器激磁电压由同一振荡器供电,保证二者同频、同相(或反相)。信号的波形图如图 5.1.15 所示。

$\Delta x > 0$ 时,$u_2$ 与 $u_0$ 为同频同相。

当 $u_2$ 与 $u_0$ 均为正半周时,如图 5.1.14(a)所示,环形电桥中二极管 $VD_1$、$VD_4$ 截止,$VD_2$、$VD_3$ 导通,则可得图 5.1.14(b)的等效电路。

$$u_{01} = u_{02} = \frac{u_0}{2n_2} \tag{5.1.18}$$

$$u_{21} = u_{22} = \frac{u_2}{2n_1} \tag{5.1.19}$$

根据变压器的工作原理,考虑到 $O$、$M$ 分别为变压器 $T_1$、$T_2$ 的中心抽头,则有

$$U_{01} = U_{02} = \frac{u_0}{2n_2} \tag{5.1.20}$$

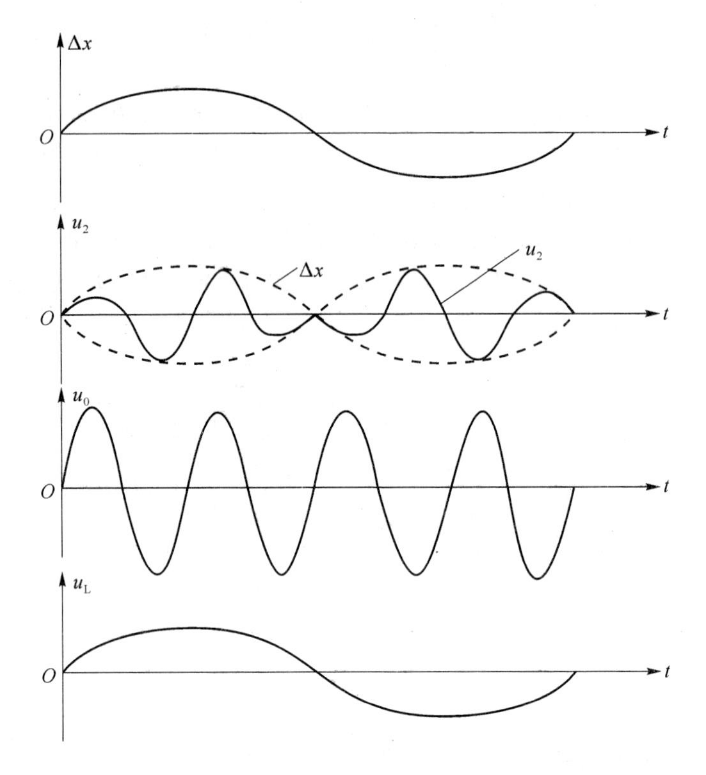


图 5.1.15　波形图

$$U_{21}=U_{22}=-\frac{u_2}{2n_1} \tag{5.1.21}$$

式中，$n_1$、$n_2$ 为变压器 $T_1$、$T_2$ 的变比。采用电路分析的基本方法，可求得图 5.1.14(b)所示电路的输出电压 $u_L$ 的表达式：

$$u_L=\frac{R_L u_2}{n_1(R_1+2R_L)} \tag{5.1.22}$$

同理，当 $u_2$ 与 $u_0$ 均为负半周时，二极管 $VD_1$、$VD_4$ 截止，$VD_2$、$VD_3$ 导通，其等效电路如图 5.1.14(c)所示。只要位移 $\Delta x>0$，不论 $u_2$ 与 $u_0$ 是正半周还是负半周，负载 $R_L$ 两端得到的电压 $u_L$ 始终为正。

当 $\Delta x<0$ 时，$u_2$ 与 $u_0$ 为同频反相。采用上述相同的分析方法不难得到，当 $\Delta x<0$ 时，不论 $u_2$ 与 $u_0$ 是正半周还是负半周，负载电阻 $R_L$ 两端得到的输出电压 $u_L$ 表达式总是为

$$u_L=-\frac{R_L u_2}{n_1(R_1+2R_L)} \tag{5.1.23}$$

所以上述相敏检波电路输出电压 $u_L$ 的变化规律充分反映了被测位移量的变化规律，即 $u_L$ 的值反映位移 $\Delta x$ 的大小，而 $u_L$ 的极性则反映了位移 $\Delta x$ 的方向。

**3. 差动变压式传感器的应用**

差动变压器式传感器可以直接用于位移测量，也可以测量与位移有关的任何机械量，如振动、加速度、应变、比重、张力和厚度等。

图 5.1.16 所示为差动变压器式加速度传感器的结构示意图。它由悬臂梁 1 和差动

变压器 2 构成。测量时，将悬臂梁底座及差动变压器的线圈骨架固定，而将衔铁的 $A$ 端与被测振动体相连。当被测体带动衔铁以 $\Delta x(t)$ 振动时，导致差动变压器的输出电压也按相同规律变化。

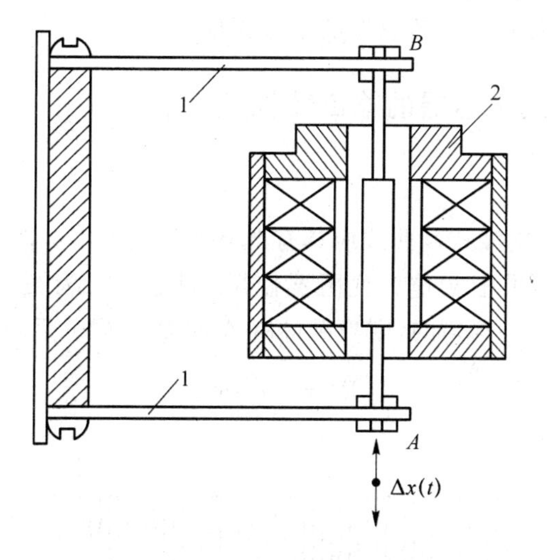


图 5.1.16 差动变压器式加速度传感器的结构示意图

1—悬臂梁；2—差动变压器

# 5.2 电位器式传感器

## 5.2.1 电位器式传感器的基本工作原理

电位计式电阻传感器的结构如图 5.2.1 所示，其中图(a)为直线式电位计，可测线位移；图(b)为旋转式电位计，可测角位移。

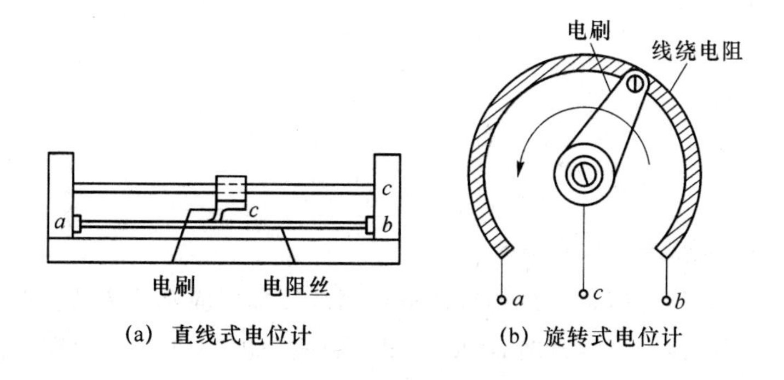


图 5.2.1 电位计式电阻传感器的结构

电位计式电阻传感器的工作原理是基于均匀截面导体的电阻计算公式，即

$$R = \rho \frac{l}{S} \tag{5.2.1}$$

式中，$\rho$ 为导体的电阻率；$l$ 为导体的长度；$S$ 为导体的截面积。

由式(5.2.1)可知，当 $\rho$ 和 $S$ 一定时，其电阻 $R$ 与长度 $l$ 成正比。如将上述电阻做成线性电位计，并通过被测量改变电阻丝的长度即移动电刷位置，则可实现位移与电阻间的线性转换，这就是电位计式电阻传感器的工作原理。

### 5.2.2 电位器式传感器的输出特性

#### 1. 空载特性

线性电位器的理想空载特性曲线应具有严格的线性关系。图 5.2.2 所示为电位器式位移传感器原理图。如果把它作为变阻器使用，假定全长为 $x_{max}$ 的电位器其总电阻为 $R_{max}$，电阻沿长度的分布是均匀的，则当滑臂由 $A$ 向 $B$ 移动 $x$ 后，$A$ 点到电刷间的阻值为

$$R_x = \frac{x}{x_{max}} R_{max} \tag{5.2.2}$$

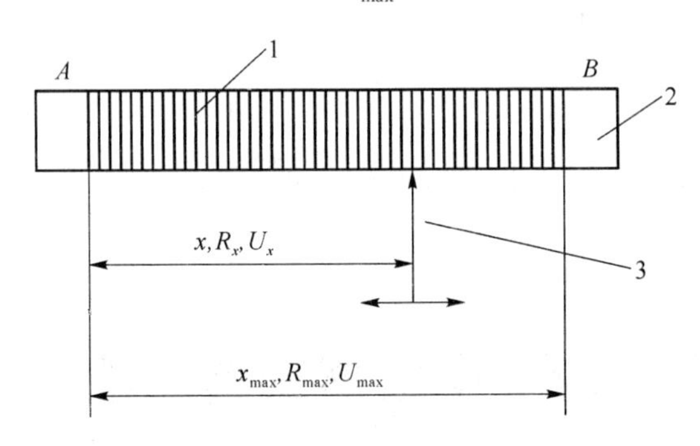


图 5.2.2 电位器式位移传感器

若把它作为分压器使用，且假定加在电位器 $A$、$B$ 之间的电压为 $U_{max}$，则输出电压为

$$U_x = \frac{x}{x_{max}} U_{max} \tag{5.2.3}$$

图 5.2.3 所示为电位器式角度传感器。作变阻器使用，则电阻与角度的关系为

$$R_\alpha = \frac{\alpha}{\alpha_{max}} R_{max} \tag{5.2.4}$$

作为分压器使用，则有

$$U_\alpha = \frac{\alpha}{\alpha_{max}} U_{max} \tag{5.2.5}$$

#### 2. 阶梯特性、阶梯误差和分辨率

图 5.2.4 所示为绕 $n$ 匝电阻丝的线性电位器的局部剖面和阶梯特性曲线图。

电刷在电位器的线圈上移动时，线圈一圈一圈地变化，因此电位器阻值随电刷移动不是连续地改变，导线与一匝接触的过程中，虽有微小位移，但电阻值并无变化，因而输出电压也不改变，在输出特性曲线上对应地出现平直段。当电刷离开这一匝而与下一匝接触时，电阻突然增加一匝阻值，因此特性曲线相应出现阶跃段。这样，电刷每移过一匝，输出电压便阶跃一次，共产生 $n$ 个电压阶梯，其阶跃值(称为主要分辨脉冲)为

$$\Delta U=\frac{U_{\max}}{n} \tag{5.2.6}$$

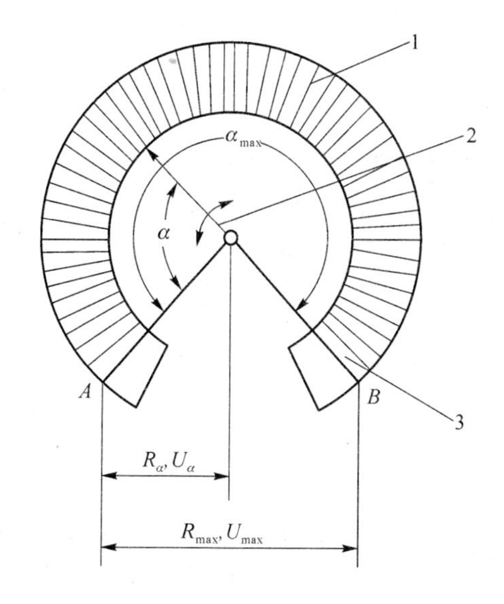


图 5.2.3　电位器式角度传感器

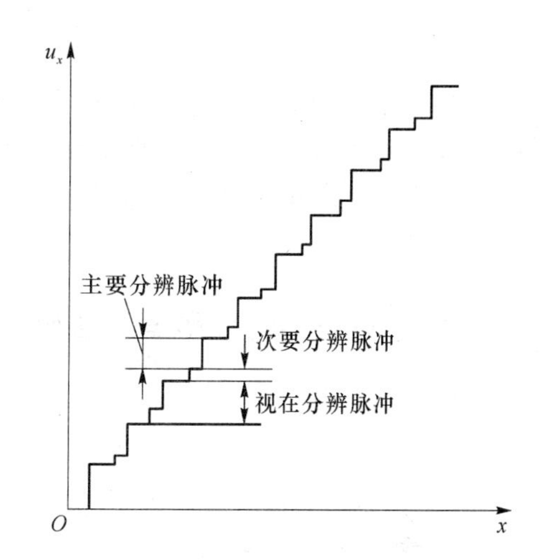


图 5.2.4　局部剖面和阶梯特性

实际上，当电刷从 $j$ 匝移到 $j+1$ 匝的过程中，必定会使这两匝短路，于是电位器的总匝数从 $n$ 匝减小到 $n-1$ 匝，这样总阻值的变化就使得在每个电压阶跃中还产生一个小阶跃。这个小电压阶跃(称为次要分辨脉冲)为

$$\Delta U_a=U_{\max}\left(\frac{1}{n-1}-\frac{1}{n}\right)j \tag{5.2.7}$$

主要分辨脉冲和次要分辨脉冲的延续比取决于电刷和导线直径的比。若电刷的直径太小，尤其使用软合金时，会促使形成磨损平台；若直径过大，则只要有很小的磨损就将使电位器有更多的匝短路，一般取电刷与导线直径比为 10，可获得较好的效果。

工程上常把实际阶梯曲线简化成理想阶梯曲线，如图 5.2.5 所示。

这时，电位器的电压分辨率定义为：在电刷行程内，电位器输出电压阶梯的最大值与最大输出电压 $U_{\max}$之比的百分数。对理想阶梯特性的线绕电位器，电压分辨率为

$$e_{ba}=\frac{\frac{U_{\max}}{n}}{U_{\max}}=\frac{1}{n}\times 100\% \tag{5.2.8}$$

除了电压分辨率外，还有行程分辨率，其定义为：在电刷行程内，能使电位器产生一个可测出变化的电刷最小行程与整个行程之比的百分数，即

$$e_{by}=\frac{\frac{x_{\max}}{n}}{x_{\max}}=\frac{1}{n}\times 100\% \tag{5.2.9}$$

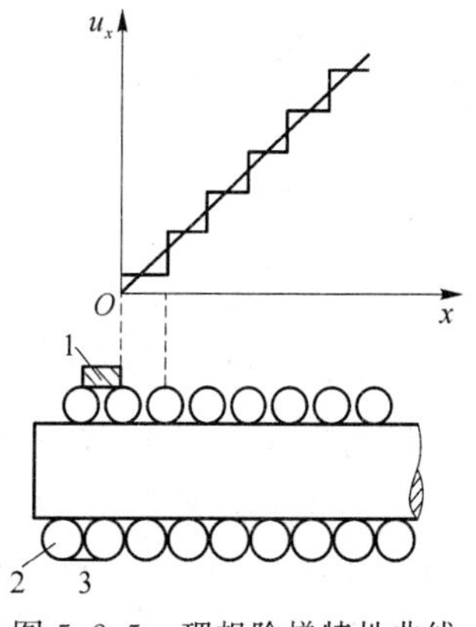


图 5.2.5　理想阶梯特性曲线

在理想情况下，特性曲线每个阶梯的大小完全相同，则通过每个阶梯中点的直线即是理论特性曲线，阶梯曲线围绕它上下跳动，从而带来一定误差，这就是阶梯误差。电位

器的阶梯误差 $\delta_j$ 通常以理想阶梯特性曲线对理论特性曲线的最大偏差值与最大输出电压值的百分数表示，即

$$\delta_j = \frac{\pm\left(\frac{1}{2}\frac{U_{max}}{n}\right)}{U_{max}} = \pm\frac{1}{2n}\times 100\% \qquad (5.2.10)$$

阶梯误差和分辨率的大小都是由线绕电位器本身工作原理所决定的，是一种原理性误差，它决定了电位器可能达到的最高精度。在实际设计中，为改善阶梯误差和分辨率，需增加匝数，即减小导线直径（小型电位器通常选 0.5 mm 或更细的导线）或增加骨架长度（如采用多圈螺旋电位器）。

### 5.2.3 电位器式传感器的结构

电位器式传感器主要由电阻丝、骨架和电刷构成。

（1）电阻丝

电位器传感器对电阻丝的要求是：电阻系数大，温度系数小，热电势应尽可能小，对于细丝的表面要有防腐蚀措施，柔软，强度高。此外，要求能方便地锡焊或点焊以及在端部易镀铜、镀银，且熔点要高，以免在高温下发生蠕变。常用材料有铜镍合金类、铜锰合金类、铂铱合金类、镍铬丝等。

（2）骨架

对骨架材料要求形状稳定，表面绝缘电阻高，有较好的散热能力。常用的有陶瓷、酚醛树脂和工程塑料等。

（3）电刷

电刷结构往往反映出电位器的噪声电平。为了降低噪声，电刷与电阻丝材料应配合恰当，接触电势小，并有一定的接触压力。

### 5.2.4 电位器式传感器应用举例

#### 1. 电位器式压力传感器

电位器式压力传感器是利用弹性元件（如弹簧管、膜片或膜盒）把被测的压力变换为弹性元件的位移，并使此位移变为电刷触点的移动，从而引起输出电压或电流的相应变化。

弹簧管式压力传感器如图 5.2.6 所示。

弹簧管内通入被测流体，在流体压力作用下，弹簧管产生弹性位移，使曲柄轴带动电位器的电刷在电位器绕组上滑动，因而输出一个与被测压力成比例的电压信号。该电压信号可远距离传送，故可作为远程压力表。

图 5.2.7 所示为膜盒电位器式压力传感器。弹性敏感元件膜盒的内腔通入被测流体，在流体压力作用下，膜盒中心产生弹性位移，推动连杆上移，使曲柄轴带动电位器的电刷在电位器绕组上滑动，同样输出一个与被测压力成比例的电压信号。

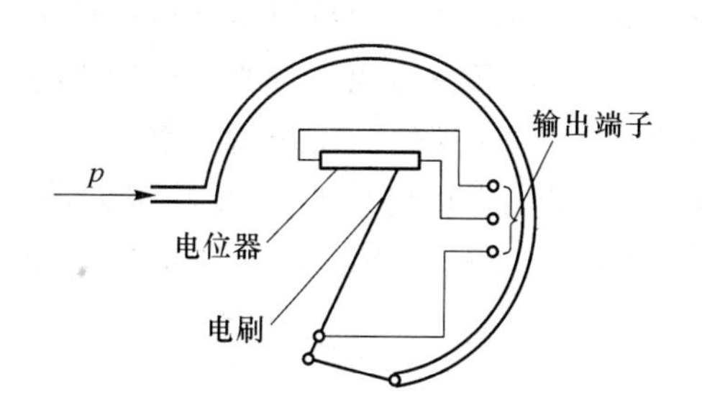


图 5.2.6　弹簧管式压力传感器

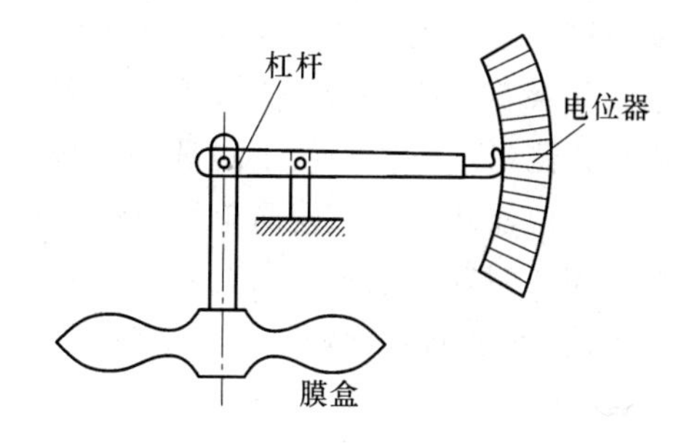


图 5.2.7　膜盒电位器式压力传感器原理图

**2. 电位器式加速度传感器**

图 5.2.8 所示为电位器式加速度传感器，惯性质量块在被测加速度的作用下，使片状弹簧产生正比于被测加速度的位移，从而引起电刷在电位器的电阻元件上滑动，输出一个与加速度成比例的电压信号。

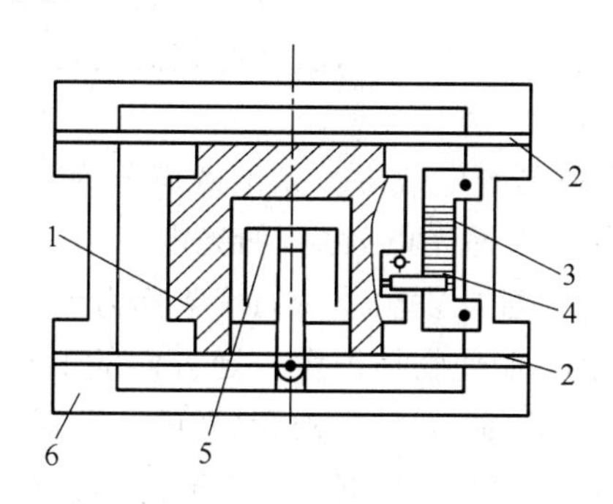


图 5.2.8　电位器式加速度传感器示意图

1—惯性质量；2—片弹簧；3—电位器；4—电刷；5—阻尼器；6—壳体

**3. 电位器式位移传感器**

电位器式位移传感器的结构如图 5.2.9 所示。精密无感电阻与直线电位器构成测量电桥的两个桥臂，与应变仪连用。

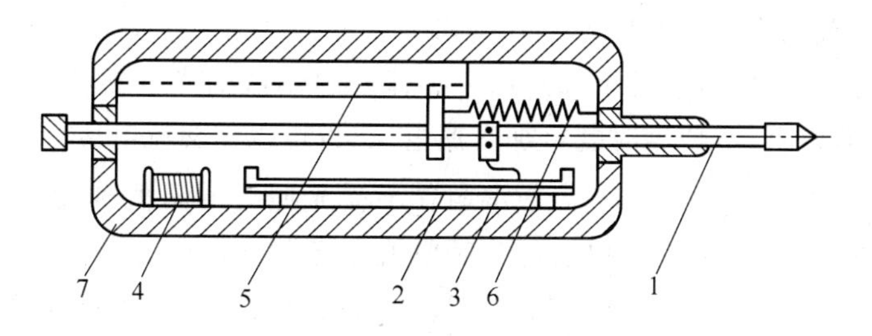


图 5.2.9　电位器式位移传感器

1—测量轴；2—滑线电阻；3—电刷；4—精密无感电阻

5—导轨；6—弹簧；7—壳体

其测量轴 1 与内部被测物相接触，当有位移输入时，测量轴便沿导轨 5 移动，同时带动电刷 3 在滑线电阻上移动,因电刷的位置变化会有电压输出,据此可以判断位移的大小。如果要求同时测出位移的大小和方向,可将图中的精密无感电阻 4 和滑线电阻 2 组成桥式测量电路。为便于测量,测量轴 1 可来回移动,在装置中加了一根拉紧弹簧 6。

电位器传感器结构简单,价格低廉,性能稳定,能承受恶劣环境条件,输出功率大,一般不需要对输出信号放大就可以直接驱动伺服元件和显示仪表;其缺点是分辨力有限、精度不高,动态响应较差,不适于测量快速变化量。

# 5.3 光电传感器

## 5.3.1 光电器件

光电器件是将光能转换为电能的一种传感器件,它是构成光电式传感器最主要的部件。光电器件响应快、结构简单、使用方便,而且有较高的可靠性,因此在自动检测、计算机和控制系统中应用非常广泛。

光电器件工作的物理基础是光电效应。光电效应分为 3 种类型。在光线作用下,能使电子逸出物体表面的现象称为外光电效应,如光电管、光电倍增管就属于这类光电器件。在光线作用下,物体的电导性能发生改变的现象称为内光电效应,如光敏电阻就属于这类光电器件。在光线作用下,能使物体产生一定方向的电动势的现象称为光生伏特效应,也称阻挡层光电效应,如光电池、光敏二极管、光敏三极管等就属于这类光电器件。在传感技术中,常见的光电器件一般是以内光电效应和光生伏特效应为原理进行工作的。

**1. 光敏电阻**

(1) 光敏电阻的结构与工作原理

图 5.3.1 为光敏电阻的结构图。它是涂于玻璃底板上的一薄层半导体物质,半导体的两端装有金属电极,金属电极与引出线端相连接,光敏电阻就通过引出线端接入电路。为了防止周围介质的影响,在半导体光敏层上覆盖了一层漆膜,漆膜的成分应使它在光敏层最敏感的波长范围内透射率最大。

光敏电阻又称光导管,它几乎都是用半导体材料制成的光电器件。光敏电阻没有极性,纯粹是一个电阻器件,使用时既可加直流电压,也可以加交流电压。

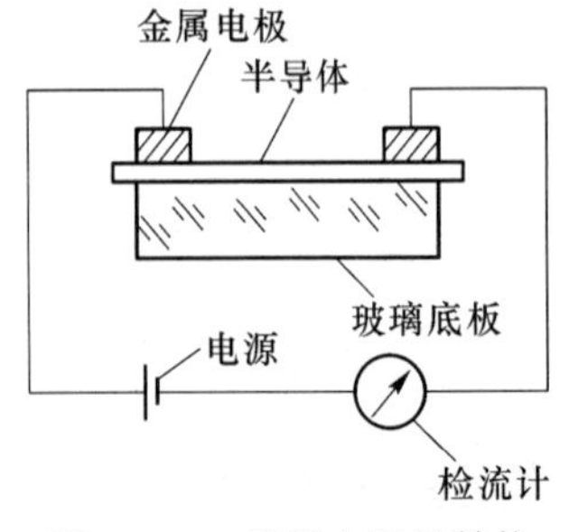

图 5.3.1 光敏电阻的结构

光敏电阻在不受光照时的阻值称为暗电阻,此时流过的电流称为暗电流。光敏电阻在受光照射时的电阻称为亮电阻,此时流过的电流称为亮电流。亮电流与暗电流之差称为光电流。当光敏电阻受到一定波长范围的光照时,它的阻值(亮电阻)急剧减小,电路中的电流迅速增大。一般希望暗电阻越大越好,亮电阻越小越好,此时光敏电阻的灵敏度高。实际光敏电阻的暗电阻一般在兆欧级,亮电阻在几千欧以下。

几种常见的光敏电阻的特性参数如表 5.3.1 所示。

**表 5.3.1　几种光敏电阻的特性参数**

| 型号 | 材料 | 面积/$mm^2$ | 工作温度/K | 长波限/μm | 峰值探测率/$cm \cdot Hz^{\frac{1}{2}} \cdot W$ | 响应时间/s | 暗电阻值/MΩ | 亮电阻值(100lx)/kΩ |
|---|---|---|---|---|---|---|---|---|
| MG41-21 | CdS | φ9.2 | 233～343 | 0.8 |  | $\leqslant 2\times10^{-2}$ | ⩾0.1 | ⩽1 |
| MG42-04 | CdS | φ7 | 248～328 | 0.4 |  | $\leqslant 5\times10^{-2}$ | ⩾1 | ⩽10 |
| P397 | PbS | 5×5 | 298 | 298 | $2\times10^{10}$[1 300,100,1] | $1\sim4\times10^{4}$ | 2 |  |
| P791 | PbSe | 1×5 | 298 |  | $1\times10^{9}$[$\lambda_m$,100,1] | $2\times10^{-6}$ | 2 |  |
| 9903 | PbSe | 1×3 | 263 |  | $3\times10^{9}$[$\lambda_m$,100,1] | $10^{-5}$ | 3 |  |
| OE-10 | PbSe | 10×10 | 298 |  | $2.5\times10^{9}$ | $1.5\times10^{-5}$ | 4 |  |
| OTC-3MT | InSb | 2×2 | 253 |  | $6\times10^{8}$[$\lambda_m$,100,1] | $4\times10^{-6}$ | 4 |  |
| Ge(Au) | Ge |  | 77 | 8.0 | $1\times10^{10}$ | $5\times10^{-8}$ |  |  |
| Ge(Hg) | Ge |  | 38 | 14 | $4\times10^{10}$ | $1\times10^{-9}$ |  |  |
| Ge(Cd) | Ge |  | 20 | 23 | $4\times10^{10}$ | $5\times10^{-8}$ |  |  |
| Ge(Zn) | Ge |  | 4.2 | 40 | $5\times10^{10}$ | $<10^{-6}$ |  |  |
| Ge-Si(Au) |  |  | 50 | 10.3 | $8\times10^{8}$ | $<10^{-6}$ |  |  |
| Ge-Si(Zn) |  |  | 50 | 13.8 | $10^{10}$ | $<10^{-6}$ |  |  |

(2) 光敏电阻的基本特性

① 伏安特性

在一定照度下,流过光敏电阻的电流与光敏电阻两端的电压之间的关系称为光敏电阻的伏安特性。图 5.3.2 为硫化镉光敏电阻的伏安特性曲线。由图 5.3.2 可见,光敏电阻在一定的电压范围内,其 $I—U$ 曲线为直线,说明其阻值与入射光量有关,而与电压、电流无关。

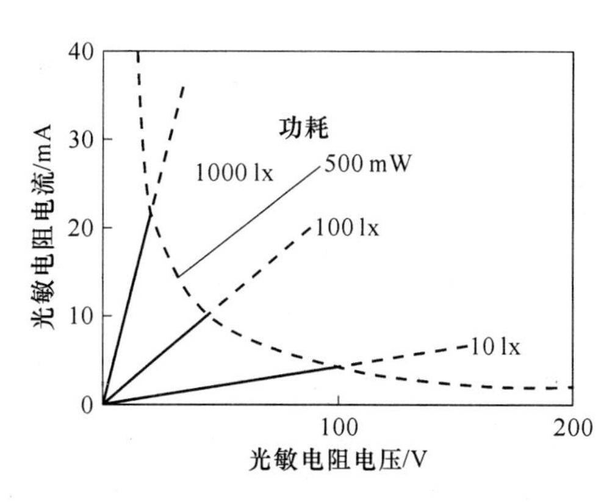


图 5.3.2　硫化镉光敏电阻的伏安特性曲线

② 光谱特性

光敏电阻的相对光敏灵敏度与入射波长之间的关系称为光谱特性,亦称为光谱响应。图 5.3.3 为几种不同材料光敏电阻的光谱特性。对应于不同的波长,光敏电阻的灵敏度是不同的。从图中可见硫化镉光敏电阻的光谱响应的峰值在可见光区域，常被用作光度量测量(照度计)的探头。而硫化铅光敏电阻响应于近红外和中红外区，常被用作火焰探测器的探头。

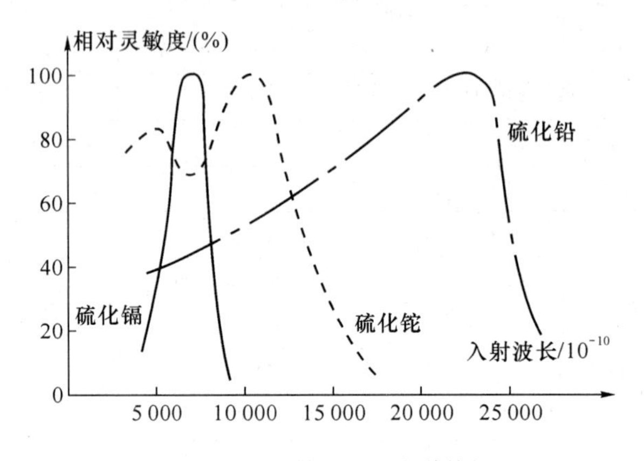


图 5.3.3　光敏电阻的光谱特性

③ 温度特性

温度变化影响光敏电阻的光谱响应，同时，光敏电阻的灵敏度和暗电阻都要改变，尤其是响应于红外区的硫化铅光敏电阻受温度影响更大。图 5.3.4 为硫化铅光敏电阻的光谱温度特性曲线，它的峰值随着温度上升向短波长的方向移动。因此，硫化铅光敏电阻要在低温、恒温的条件下使用。对于工作于可见光区域的光敏电阻，其温度影响要小一些。

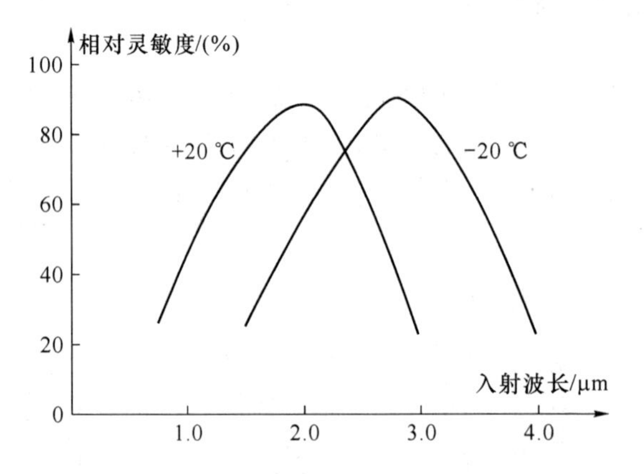


图 5.3.4　硫化铅光敏电阻的光谱温度特性曲线

④ 光照特性

随着入射光的强度增加，光敏电阻中产生的光生电子—空穴对的数目也增加，这些带电粒子参与导电，使光敏电阻的导电能力增加，从而阻值降低。然而另一方面，由于带电粒子的运动加快，极性相反的粒子复合为不带电分子的概率也增加，从而降低了导电性能，使阻值升高。当这两个过程达到动态平衡时，光敏电阻的阻值保持恒定，不再随光照强度的增加而增加，如图 5.3.5 所示。因此，光敏电阻的光照特性是非线性的，一般只能作为开关元件使用。

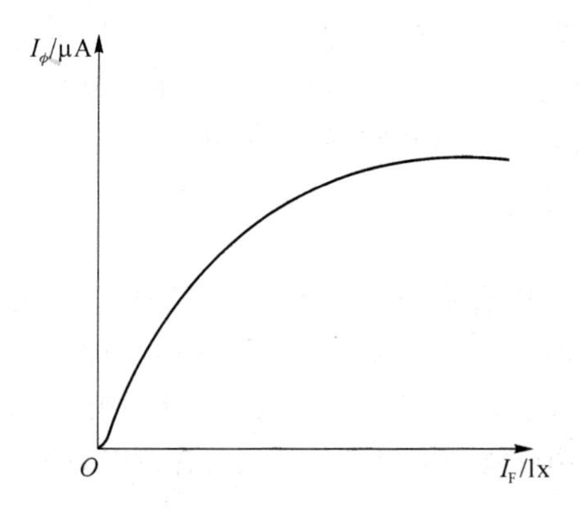


图 5.3.5　光敏电阻的光照特性曲线

**2. 光敏二极管和光敏三极管**

(1)结构原理

光敏二极管的结构与一般二极管相似。它装在透明玻璃外壳中,其 PN 结装在管的顶部,可以直接受到光照射(如图 5.3.6 所示)。光敏二极管在电路中一般是处于反向工作状态(如图 5.3.7 所示)。在没有光照射时,反向电阻很大,反向电流很小。当光照射在 PN 结上时,光子打在 PN 结附近,使 PN 结附近产生光生电子—空穴对。它们在 PN 结处的内电场作用下作定向运动,形成光电流。光的照度越大,光电流越大。因此光敏二极管在不受光照射时处于截止状态,受光照射时处于导通状态。

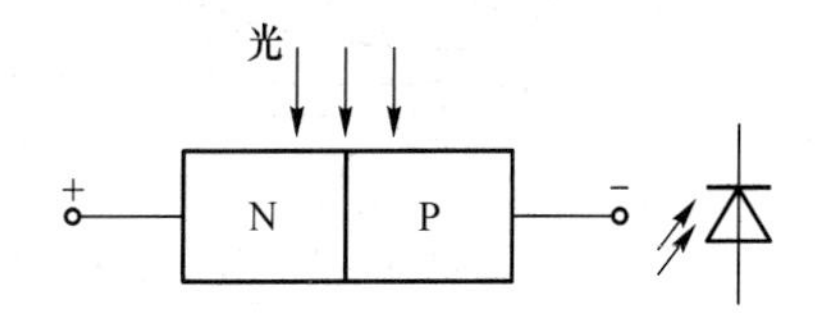


图 5.3.6　光敏二极管的结构简图和符号

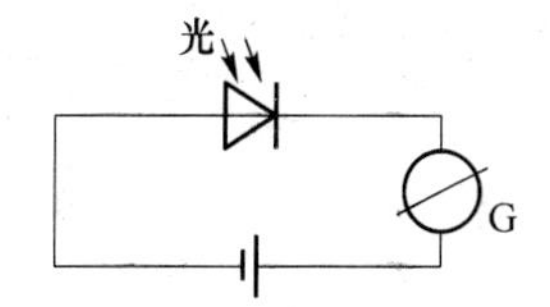


图 5.3.7　光敏二极管的接线法

有的光敏三极管只有集电极 c 和发射极 e 两个管脚引线,其基极 b 为接受光照的窗口,没有引线。而有的光敏三极管三个引线都有,但是基极 b 并不接入电路。光敏三极管具有两个 PN 结,只是它的发射极一边做得很大,以扩大光的照射面积。图 5.3.8 为 NPN 型光敏三极管的结构简图和基本电路。

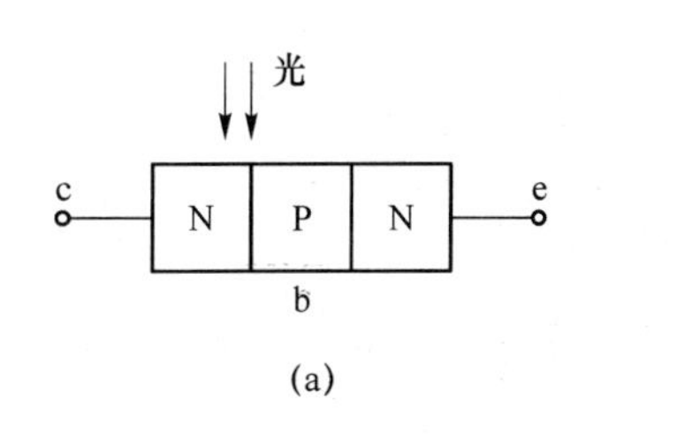


(a)

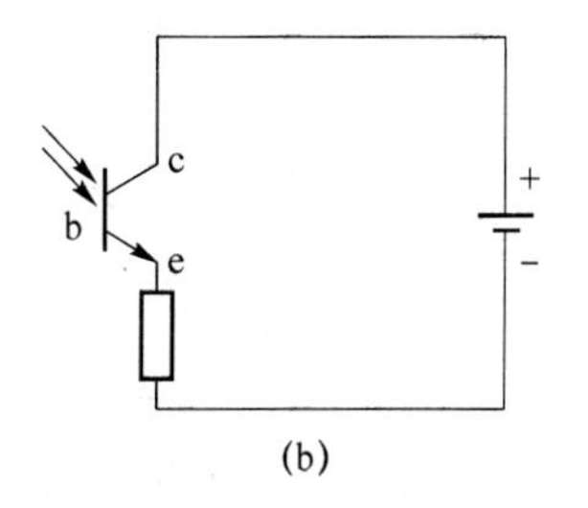


(b)

图 5.3.8　NPN 型光敏三极管的结构简图和基本电路

大多数光敏晶体管的基极无引出线,当集电极加上相对于发射极为正的电压而不接基极时,集电结就是反向偏压。当光照射在集电结上时,就会在PN结附近产生电子—空穴对,从而形成光电流,相当于三极管的基极电流。由于基极电流的增加,因此集电极电流是光生电流的$\beta$倍,所以光敏三极管有放大作用。

(2) 基本特性

① 光谱特性

光敏二极管和光敏三极管的材料一般为半导体硅和锗。硅管的峰值波长约为0.9 μm,锗管的峰值波长约为1.5 μm,此时灵敏度最大,而当入射光的波长增加或缩短时,相对灵敏度也下降。一般来讲,锗管的暗电流较大,因此性能较差,故在可见光或探测炽热状态物体时,一般都用硅管。但对红外光进行探测时,锗管较为适宜。

② 伏安特性

图5.3.9为硅光敏二极管和三极管在不同照度下的伏安特性曲线。从图中可见,光敏三极管的光电流比相同管型的二极管大上百倍。

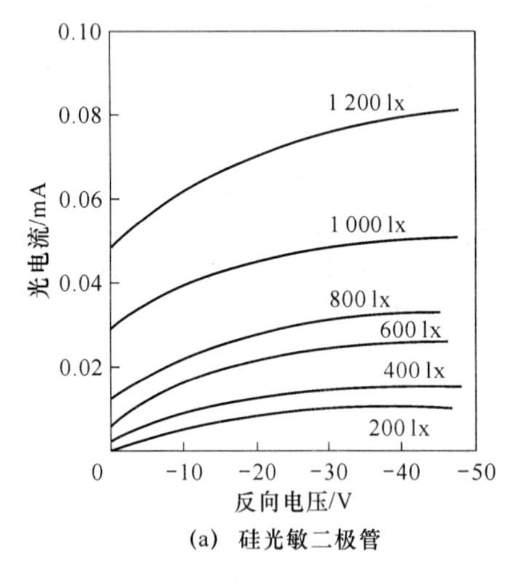


(a) 硅光敏二极管

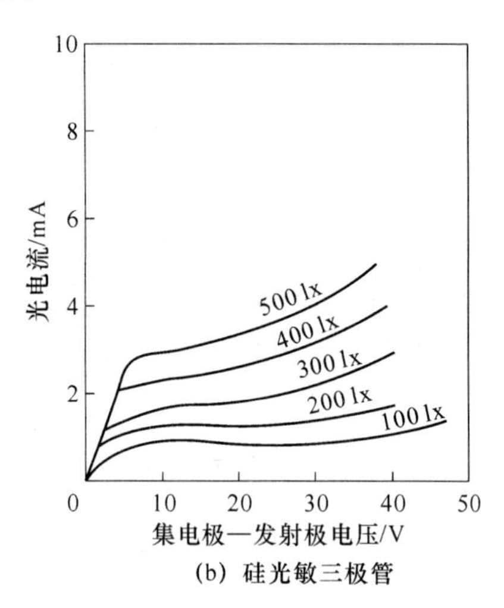


(b) 硅光敏三极管

图5.3.9　硅光敏管的伏安特性

③ 温度特性

光敏三极管的温度特性是指其暗电流及光电流与温度的关系。光敏三极管的温度特性曲线如图5.3.10所示。从特性曲线可以看出,温度变化对光电流影响很小,而对暗电流影响很大,所以在电子线路中应该对暗电流进行温度补偿,否则将会导致输出误差。

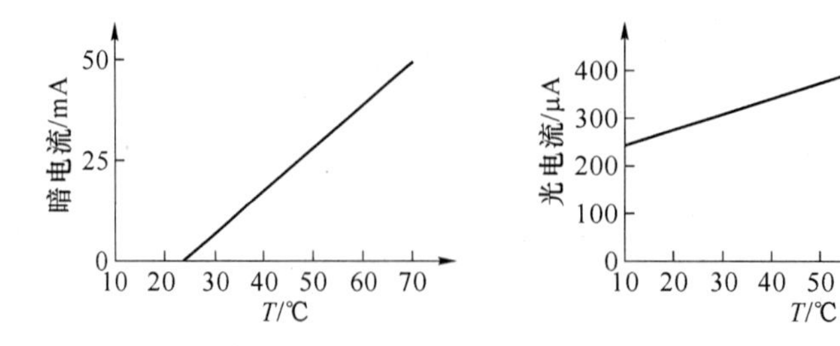


图5.3.10　硅光敏三极管的温度特性

几种硅光敏二极管的特性参数如表 5.3.2 所示。

**表 5.3.2　几种硅光敏二极管的特性参数**

| 型号或名称 | 光谱范围 /μm | 峰值波长 /μm | 灵敏度 /μA·μW$^{-1}$ | 响应时间 /s | 探测本领 |
|---|---|---|---|---|---|
| 2DU | 0.4～1.1 | 0.9 | >0.4 | $10^{-7}$ | 最小可探测功率 $P_{min}=10^{-8}$W |
| 2CU | 0.4～1.1 | 0.9 | >0.5 | $10^{-7}$ | $P_{min}=10^{-8}$W |
| $2DU_L$ | 0.4～1.1 | 1.06 | >0.6 | $5\times10^{-9}$ | |
| 硅复合光电二极管 | 0.4～1.1 | 0.9 | >0.5 | $\leqslant10^{-9}$ | |
| 硅雪崩光电二极管 | 0.4～1.1 | 0.8～0.86 | >30 | $10^{-9}$ | NEP$=5\times10^{-14}$W·Hz$^{\frac{1}{2}}$ |
| 锗光电二极管 | 0.4～1.9 | 1.5 | >0.5 | $10^{-7}$ | |
| GaAs 光电二极管 | 0.3～0.95 | 0.85 | | $10^{-7}$ | |
| HgCdTe 光电二极管 | 1～12 | 由 Cd 的组分决定 | | $10^{-7}$ | $D=$ $10^9\sim10^{11}$cm·Hz$^{\frac{1}{2}}$·W$^{-1}$ |
| PbSnTe 光电二极管 | 1～16 | 由 Sn 的组分决定 | | $10^{-7}$ | $D=$ $10^9\sim10^{10}$cm·Hz$^{\frac{1}{2}}$·W$^{-1}$ |
| InSb 光电二极管 | 0.4～5.5 | 5 | | $10^{-7}$ | $D=$ $1.5\times10^{11}$cm·Hz$^{\frac{1}{2}}$·W$^{-1}$ |

**3. 光电池**

光电池是一种直接将光能转换为电能的光电器件。光电池在有光线作用下实质就是电源，电路中有了这种器件就不需要外加电源。

光电池的工作原理是基于“光生伏特效应”。它实质上是一个大面积的 PN 结，当光照射到 PN 结的一个面，例如 P 型面时，若光子能量大于半导体材料的禁带宽度，那么 P 型区每吸收一个光子就产生一对自由电子和空穴，电子—空穴对从表面向内部迅速扩散，在结电场的作用下，最后建立一个与光照强度有关的电动势。图 5.3.11 为工作原理图。

光电池的基本特性有以下几种。

(1) 光谱特性

光电池对不同波长的光的灵敏度是不同的。图 5.3.12 为硅光电池和硒光电池的光谱特性曲线。从图中可知，不同材料的光电池，光谱响应峰值所对应的入射光波长是不同的，硅光电池在 0.8 μm附近，硒光电池在 0.5 μm 附近。硅光电池的光谱响应波长范围为 0.4～1.2 μm，而硒光电池的范围为 0.38～0.75 μm。因此硅光电池可以在很宽的波长范围内得到应用。

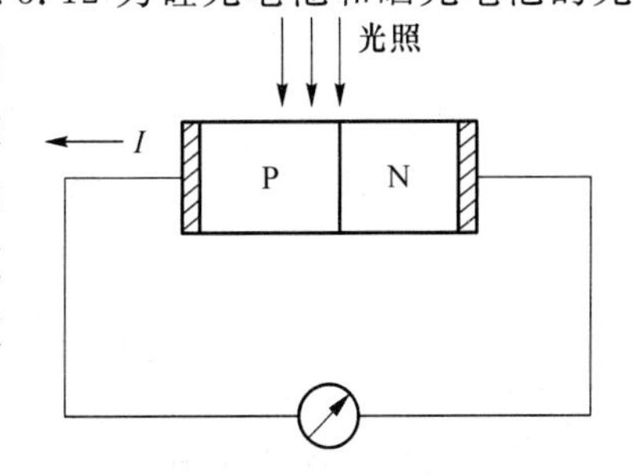

图 5.3.11　光电池的工作原理图

(2) 光照特性

光电池在不同光照度下，光电流和光生电动势是不同的，它们之间的关系就是光照特性。图 5.3.13 为硅光电池的开路电压和短路电流与光照的关系曲线。从图中看出，短路电流在很大范围内与光照强度呈线性关系，开路电压(负载电阻无限大时)与光照强度的关系是非线性的，并且当照度在 2 000 lx 时就趋于饱和了。因此光电池作为测量元件时，应把它当作电流源的形式来使用，不能用作电压源。

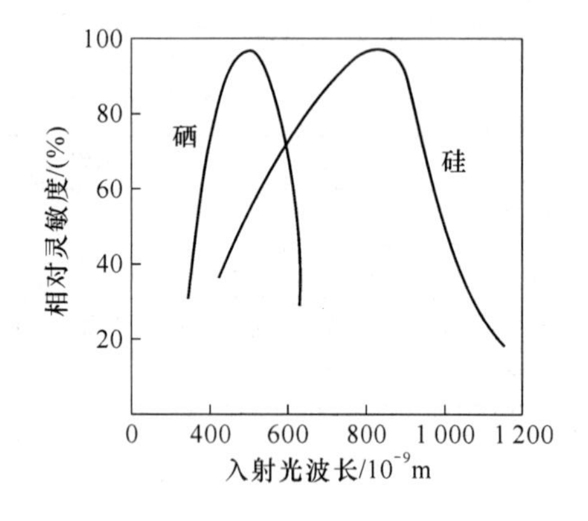


图 5.3.12　硅光电池和硒光电池的光谱特性曲线

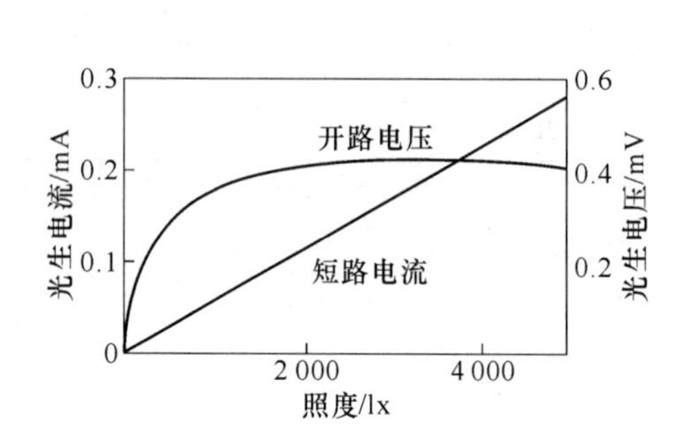


图 5.3.13　硅光电池的光照特性

#### 4. 光电耦合器件

光电耦合器件是由发光元件和光电接收元件合并使用，以光作为媒介传递信号的光电器件。光电耦合器中的发光元件通常是半导体发光二极管，光电接收元件有光敏电阻、光敏二极管、光敏三极管或光可控硅等。根据其结构和用途不同，又可分为用于实现电隔离的光电耦合器和用于检测物体有无的光电开关。

(1) 光电耦合器

光电耦合器的发光和接收元件都封装在一个外壳内，一般有金属封装和塑料封装两种。耦合器常见的组合形式如图 5.3.14 所示。

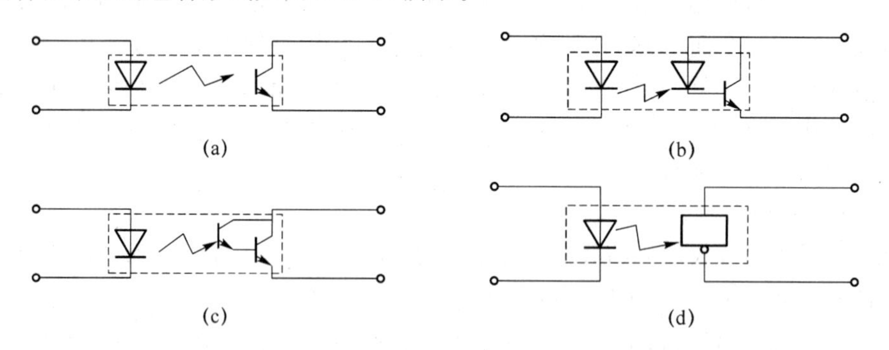


图 5.3.14　光电耦合器的组合形式

图 5.3.14(a)所示的组合形式结构简单、成本较低，且输出电流较大，可达 100 mA，响应时间为 3～4 μs。图 5.3.14(b)所示的组合形式结构简单，成本较低、响应时间快，约为 1 μs，但输出电流小，为50～300 μA。图 5.3.14(c)所示的组合形式传输效率高，但只适用于较低频率的装置中。图 5.3.14(d)所示是一种高速、高传输效率的新颖器件。对图中所示，无论何种形式，为保证其有较佳的灵敏度，都考虑了发光与接收波长的匹配。

光电耦合器实际上是一个电量隔离转换器，它具有抗干扰性能和单向信号传输功能，广泛应用在电路隔离、电平转换、噪声抑制、无触点开关及固态继电器等场合。

(2) 光电开关

光电开关是一种利用感光元件对变化的入射光加以接收并进行光电转换，同时加以某种形式的放大和控制，从而获得最终的控制输出“开”“关”信号的器件。

图 5.3.15 为典型的光电开关结构图。图 5.3.15(a)是一种透射式的光电开关，它的发光元件和接收元件的光轴是重合的。当不透明的物体位于或经过它们之间时，会阻断光路，使接收元件接收不到来自发光元件的光，这样起到检测作用。图 5.3.15(b)是一种反射式的光电开关，它的发光元件和接收元件的光轴在同一平面且以某一角度相交，交点一般即为待测物所在处。当有物体经过时，接收元件将接收到从物体表面反射的光，没有物体时则接收不到。光电开关的特点是小型、高速、非接触，而且与 TTL、MOS 等电路容易结合。

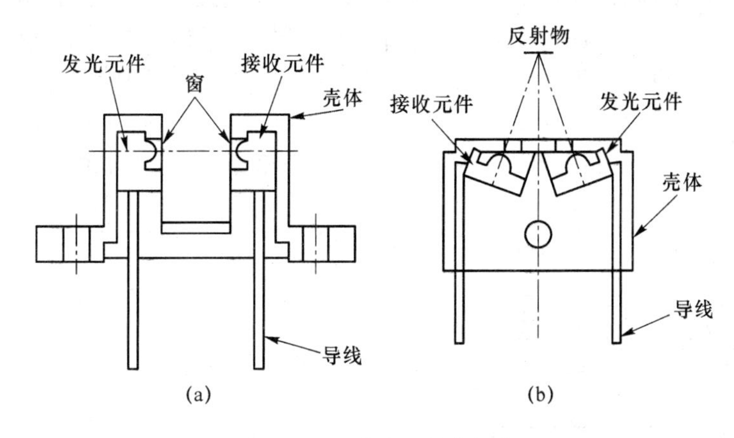


图 5.3.15　光电开关的结构

用光电开关检测物体时，大部分只要求其输出信号有“高—低”(1—0)之分即可。图 5.3.16 是基本电路的示例。其中，图(a)、图(b)表示负载为 CMOS 比较器等高输入阻抗电路时的情况，图(c)表示用晶体管放大光电流的情况。

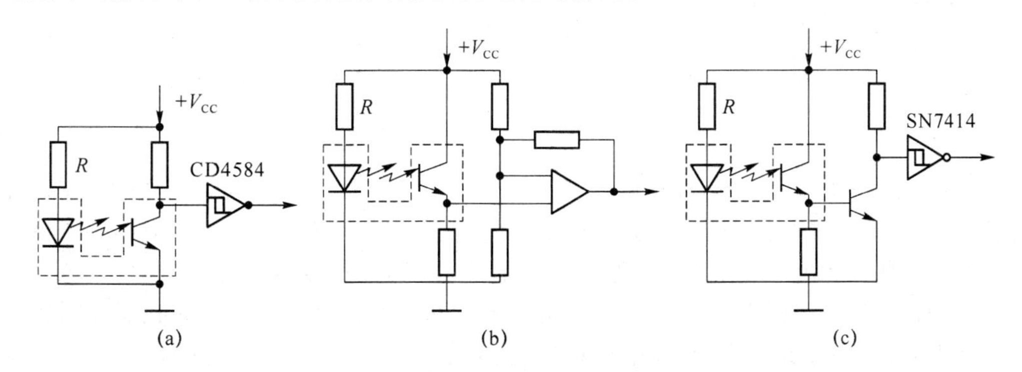


图 5.3.16　光电开关的基本电路

光电开关广泛应用于工业控制、自动化包装线及安全装置中作光控制和光探测装置，可在自控系统中用作物体检测、产品计数、料位检测、尺寸控制、安全报警及计算机输入接口等用途。

**5. 电荷耦合器件**

电荷耦合器件(Charge Couple Device,CCD)是一种金属氧化物半导体(MOS)集成电路器件。它以电荷作为信号,基本功能是进行电荷的存储和电荷的转移。CCD 自 1970 年问世以来,由于其独特的性能而发展迅速,广泛应用于自动控制和自动测量,尤其适用于图像识别技术。

(1) CCD 的基本原理

构成 CCD 的基本单元是 MOS 电容器,与其他电容器一样,MOS 电容器能够存储电荷。如果 MOS 电容器中的半导体是 P 型硅,当在金属电极上施加一个正电压时,在其电极下形成所谓耗尽层,由于电子在那里势能较低,形成了电子的势阱,如图 5.3.17(a)所示,成为蓄积电荷的场所。CCD 的最基本结构是一系列彼此非常靠近的 MOS 电容器,这些电容器用同一半导体衬底制成,衬底上面覆盖一层氧化层,并在其上制作许多金属电极,各电极按三相(也有二相和四相)配线方式连接,图 5.3.17(b)为三相 CCD 时钟电压与电荷转移的关系。当电压从 $\phi_1$ 相移到 $\phi_2$ 相时,$\phi_1$ 相电极下势阱消失,$\phi_2$ 相电极下形成势阱。这样储存于 $\phi_1$ 相电极下势阱中的电荷移到邻近的 $\phi_2$ 相电极下势阱中,实现电荷的耦合与转移。

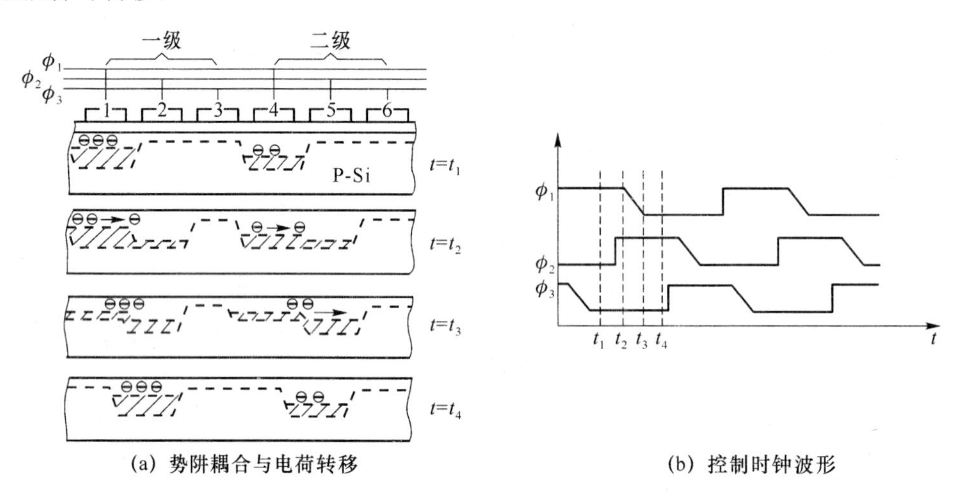


(a) 势阱耦合与电荷转移　　(b) 控制时钟波形

图 5.3.17　三相 CCD 时钟电压与电荷转移的关系

CCD 的信号电荷产生有两种方式:光信号注入和电信号注入。CCD 用作固态图像传感器时,接收的是光信号,即光信号注入法。当光信号照射到 CCD 硅片表面时,在栅极附近的半导体内产生电子—空穴对,其多数载流子(空穴)被排斥进入衬底,而少数载流子(电子)则被收集在势阱中,形成信号电荷并存储起来。存储电荷的多少正比于照射的光强。所谓电信号注入,就是 CCD 通过输入结构对信号电压或电流进行采样,将信号电压或电流转换为信号电荷。

CCD 输出端有浮置扩散输出端和浮置栅极输出端两种形式,如图 5.3.18 所示。

浮置扩散输出端是信号电荷注入末级浮置扩散的 PN 结之后,所引起的电位改变作用于 MOSFET 的栅极。这一作用结果必然调制其源—漏极间电流,这个被调制的电流

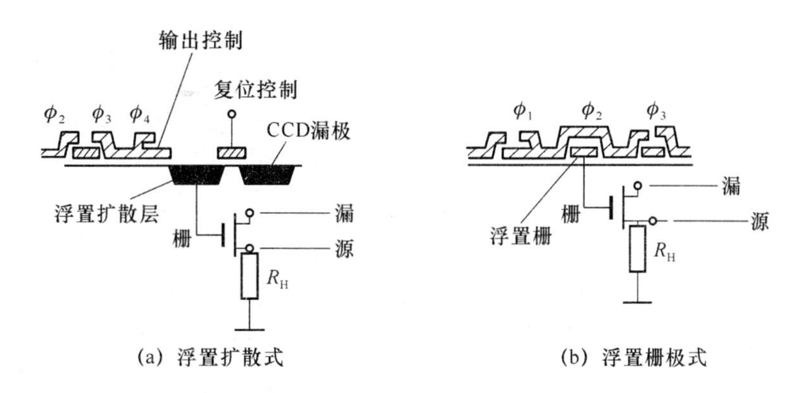


图 5.3.18　CCD 的输出端形式

即可作为输出。当信号电荷在浮置栅极下方通过时，浮置栅极输出端电位必然改变，检测出此改变值即为输出信号。

通过上述的 CCD 工作原理可看出，CCD 器件具有存储、转移电荷和逐一读出信号电荷的功能。因此 CCD 器件是固体自扫描半导体摄像器件，有效地应用于图像传感器。

（2）CCD 的应用

电荷耦合器件用于固态图像传感器中，作为摄像或像敏的器件。CCD 固态图像传感器由感光部分和移位寄存器组成。感光部分是指在同一半导体衬底上布设的若干光敏单元组成的阵列元件，光敏单元简称"像素"。固态图像传感器利用光敏单元的光电转换功能将投射到光敏单元上的光学图像转换成电信号"图像"，即将光强的空间分布转换为与光强成比例的、大小不等的电荷包空间分布，然后利用移位寄存器的移位功能将电信号"图像"转送，经输出放大器输出。

根据光敏元件排列形式的不同，CCD 固态图像传感器可分为线型和面型两种。

① 线型 CCD 图像传感器

光敏元件作为光敏像素位于传感器中央，两侧设置 CCD 移位寄存器，在它们之间设有转移控制栅。

在每一个光敏元件上都有一个梳状公共电极，在光积分周期里，光敏电极电压为高电平，光电荷与光照强度和光积分时间成正比，光电荷存储于光敏像敏单元的势阱中。当转移脉冲到来时，光敏单元按其所处位置的奇偶性，分别把信号电荷向两侧移位寄存器传送。同时，在 CCD 移位寄存器上加上时钟脉冲，将信号电荷从 CCD 中转移，由输出端一行行地输出。线型 CCD 图像传感器可以直接接收一维光信息，不能直接将二维图像转变为视频信号输出，为了得到整个二维图像的视频信号，就必须用扫描的方法来实现。线型 CCD 图像传感器主要用于测试、传真和光学文字识别技术等方面。

② 面型 CCD 图像传感器

按一定的方式将一维线型光敏单元及移位寄存器排列成二维阵列，即可以构成面型 CCD 图像传感器。面型 CCD 图像传感器有三种基本类型：线转移、帧转移和隔列转移，如图 5.3.19 所示。

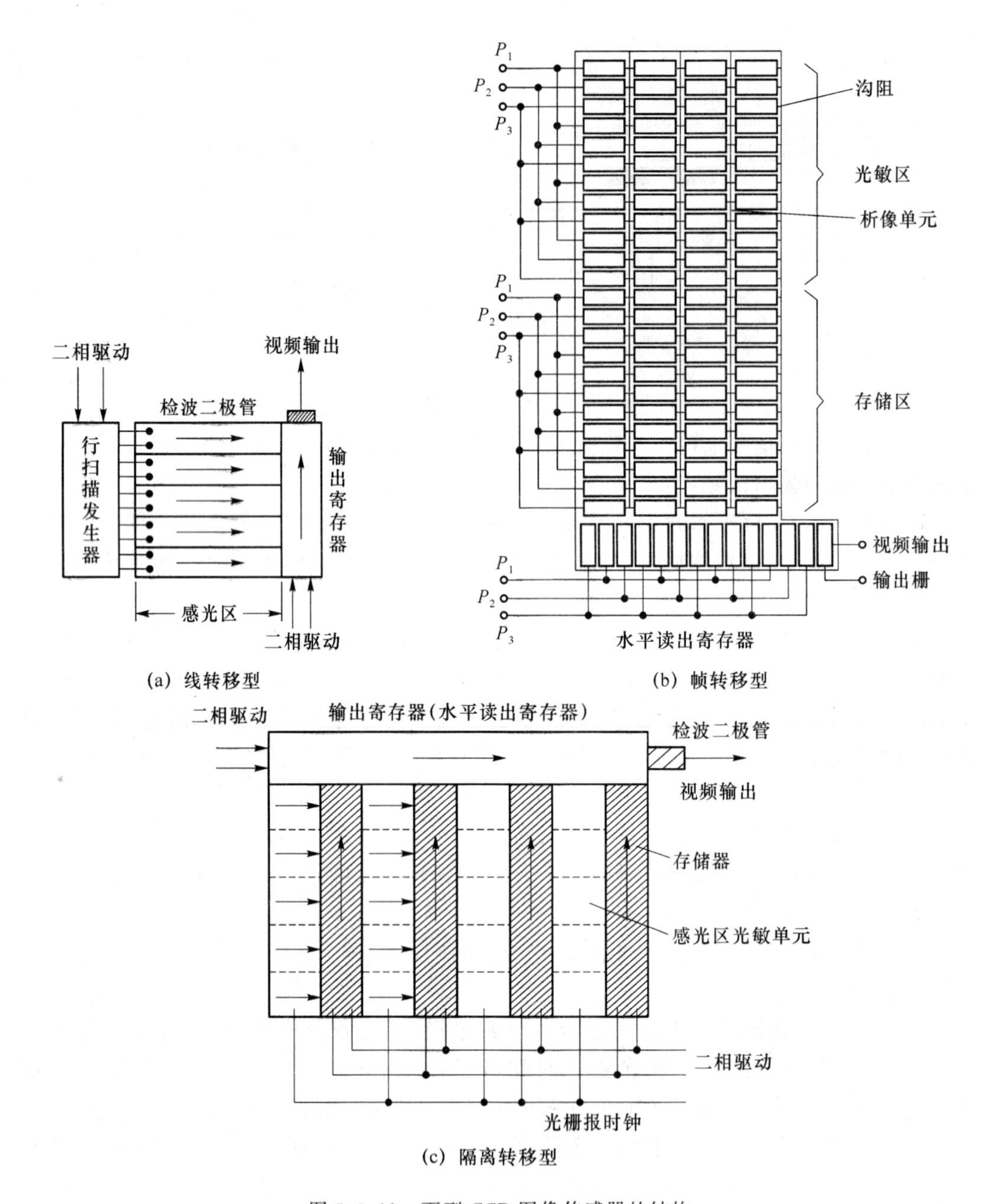


图 5.3.19 面型 CCD 图像传感器的结构

图 5.3.19(a)为线转移面型 CCD 的结构图。它由行扫描发生器、感光区和输出寄存器组成。行扫描发生器将光敏元件内的信息转移到水平(行)方向上，驱动脉冲将信号电荷一位位地按箭头方向转移，并移入输出寄存器，输出寄存器亦在驱动脉冲的作用下使信号电荷经输出端输出。这种转移方式具有有效光敏面积大、转移速度快、转移效率高等特点，但电路比较复杂，易引起图像模糊。

图 5.3.19(b)为帧转移面型 CCD 的结构图。它由光敏区(感光区)、存储区和水平读出寄存器三部分构成。图像成像到光敏区，当光敏区的某一相电极(如 P)加有适当的偏

压时，光生电荷将被收集到这些光敏单元的势阱里，光学图像变成电荷包图像。当光积分周期结束时，信号电荷迅速转移到存储区中，经输出端输出一帧信息。当整帧视频信号自存储区移出后，就开始下一帧信号的形成。这种面型 CCD 的特点是结构简单，光敏单元密度高，但增加了存储区。

图 5.3.19(c)所示结构是用得最多的一种结构形式。它将一列光敏单元与一列存储单元交替排列。在光积分期间，光生电荷存储在感光区光敏单元的势阱里；当光积分时间结束时，转移栅的电位由低变高，电荷信号进入存储区。随后，在每个水平回扫周期内，存储区中整个电荷图像一行一行地向上移到水平读出移位寄存器中，然后移位到输出器件，在输出端得到与光学图像对应的一行行视频信号。这种结构的感光单元面积减小，图像清晰，但单元设计复杂。

## 5.3.2　光电传感器的应用

### 1. 火焰探测报警器

图 5.3.20 是采用硫化铅光敏电阻为探测元件的火焰探测器电路图。

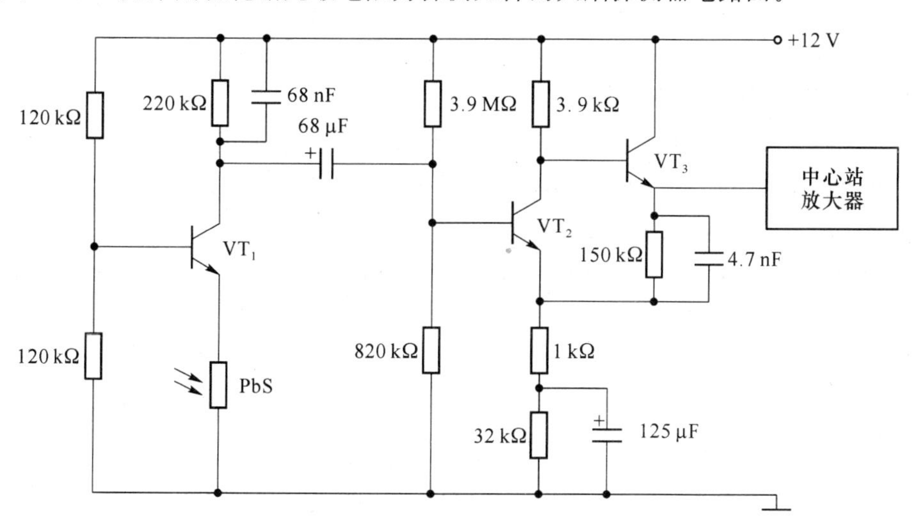


图 5.3.20　火焰探测报警器电路图

硫化铅光敏电阻的暗电阻为 1 MΩ，亮电阻为 0.2 MΩ(光照度 0.01 W/$m^2$ 下测试)，峰值响应波长为 2.2 μm。硫化铅光敏电阻处于 $VT_1$ 管组成的恒压偏置电路，其偏置电压约为 6 V，电流约为 6 μA。$VT_2$ 管集电极电阻两端并联 68 μF 的电容，可以抑制 100 Hz 以上的高频，使其成为只有几十赫的窄带放大器。$VT_2$、$VT_3$ 构成二级负反馈互补放大器，火焰的闪动信号经二级放大后送给中心控制站进行报警处理。采用恒压偏置电路是为了在更换光敏电阻或长时间使用后，器件阻值的变化不至于影响输出信号的幅度，保证火焰报警器能长期稳定地工作。

### 2. 光电式纬线探测器

光电式纬线探测器是应用于喷气织机上判断纬线是否断线的一种探测器。图 5.3.21

为光电式纬线探测器原理电路图。当纬线在喷气作用下前进时,红外发射管 VD 发出的红外线经纬线反射,由光电池接收,如光电池接收不到反射信号时,说明纬线已断。因此利用光电池的输出信号,通过后续放大电路、脉冲整形电路等,检测机器是否正常运转。

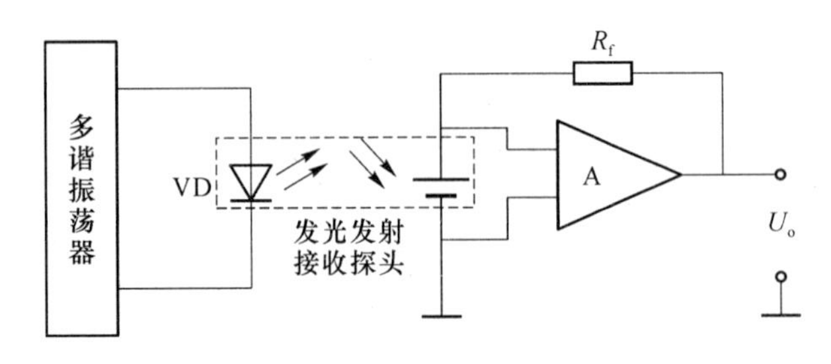


图 5.3.21 光电式纬线探测器

由于纬线线径很细,又是摆动着前进,形成光的漫反射,削弱了反射光的强度,而且还伴有背景杂散光,因此要求探纬器具备较高的灵敏度和分辨力。为此,红外发光管 VD 采用占空比很小的强电流脉冲供电,这样既保证发光管使用寿命长,又能在瞬间有强光射出以提高检测灵敏度。一般来说,光电池输出信号比较小,需经放大、脉冲整形以提高分辨力。

### 3. 燃气热水器中的脉冲点火控制器

由于燃气是易燃、易爆气体,所以对燃气器具中的点火控制器的要求是安全、稳定、可靠。为此电路中有这样一个功能,即打火确认针产生火花,才可打开燃气阀门;否则燃气阀门关闭,这样就保证使用燃气器具的安全性。

图 5.3.22 为燃气热水器中的高压打火确认电路原理图。在高压打火时,火花电压可达一万多伏,这个脉冲高电压对电路工作影响极大。为了使电路正常工作,采用光电耦合器 VB 进行电平隔离,大大增强了电路抗干扰能力。当高压打火针对打火确认针放电时,光电耦合器中的发光二极管发光,耦合器中的光敏三极管导通,经 $VT_1$、$VT_2$、$VT_3$ 放大,驱动强吸电磁阀将气路打开,燃气碰到火花即燃烧。若高压打火针与打火确认针之间不放电,则光电耦合器不工作,$VT_1$ 等不导通,燃气阀门关闭。

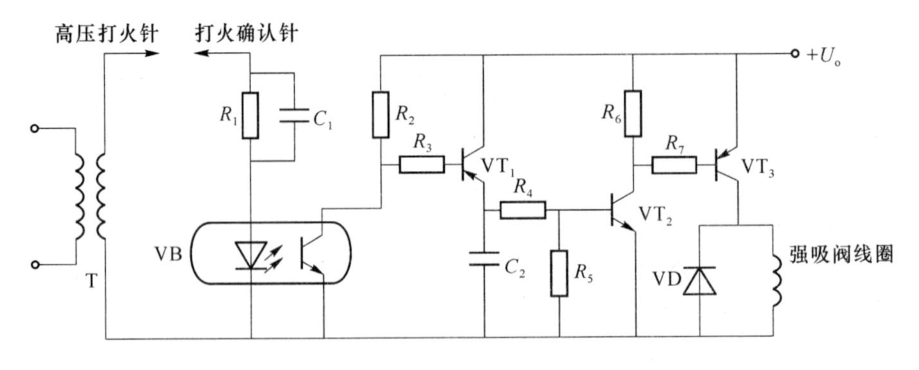


图 5.3.22 燃气热水器中的高压打火确认电路原理图

#### 4. CCD 图像传感器的应用

电荷耦合器件具有将光像转换为电荷分布,以及电荷的存储和转移等功能,所以它是构成 CCD 固态图像传感器的主要光敏器件,取代了摄像装置中的光学扫描系统或电子束扫描系统。

CCD 图像传感器具有高分辨力和高灵敏度,具有较宽的动态范围,这些特点决定了它可以广泛用于自动控制和自动测量,尤其适用于图像识别技术。CCD 图像传感器在检测物体的位置、工件尺寸的精确测量及工件缺陷的检测方面有独到之处。图 5.3.23 为应用线型 CCD 图像传感器测量物体尺寸的系统。

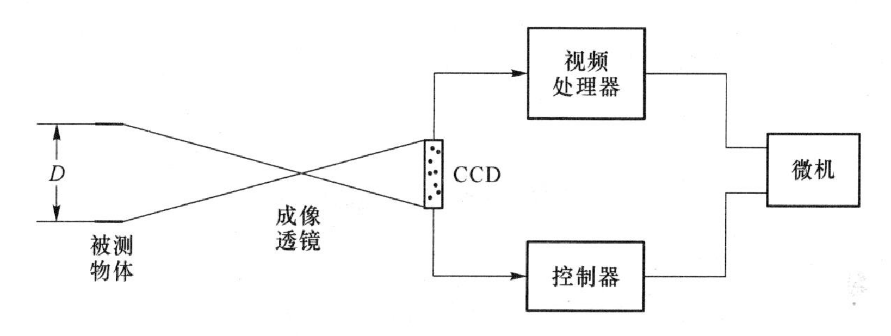


图 5.3.23 CCD 图像传感器工件尺寸检测系统

物体成像聚焦在图像传感器的光敏面上,视频处理器对输出的视频信号进行存储和数据处理,整个过程由微机控制完成。根据几何光学原理,可以推导被测物体尺寸计算公式,即

$$D = \frac{np}{M} \tag{5.3.1}$$

式中,$n$ 为覆盖的光敏像素数;$p$ 为像素间距;$M$ 为倍率。

微机可对多次测量求平均值,精确得到被测物体的尺寸。任何能够用光学成像的零件都可以用这种方法实现不接触的在线自动检测的目的。

#### 5. 光电转速计

测量一个开孔圆盘的转速,可采用如图 5.3.24 所示方式完成。光源为束状或线状,同一时刻只能有一束光通过转盘上的一个开孔。在转盘另一侧安放光敏元件,其敏感部分通过圆盘上的透光孔对准光源。

当转盘随着转轴开始转动时,光敏元件接收到光源发出的透过开孔的断续光。设圆盘开孔数目为 $N$,光敏元件接收的光脉冲频率为 $f$,则转盘的转速 $n$ 为

$$n = \frac{60f}{N} \tag{5.3.2}$$

若将光脉冲信号转变为电脉冲信号,可采用图 5.3.25 所示电路。

当无光照射光敏三极管 $VT_1$ 时,光敏三极管内阻很大,使 $VT_2$ 处于截止状态,输出端为高电平。当有光照射光敏三极管 $VT_1$ 时,光敏三极管导通,从而使 $VT_2$ 导通,$VT_2$ 的集电极与发射极间的电位低于 0.3 V,因此输出信号为低电平。这样,输出端就能得到高低变化的电脉冲信号。

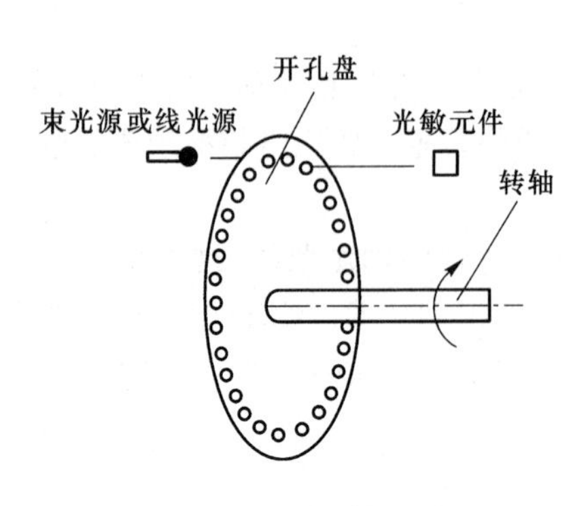


图 5.3.24 圆盘转速测量

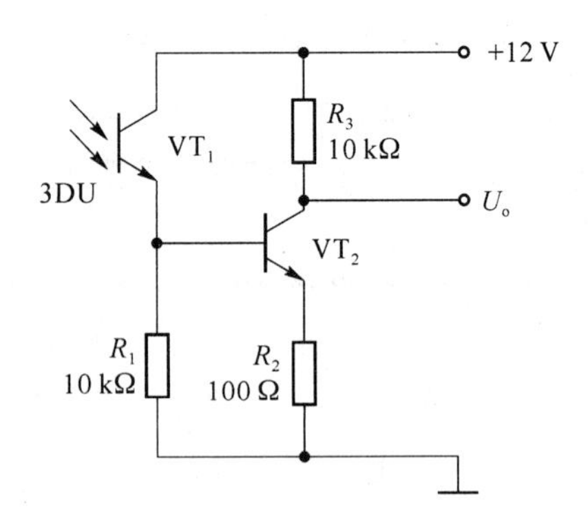


图 5.3.25 光脉冲转换电路

# 课后习题

5.1 推导变磁阻式电感传感器的灵敏度公式。

5.2 差动变压器中的零位电压是什么？其产生原因、危害、解决办法分别是什么？

5.3 分析在全波差动电压整流电路中，如何实现对铁心位移大小及方向的判断。

5.4 光效效应分哪几类？各是什么？其典型元件各是什么？

5.5 简述光敏电阻、光敏二极管的工作原理。

5.6 光敏电阻为什么只能作为开关元件使用？

5.7 设计电路利用光电开关实现转轮转速的测量。

# 第6章 磁场检测

## 6.1 霍尔传感器

霍尔传感器是一种磁传感器。用它可以检测磁场及其变化，可在各种与磁场有关的场合中使用。霍尔传感器以霍尔效应为其工作基础，是由霍尔元件和它的附属电路组成的集成传感器。霍尔传感器在工业生产、交通运输和日常生活中有着非常广泛的应用。

### 6.1.1 霍尔传感器的工作原理

如图 6.1.1 所示，在半导体薄片两端通以控制电流 $I$，并在薄片的垂直方向施加磁感应强度为 $B$ 的匀强磁场，则在垂直于电流和磁场的方向上，将产生电势差 $U_H$，这种现象称为霍尔效应。产生的电动势称为霍尔电势，半导体薄片称为霍尔元件。

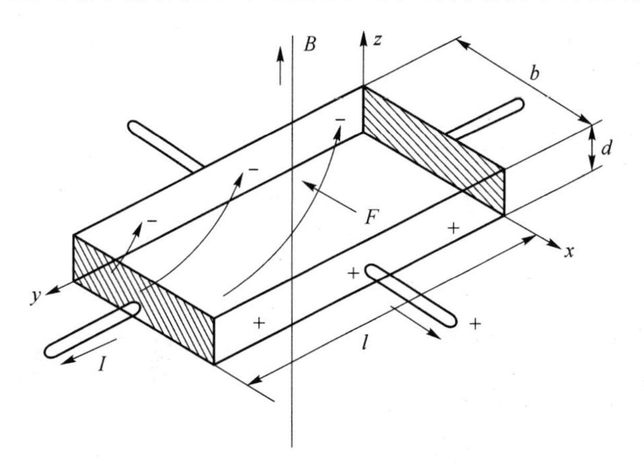


图 6.1.1 霍尔效应示意图

将霍尔元件通以电流，其中的带电粒子处于磁场中，受到洛仑兹力（磁场力）的作用，表示为

$$F = e\bar{v}B \tag{6.1.1}$$

式中，$\bar{v}$ 为带电粒子的平均运动速度。

在洛伦兹力的作用下，霍尔元件内部的带电粒子发生偏转，在垂直于电流和磁场的方向上形成电场，称为霍尔电场，该电场又阻止其他带电粒子继续偏转，即受到电场力的作

用，表示为

$$F = eE_{\mathrm{H}} = \frac{eU_{\mathrm{H}}}{b} \tag{6.1.2}$$

当作用力达到动态平衡状态时，有

$$U_{\mathrm{H}} = \bar{v}Bb \tag{6.1.3}$$

带电粒子的平均运动速度为

$$\bar{v} = \frac{I}{bdne} \tag{6.1.4}$$

霍尔常数与霍尔元件的材料尺寸相关，有

$$R_{\mathrm{H}} = \frac{1}{ne} \tag{6.1.5}$$

霍尔元件的灵敏度(灵敏系数)为

$$K_{\mathrm{H}} = \frac{R_{\mathrm{H}}}{d} = \frac{1}{ned} \tag{6.1.6}$$

霍尔常数大小取决于导体的载流子密度:金属的自由电子密度太大，因而霍尔常数小，霍尔电势也小，所以金属材料不宜制作霍尔元件。为了提高霍尔电势值，霍尔元件一般都制成薄片形状。

结合以上公式，可得霍尔电势的表达式为

$$U_{\mathrm{H}} = K_{\mathrm{H}}BI \tag{6.1.7}$$

半导体中电子迁移率(电子定向运动平均速度)比空穴迁移率高，因此 N 型半导体较适合于制造灵敏度高的霍尔元件。

## 6.1.2 霍尔元件

### 1. 霍尔元件的结构和基本电路

霍尔元件的结构及基本电路如图 6.1.2 所示。

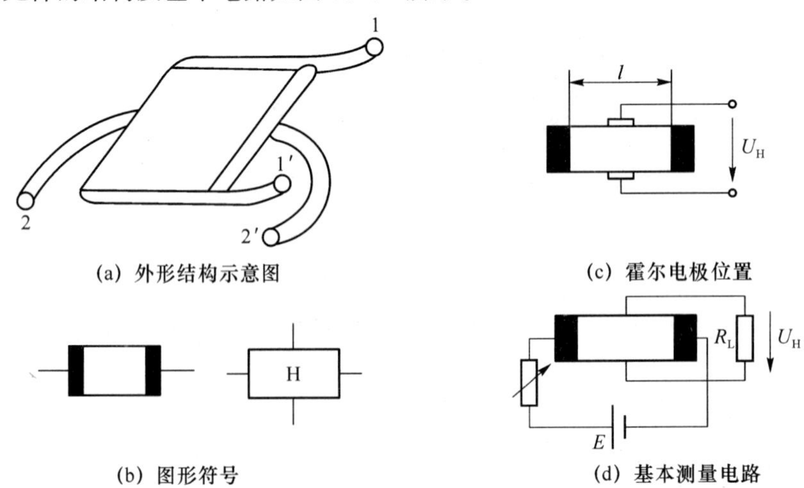


(a) 外形结构示意图　(b) 图形符号　(c) 霍尔电极位置　(d) 基本测量电路

图 6.1.2 霍尔元件

图6.1.2(a)中，从矩形薄片半导体基片上的两个相互垂直方向侧面上，引出一对电极，其中1-1′电极用于加控制电流，称控制电极；另一对2-2′电极用于引出霍尔电势，称霍尔电势输出极。在基片外面用金属、陶瓷、环氧树脂等封装作为外壳。

图6.1.2(b)是霍尔元件通用的图形符号。

如图6.1.2(c)所示，霍尔电极在基片上的位置及它的宽度对霍尔电势数值影响很大。通常霍尔电极位于基片长度的中间，其宽度约为基片长度的一半。

图6.1.2(d)是基本测量电路。

**2. 霍尔元件的主要特性参数**

当磁场和环境温度一定时，霍尔电势与控制电流 $I$ 成正比；当控制电流和环境温度一定时，霍尔电势与磁场的磁感应强度 $B$ 成正比；当环境温度一定时，输出的霍尔电势与 $I$ 和 $B$ 的乘积成正比；进行以上测量过程时，应在没有外磁场和室温变化的条件下进行。

(1) 输入电阻和输出电阻

输入电阻是指控制电极间的电阻。输出电阻是指霍尔电极之间的电阻。

(2) 额定控制电流和最大允许控制电流

额定控制电流是指当霍尔元件有控制电流使其本身在空气中产生10 ℃温升时对应的控制电流值。最大允许控制电流是指以元件允许的最大温升限制所对应的控制电流值。

(3) 不等位电势 $U_o$ 和不等位电阻 $r_o$

不等位电势是指当霍尔元件的控制电流为额定值时，若元件所处位置的磁感应强度为零，测得的空载霍尔电势。不等位电势是由霍尔电极2和2′之间的电阻决定的，$r_o$ 称不等位电阻，如图6.1.3所示。

(4) 寄生直流电势(霍尔元件零位误差的一部分)

当没有外加磁场，霍尔元件用交流控制电流时，霍尔电极的输出有一个直流电势，控制电极和霍尔电极与基片的连接是非完全欧姆接触时，会产生整流效应。两个霍尔电极焊点的不一致引起两电极温度不同，产生温差电势。

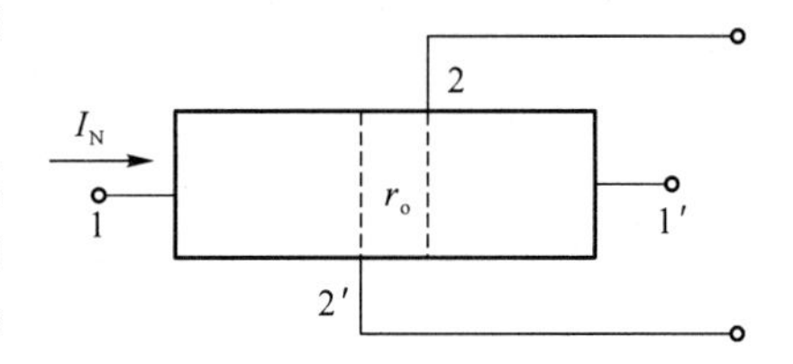


图6.1.3 霍尔元件不等位电阻

(5) 霍尔电势温度系数

它是指在一定磁感应强度和控制电流下，温度每变化1 ℃时，霍尔电势变化的百分率。

**3. 霍尔元件的误差及补偿**

(1) 不等位电势误差的补偿

可以把霍尔元件视为一个四臂电阻电桥，不等位电势就相当于电桥的初始不平衡输出电压，其补偿电路如图6.1.4所示。当温度变化时，补偿的稳定性要好些。

(2) 温度误差

霍尔元件的基片是半导体材料，因而对温度的变化很敏感。其载流子浓度和载流子

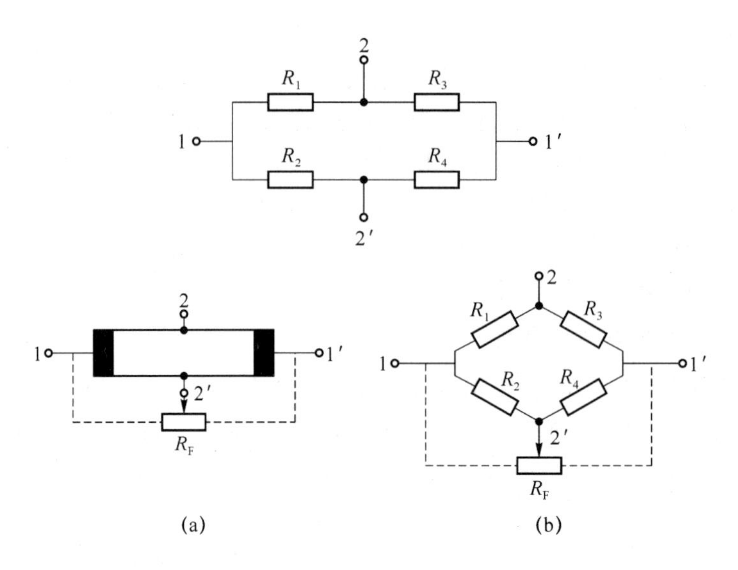


图 6.1.4 不等位电势的补偿电路

迁移率、电阻率和霍尔系数都是温度的函数。当温度变化时，霍尔元件的一些特性参数，如霍尔电势、输入电阻和输出电阻等都要发生变化，从而使霍尔式传感器产生温度误差。

(3) 温度误差的补偿方法

减小霍尔元件温度误差的方法有几种：可以选用温度系数小的元件，采用恒温措施，也可以采用恒流源供电、选用合适的负载电阻等方法进行温度补偿。

霍尔元件的灵敏系数也是温度的函数，它随温度的变化引起霍尔电势的变化，霍尔元件的灵敏系数与温度的关系为

$$K_{\mathrm{H}} = K_{\mathrm{H0}}(1 + \alpha\Delta T) \tag{6.1.8}$$

式中，$K_{\mathrm{H0}}$ 为温度 $T_0$ 时的 $K_{\mathrm{H}}$ 值；$\Delta T$ 为温度变化量；$\alpha$ 为霍尔电势的温度系数。

大多数霍尔元件的温度系数 $\alpha$ 是正值时，它们的霍尔电势随温度的升高而增加 $(1+\alpha\Delta t)$ 倍。同时，让控制电流 $I$ 相应地减小，能保证 $K_{\mathrm{H}}$ 不变，就抵消了灵敏系数值增加的影响。

当霍尔元件的输入电阻随温度升高而增加时，旁路分流电阻自动地加强分流，减少了霍尔元件的控制电流。

温度为 $T_0$ 时，控制电流为

$$I_{20} = \frac{\mathrm{RP}_0}{\mathrm{RP}_0 + R_{\mathrm{i0}}} I_{\mathrm{s}} \tag{6.1.9}$$

温度升到 $T$ 时，电路中各参数变为

$$\mathrm{RP} = \mathrm{RP}_0(1 + \beta\Delta T) \tag{6.1.10}$$

$$R_{\mathrm{i}} = R_{\mathrm{i0}}(1 + \delta\Delta T) \tag{6.1.11}$$

$$I_2 = \frac{\mathrm{RP}}{\mathrm{RP} + R_{\mathrm{i}}} I_{\mathrm{s}} = \frac{\mathrm{RP}_0(1 + \beta\Delta T)}{\mathrm{RP}_0(1 + \beta\Delta T) + R_{\mathrm{i0}}(1 + \delta\Delta T)} I_{\mathrm{s}} \tag{6.1.12}$$

式中，$\delta$ 为霍尔元件输入电阻温度系数；$\beta$ 为分流电阻温度系数。

为消除霍尔元件的温度误差，补偿电路必须满足在升温前后的霍尔电势不变。

$$U_{H0} = K_{H0} I_{20} B = U_H = K_H I_2 B \tag{6.1.13}$$

$$K_{H0} I_{20} = K_H I_2 \tag{6.1.14}$$

$$K_{H0} \frac{RP_0}{RP_0 + R_{i0}} I_s = K_{H0}(1+\alpha\Delta T) \frac{RP_0(1+\beta\Delta T)}{RP_0(1+\beta\Delta T) + R_{i0}(1+\delta\Delta T)} I_s \tag{6.1.15}$$

经整理，忽略 $\alpha\beta\Delta T^2$ 高次项后，得

$$RP_0 = \frac{\delta - \beta - \alpha}{\alpha} R_{i0} \tag{6.1.16}$$

当霍尔元件选定后，它的输入电阻 $R_{i0}$、温度系数 $\delta$ 及霍尔电势温度系数 $\alpha$ 可以从元件参数表中查到（$R_{i0}$ 可以测量出来），用式（6.1.16）即可计算出分流电阻 $RP_0$ 及所需的分流电阻温度系数 $\beta$ 值。

如果霍尔元件的输入激励电流固定，则可以考虑在输出部分选择合适的负载电阻阻值，也能完成温度补偿，如图 6.1.6 所示。

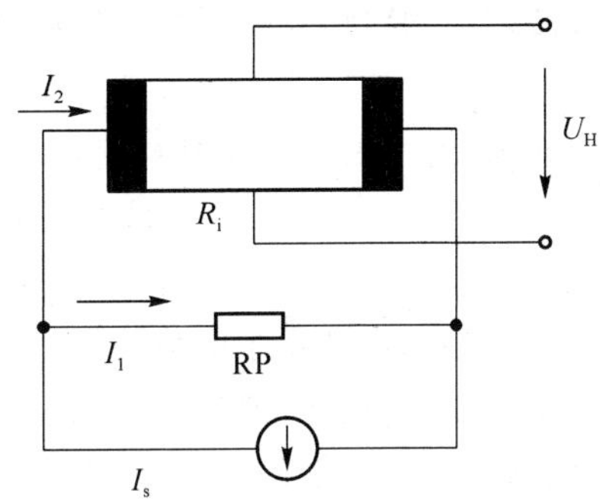

图 6.1.5　恒流源温度补偿电路

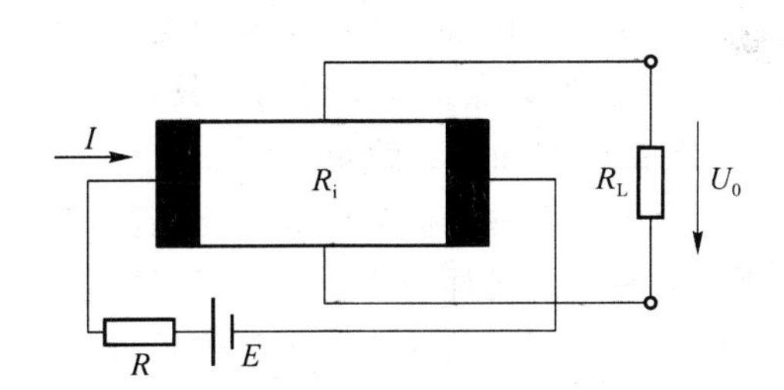

图 6.1.6　负载电阻温度补偿电路

霍尔元件输出的霍尔电势是温度的函数，表示为

$$U_H = U_{H0}(1+\alpha\Delta T) \tag{6.1.17}$$

式中，$U_{H0}$ 为温度 $T_0$ 时的 $U_H$ 值；$\alpha$ 为霍尔电势的温度系数。

霍尔元件的内阻也是温度的函数，表示为

$$R_i = R_{i0}(1+\beta\Delta T) \tag{6.1.18}$$

式中，$R_{i0}$ 为温度 $T_0$ 时的内阻 $R_i$ 值；$\beta$ 为霍尔内阻的温度系数。

温度为 $T_0$ 时，电路的输出 $U_0$ 为

$$U_0 = \frac{R_L}{R_{i0} + R_L} U_{H0} \tag{6.1.19}$$

温度升到 $T$ 时，输出电压变为

$$U_{0T} = \frac{R_L U_{H0}(1+\alpha\Delta T)}{R_{i0}(1+\beta\Delta T) + R_L} \tag{6.1.20}$$

若要满足温度补偿，则在升温前后的输出电压保持不变，有

$$\frac{R_L U_{H0}}{R_{i0} + R_L} = \frac{R_L U_{H0}(1+\alpha\Delta T)}{R_{i0}(1+\beta\Delta T) + R_L} \tag{6.1.21}$$

化简，得

$$R_L = R_{i0}\frac{\beta - \alpha}{\alpha} \tag{6.1.22}$$

由式(6.1.22)可见,只要选择合适的负载电阻,是能够完成温度补偿的。

### 6.1.3 霍尔式传感器的应用

利用霍尔效应制作的霍尔器件,不仅在磁场测量方面,而且在测量技术、无线电技术、计算技术和自动化技术等领域中均得到了广泛应用。

利用霍尔电势与外加磁通密度成比例的特性,可借助于固定元件的控制电流,对磁量以及其他可转换成磁量的电量、机械量和非电量等进行测量和控制。应用这类特性制作的器件有磁通计、电流计、位移计、速度计、振动计、罗盘、转速计以及无触点开关等。

(1) 霍尔元件的优缺点

霍尔元件体积小、结构简单、坚固耐用;无可动部件、无磨损、无摩擦热,噪声小;装置性能稳定,寿命长,可靠性高;频率范围宽,从直流到微波范围均可应用。霍尔器件载流子惯性小,装置动态特性好。

霍尔元件也存在转换效率低和受温度影响大等明显缺点。但是,由于新材料、新工艺不断出现,这些缺点正逐步得到克服。

(2) 微位移和压力的测量

霍尔电势与磁感应强度成正比,若磁感应强度是位置的函数,则霍尔电势的大小就可以用来反映霍尔元件的位置,可进行位移、力、压力、应变、机械振动、加速度等的测量。

图 6.1.7 所示为霍尔式压力传感器。初始时,霍尔元件位于磁铁磁场中心,输出电压为 0。当压力值经过弹簧管施加到霍尔元件上时,引起霍尔元件产生位移变化,导致输出电压变化,输出电压值的大小反映了输入压力值的大小。

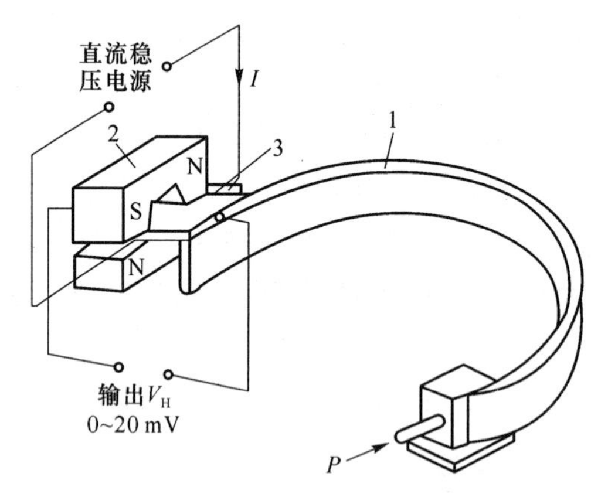


图 6.1.7 霍尔式压力传感器

1—弹簧管;2—磁铁;3—霍尔片

(3) 磁场的测量

在控制电流恒定的条件下,霍尔电势的大小与磁感应强度成正比,由于霍尔元件的结构特点,它特别适用于微小气隙中的磁感应强度、高梯度磁场参数的测量。霍尔电势是磁场方向与霍尔基片法线方向之间夹角的函数。

$$U_H = K_H BI\cos\theta \tag{6.1.23}$$

磁场测量的应用主要有霍尔式磁罗盘、霍尔式方位传感器、霍尔式转速传感器等。

(4) 电流开关控制电路

图 6.1.8 是采用霍尔元件 HG 的电流开关电路。用霍尔元件 HG 使两个晶体管交替开关，可获得相反相位的两种信号，此电路常作为无刷电机的磁极位置检测电路。按照霍尔元件 HG 的输出电压不同，晶体管 $VT_1$ 和 $VT_2$ 交替通断工作，并从 $A$ 和 $B$ 端输出相位互差 180°的信号。

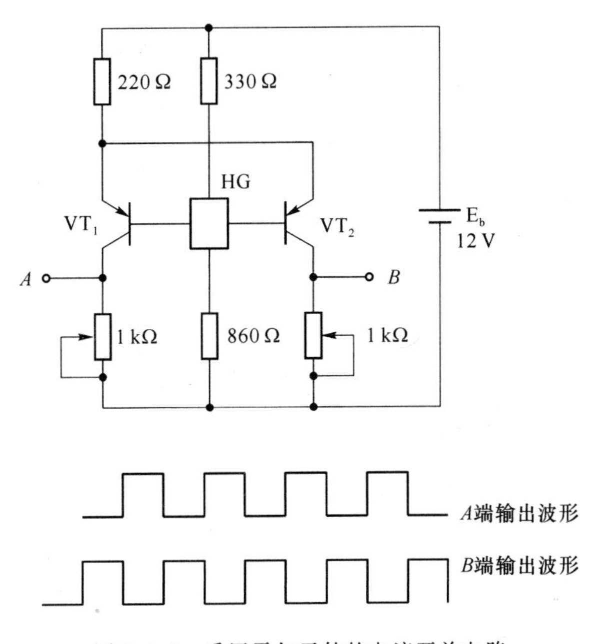


图 6.1.8　采用霍尔元件的电流开关电路

## 6.1.4　霍尔开关

霍尔开关集成传感器是利用霍尔效应与集成电路技术结合而制成的一种磁敏传感器，它能感知与磁信息有关的物理量，并以开关信号形式输出。霍尔开关集成传感器具有使用寿命长、无触点磨损、无火花干扰、无转换抖动、工作频率高、温度特性好、能适应恶劣环境等优点。

霍尔开关的外形及应用电路如图 6.1.9 所示，其内部结构如图 6.1.10 所示。

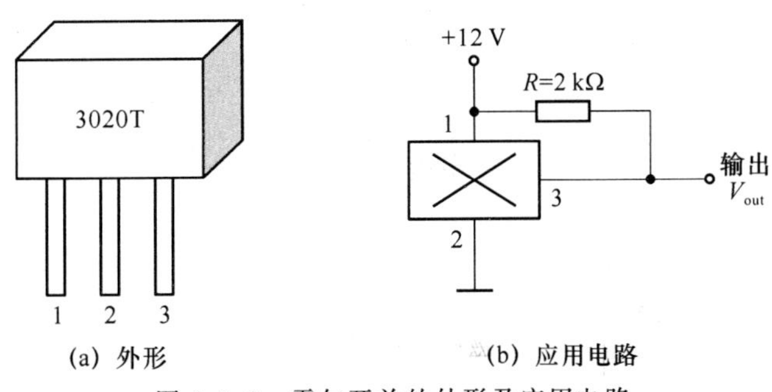


图 6.1.9　霍尔开关的外形及应用电路

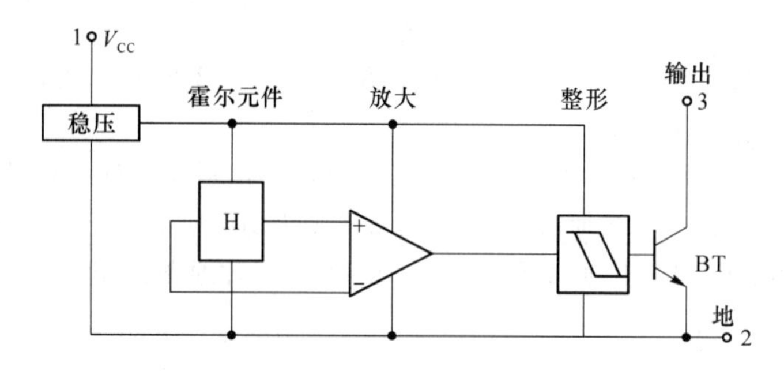


图 6.1.10 霍尔开关的内部结构框图

霍尔集成开关由稳压电路、霍尔元件、放大器、整形电路、开路输出五部分组成。稳压电路可使传感器在较宽的电源电压范围内工作;开路输出可使传感器方便地与各种逻辑电路接口。

当霍尔元件中有磁通通过时,闭合接通电路,使霍尔电路输出低电平;当霍尔元件与磁体隔离时,电路截止,输出为高电平。根据这种开关原理,制成霍尔电子点火器,电路如图 6.1.11 所示。

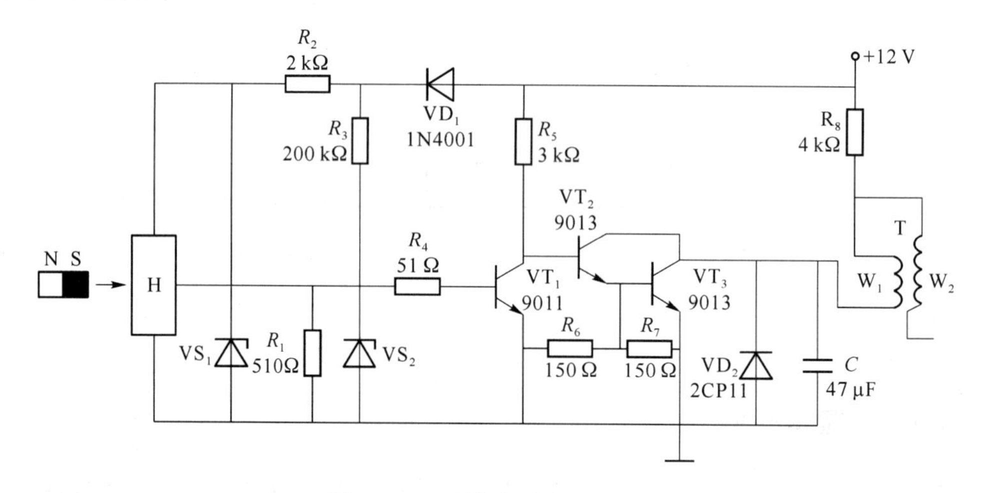


图 6.1.11 霍尔电子点火器电路

当霍尔传感器输出低电平时,$VT_1$ 截止,相当于给 $VT_2$ 基极提供一个下偏置电阻,此时 $VT_2$、$VT_3$ 导通,点火线圈一次侧有一个恒定电流通过。当霍尔传感器输出高电平时,$VT_1$ 导通,$VT_2$、$VT_3$ 截止,点火器的一次电流被截断,这时储存在点火线圈中的能量在点火线因二次侧以高压放电形式输出,放电点火。

# 6.2 磁敏元件

## 6.2.1 磁敏二极管

磁敏二极管、磁敏三极管具有磁灵敏度高(磁灵敏度比霍尔元件高数百甚至数千倍)、能识别磁场的极性、体积小、电路简单等特点，因而日益得到重视，在检测、控制等方面得到普遍应用。

**1. 磁敏二极管的结构**

磁敏二极管有硅磁敏二极管和锗磁敏二极管两种。其与普通二极管的区别是：普通二极管 PN 结的基区很短，以避免载流子在基区里复合；磁敏二极管的 PN 结却有很长的基区，大于载流子的扩散长度，但基区是由接近本征半导体的高阻材料构成的。一般锗磁敏二极管用 $\rho=40\ \Omega\cdot cm$ 左右的 P 型或 N 型单晶做基区（锗本征半导体的 $\rho=50\ \Omega\cdot cm$），在它的两端有 P 型和 N 型锗并引出，若 $\gamma$ 代表长基区，则其 PN 结实际上是由 $P\gamma$ 结和 $N\gamma$ 结共同组成。

以 2ACM-1A 型磁敏二极管为例，其结构是 $P_+$-i-$N_+$ 型。

在高纯度锗半导体的两端用合金法制成高掺杂的 P 型和 N 型两个区域，并在本征区（i 区）的一个侧面上，设置高复合区（r 区），而与 r 区相对的另一侧面保持为光滑无复合表面。这就构成了磁敏二极管的管芯，其结构如图 6.2.1 所示。

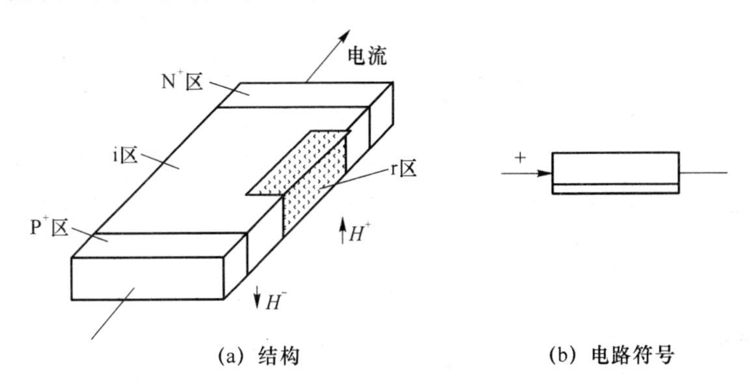


图 6.2.1　磁敏二极管的结构和电路符号

**2. 磁敏二极管的工作原理**

磁敏二极管的工作原理如图 6.2.2 所示。当磁敏二极管的 P 区接电源正极，N 区接电源负极，即外加正偏压时，随着磁敏二极管所受磁场的变化，流过二极管的电流也在变化，也就是说二极管等效电阻随着磁场的不同而不同。随着磁场大小和方向的变化，可产生正负输出电压的变化，特别是在较弱的磁场作用下，可获得较大输出电压。r 区和 r 区之外的复合能力之差越大，那么磁敏二极管的灵敏度就越高。

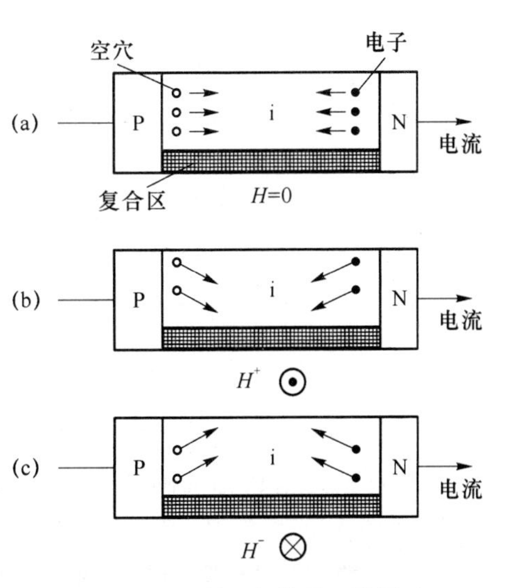


图 6.2.2　磁敏二极管的工作原理

磁敏二极管反向偏置时，则在 r 区仅流过很微小的电流，显得几乎与磁场无关。因而二极管两端电压不会因受到磁场作用而有任何改变。

**3. 磁敏二极管的主要特征**

(1) 伏安特性

磁敏二极管的伏安特性是指在给定磁场情况下,磁敏二极管两端正向偏压和通过它的电流的关系曲线。由图 6.2.3 可见,硅磁敏二极管的伏安特性有两种形式。

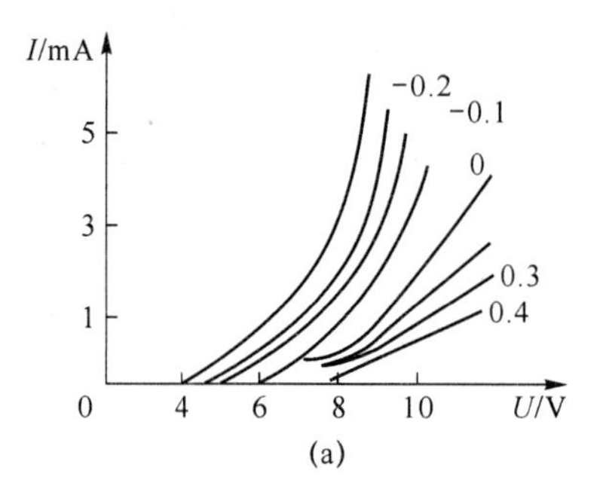


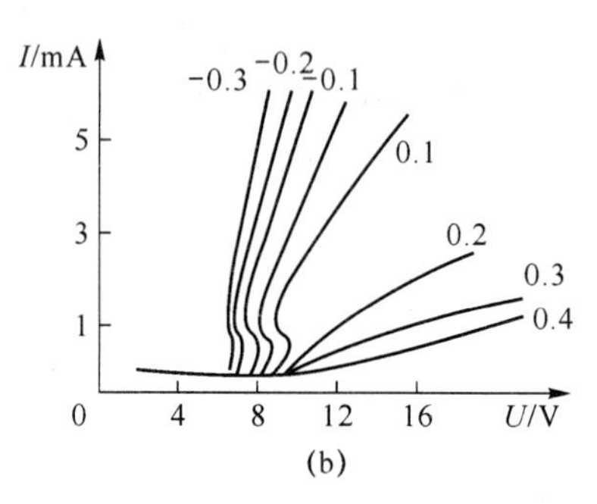


图 6.2.3 硅磁敏二极管的伏安特性

一种如图 6.2.3(a)所示,开始在较大偏压范围内,电流变化比较平坦,随外加偏压的增加,电流逐渐增加。此后,伏安特性曲线上升很快,表现出其动态电阻比较小。

另一种如图 6.2.3(b)所示,硅磁敏二极管的伏安特性曲线上有负阻现象,即电流激增的同时,有偏压突然跌落的现象。产生负阻现象的原因是高阻硅的热平衡载流子较少,且注入的载流子填满复合中心之前,不会产生较大的电流,当填满复合中心之后,电流才开始激增。

(2) 磁电特性

在给定条件下,磁敏二极管的输出电压变化量与外加磁场间的变化关系,叫作磁敏二极管的磁电特性。图 6.2.4 中给出磁敏二极管的磁电特性曲线。

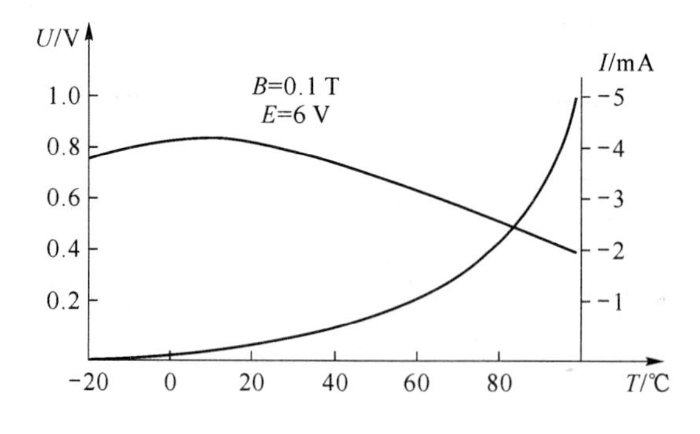


图 6.2.4 磁敏二极管的磁电特性

(3) 温度特性

温度特性是指在标准测试条件下,输出电压变化量 $\Delta u$(或无磁场作用时中点电压 $u_m$)随温度变化的规律,如图 6.2.5 所示。由图可见,磁敏二极管受温度的影响较大。

磁敏二极管温度特性的好坏也可用温度系数来表示。硅磁敏二极管在标准测试条件下,$u_0$ 的温度系数小于+20 mV/℃,$\Delta u$ 的温度系数小于 0.6%/℃。而锗磁敏二极管 $u_0$

的温度系数小于−60 mV/℃，Δ$u$ 的温度系数小于1.5%/℃。所以，规定硅管的使用温度为−40～+85 ℃，而锗管则规定为−40～+65 ℃。

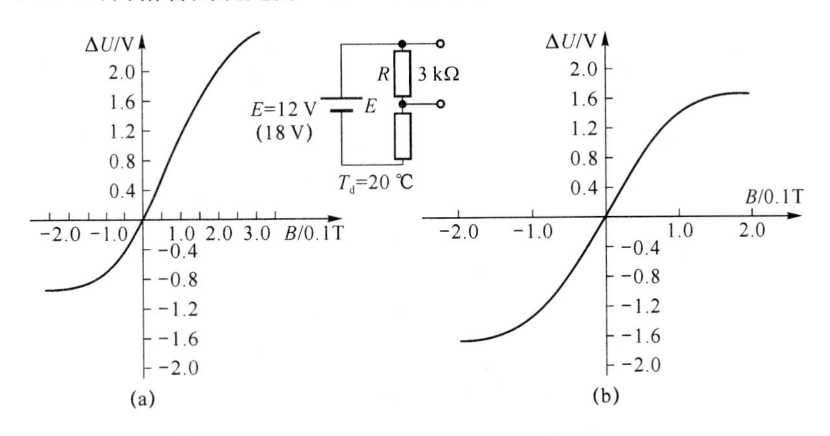


图 6.2.5 磁敏二极管的温度特性

(4) 频率特性

硅磁敏二极管的响应时间几乎等于注入载流子漂移过程中被复合并达到动态平衡的时间。所以，频率响应时间与载流子的有效寿命相当。硅管的响应时间小于1，即响应频率高达1 MHz。锗磁敏二极管的响应频率小于10 kHz，如图6.2.6所示。

(5) 磁灵敏度

磁敏二极管的磁灵敏度有三种定义方法。

① 在恒流条件下，偏压随磁场而变化的电压相对磁灵敏度($h_u$)，即

$$h_u = \frac{u_B - u_0}{u_0} \times 100\% \qquad (6.2.1)$$

式中，$u_0$为磁场强度为零时，二极管两端的电压；$u_B$为磁场强度为$B$时，二极管两端的电压。

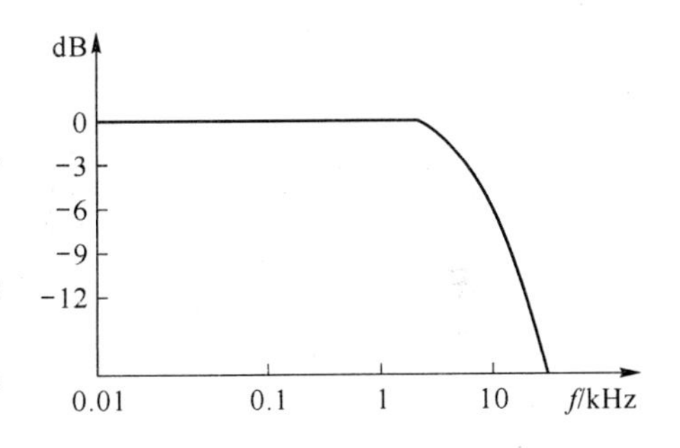


图 6.2.6 锗磁敏二极管的频率特性

② 在恒压条件下，偏流随磁场变化的电流相对磁灵敏度($h_i$)，即

$$h_i = \frac{I_B - I_0}{I_0} \times 100\% \qquad (6.2.2)$$

③ 在给定电压源$E$和负载电阻$R$的条件下，电压相对磁灵敏度和电流相对磁灵敏度定义如下：

$$h_{Ru} = \frac{u_B - u_0}{u_0} \times 100\% \qquad (6.2.3)$$

$$h_{Ri} = \frac{I_B - I_0}{I_0} \times 100\% \qquad (6.2.4)$$

应特别注意，如果使用磁敏二极管时的情况和元件出厂的测试条件不一致时，应重新测试其灵敏度。

### 6.2.2 磁敏三极管

**1. 磁敏三极管的结构与原理**

(1) 磁敏三极管的结构

NPN 型磁敏三极管是在弱 P 型近本征半导体上用合金法或扩散法制成三个结(发射结、基极结、集电结)所形成的半导体元件,如图 6.2.7 所示。在长基区的侧面制成一个复合速率很高的高复合区 r。长基区分为输运基区和复合基区两部分。

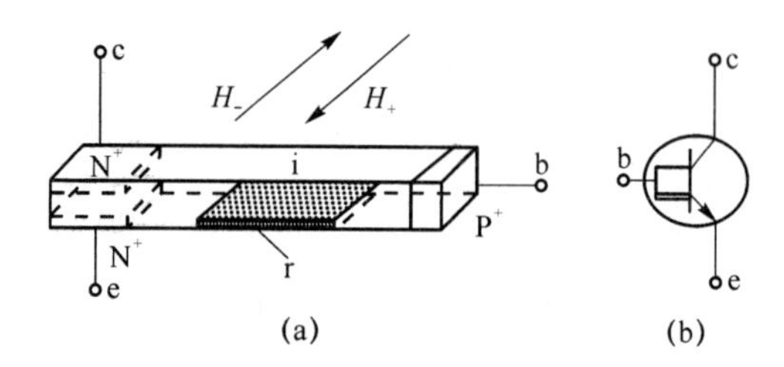


图 6.2.7 NPN 型磁敏三极管的结构和符号

(2) 磁敏三极管的工作原理

磁敏三极管的工作原理如图 6.2.8 所示。

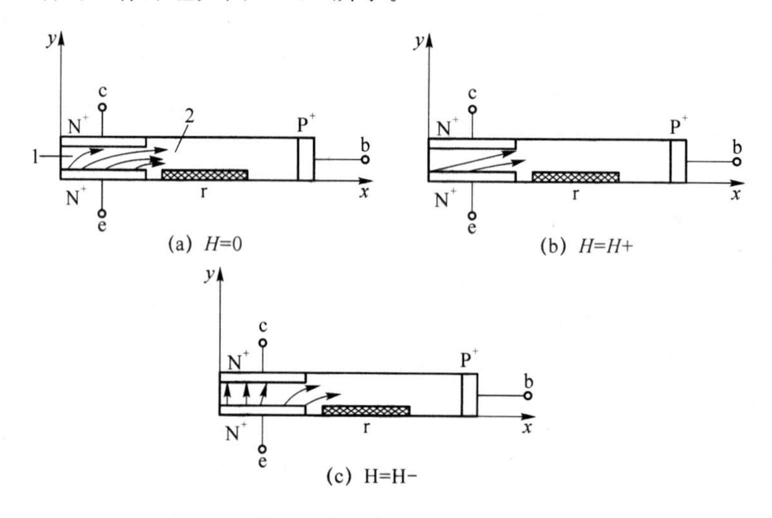


图 6.2.8 磁敏三极管工作原理示意图

1—运输基区;2—复合基区

当不受磁场作用,如图 6.2.8(a)所示时,由于磁敏三极管的基区宽度大于载流子有效扩散长度,因而注入的载流子除少部分输入到集电极 c 外,大部分通过 e-i-b 而形成基极电流。显而易见,基极电流大于集电极电流。所以,电流放大系数 $\beta<1$。

当受 H+磁场作用,如图 6.2.8(b)所示时,由于洛仑兹力作用,载流子向发射结一侧偏转,从而使集电极电流明显下降。

当受 H-磁场使用,如图 6.2.8(c)所示时,载流子在洛仑兹力作用下向集电结一侧偏转,使集电极电流增大。

**2. 磁敏三极管的主要特性**

(1) 伏安特性

图 6.2.9(a)为不受磁场作用时磁敏三极管的伏安特性曲线;图(b)给出了磁敏三极管在基极恒流条件下($I_b=3$ mA)、磁场为 0.1 T 时的集电极电流的变化。

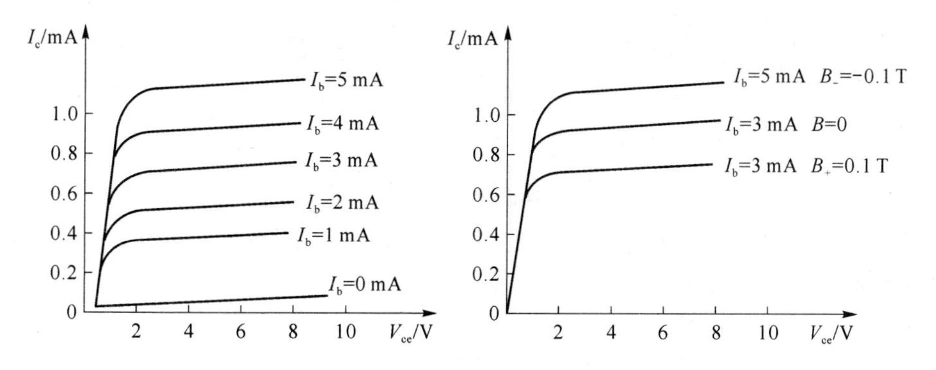


图 6.2.9　磁敏三极管的伏安特性

(2) 磁电特性

磁电特性是磁敏三极管最重要的工作特性。3BCM(NPN 型)锗磁敏三极管的磁电特性曲线如图 6.2.10 所示。由图可见,在弱磁场作用时,曲线近似于一条直线。

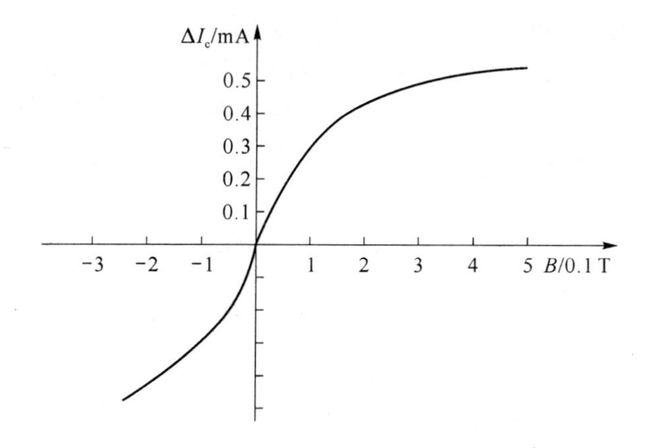


图 6.2.10　3BCM 磁敏三极管的电磁特性

(3) 温度特性

磁敏三极管对温度也是敏感的。3ACM、3BCM 磁敏三极管的温度系数为 0.8%/℃;3CCM 磁敏三极管的温度系数为−0.6%/℃。3BCM 的温度特性曲线如图 6.2.11 所示。

温度系数有两种:一种是静态集电极电流 $I_{c0}$ 的温度系数;另一种是磁灵敏度的温度系数。

在使用温度 $t_1 \sim t_2$ 范围内,$I_{c0}$ 的改变量与常温(比如 25 ℃)时的 $I_{c0}$ 之比,平均每度的相对变化量被定义为 $I_{c0}$ 的温度系数 $I_{c0CT}$,即

$$I_{c0CT} = \frac{I_{c0}(t_2) - I_{c0}(t_1)}{I_{c0}(25\ ℃) \cdot (t_2 - t_1)} \times 100\% \tag{6.2.5}$$

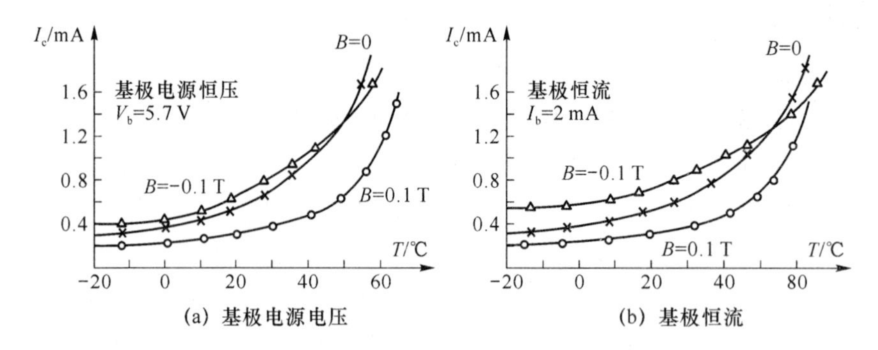


图 6.2.11　3BCM 磁敏三极管的温度特性

同样,在使用温度 $t_1 \sim t_2$ 范围内,$h_\pm$ 的改变量与 25 ℃时的 $h_\pm$ 值之比,平均每度的相对变化量被定义为 $h_\pm$ 的温度系数 $h_{\pm CT}$,即

$$h_{\pm CT} = \frac{h_\pm (t_2) - h_\pm (t_1)}{h_\pm (25\ ℃) \cdot (t_2 - t_1)} \times 100\% \tag{6.2.6}$$

对于 3BCM 磁敏三极管,当采用补偿措施时,其正向灵敏度受温度影响不大。而负向灵敏度受温度影响比较大,主要表现为有相当大一部分器件存在着一个无灵敏度的温度点,这个点的位置由所加基流(无磁场作用时)$I_{b0}$ 的大小决定。当 $I_{b0} > 4$ mA 时,无灵敏度温度点处于+40 ℃左右。当温度超过此点时,负向灵敏度也变为正向灵敏度,即不论对正、负向磁场,集电极电流都发生同样性质的变化。

因此,减小基极电流,无灵敏度的温度点将向较高温度方向移动。当 $I_{b0} = 2$ mA 时,此温度点可达 50 ℃左右。但另一方面,若 $I_{b0}$ 过小,则会影响磁灵敏度。所以,当需要同时使用正负灵敏度时,温度要选在无灵敏度温度点以下。

(4) 磁灵敏度

磁敏三极管的磁灵敏度有正向灵敏度和负向灵敏度两种。其定义如下:

$$h_\pm = \left| \frac{I_{cB\pm} - I_{c0}}{I_{c0}} \right| \times 100\%/0.1T \tag{6.2.7}$$

式中,$I_{cB+}$ 为受正向磁场 $B+$ 作用时的集电极电流;$I_{cB-}$ 为受反向磁场 $B-$ 作用时的集电极电流;$I_{c0}$ 为不受磁场作用时,在给定基流情况下的集电极输出电流。

**3. 磁敏二极管和磁敏三极管的应用**

由于磁敏管有较高的磁灵敏度、体积和功耗都很小且能识别磁极性等优点,是一种新型半导体磁敏元件,有着广泛的应用前景。

利用磁敏管可以作成磁场探测仪器,如高斯计、漏磁测量仪、地磁测量仪等。用磁敏管做成的磁场探测仪,可测量 $10^{-7}$ T 左右的弱磁场。根据通电导线周围具有磁场,而磁场的强弱又取决于通电导线中电流大小的原理,可利用磁敏管采用非接触方法来测量导线中的电流。而用这种装置来检测磁场还可确定导线中电流值的大小,既安全又省电,因此是一种备受欢迎的电流表。此外,利用磁敏管还可制成转速传感器(能测高达每分钟数万转的转速)、无触点电位器和漏磁探伤仪等。

### 6.2.3 磁敏电阻

磁敏电阻是一种电阻随磁场变化而变化的磁敏元件，也称 MR 元件，它的理论基础为磁阻效应。

**1. 磁阻效应**

若给通以电流的金属或半导体材料的薄片加以与电流垂直或平行的外磁场，则其电阻值就增加，此种现象称为磁致电阻变化效应，简称为磁阻效应。

在磁场中，电流的流动路径会因磁场的作用而加长，使得材料的电阻率增加。若某种金属或半导体材料的两种载流子(电子和空穴 )的迁移率悬殊，则主要由迁移率较大的一种载流子引起电阻率变化。当材料中仅存在一种载流子时磁阻效应几乎可以忽略，此时霍尔效应更为强烈。若在电子和空穴都存在的材料(如 InSb)中，则磁阻效应很强。

磁阻效应还与样品的形状、尺寸密切相关。这种与样品形状、尺寸有关的磁阻效应称为几何磁阻效应，如图 6.2.12 所示。

长方形磁阻器件只有在 $L$(长度)<$W$(宽度)的条件下，才表现出较高的灵敏度。把 $L<W$ 的扁平器件串联起来，就会得到零磁场电阻值较大、灵敏度较高的磁阻器件。图 6.2.11(a)是没有栅格的情况，电流只在电极附近偏转，电阻增加很小。在 $L>W$ 的长方形磁阻材料上面制作许多平行等间距的金属条(即短路栅格)，以短路霍尔电势，这种栅格磁阻器件如图 6.2.11(b)所示，就相当于许多扁条状磁阻串联。所以栅格磁阻器件既增加了零磁场电阻值，又提高了磁阻器件的灵敏度。

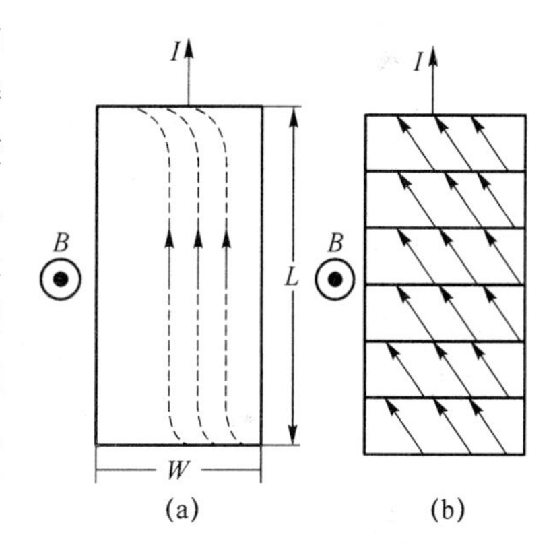

图 6.2.12 几何磁阻效应

常用的磁阻元件有半导体磁阻元件和强磁磁阻元件，其内部有制作成半桥或全桥等多种形式。

**2. 磁阻元件的主要特性**

(1) 灵敏度特性

磁阻元件的灵敏度特性是用在一定磁场强度下的电阻变化率来表示，即磁场—电阻特性的斜率，常用 $K$ 表示，单位为 mV/mA · kg，即 Ω · kg。在运算时常用 $R_B/R_0$ 求得，$R_0$ 表示无磁场情况下磁阻元件的电阻值，$R_B$ 为在施加 0.3 T 磁感应强度时磁阻元件表现出来的电阻值。这种情况下，一般磁阻元件的灵敏度大于 2.7。

(2) 磁场—电阻特性

图 6.2.13 中显示的是强磁磁阻元件的磁场—电阻特性曲线。

从图 6.2.13 中可以看出，随着磁场的增加，电阻值减少。在磁通密度达数十到数百高斯时会饱和，一般电阻变化为百分之几。

(3) 电阻—温度特性

图 6.2.14 中是一般半导体磁阻元件的电阻—温度特性曲线。从图中可以看出，半导

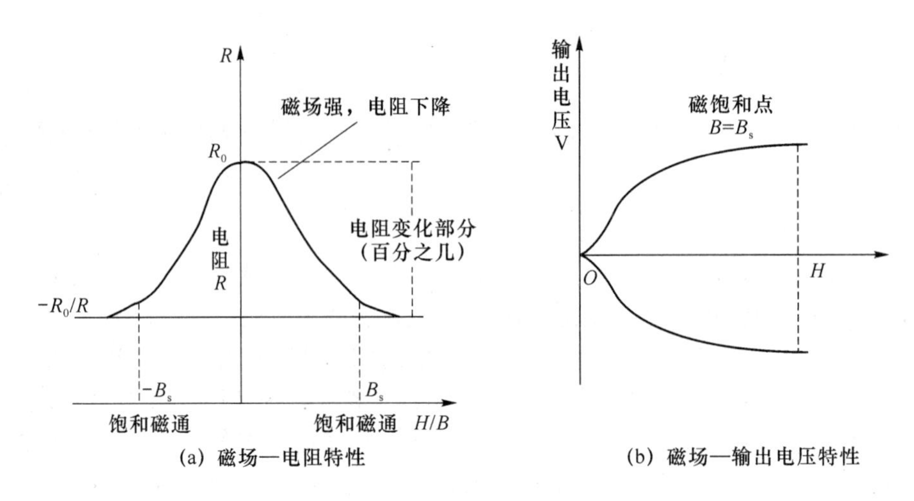


图 6.2.13 强磁磁阻元件的磁场—电阻特性

体磁阻元件的温度特性不好。图中的电阻值在 35 ℃的变化范围内减小了 1/2。因此，在应用时，一般都要设计温度补偿电路。

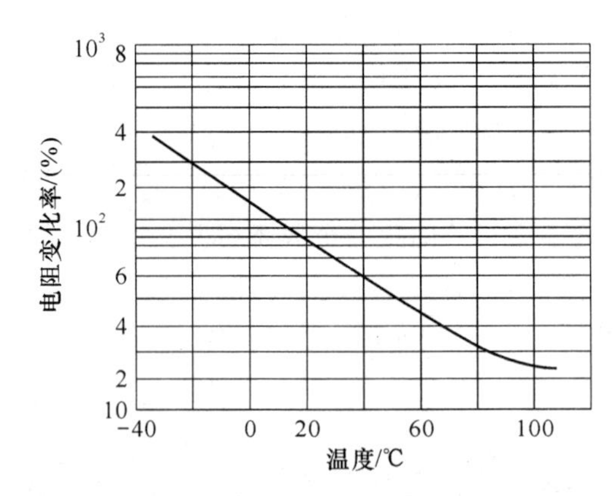


图 6.2.14 半导体元件的电阻—温度特性

**3. 磁敏电阻的基本应用电路**

图 6.2.15 是磁敏电阻应用的基本电路。

图 6.2.15(a)是一个磁敏电阻的应用电路，磁敏电阻 $R_M$ 与电阻 RP 串联再接到电源 $E_b$ 上，RP 是用于取出信号的电阻，流经 $R_M$ 的电流 $I_M$ 通过电阻 RP 变为电压，此电压就是输出电压 $V_M$，即为

$$U_M = I_M \mathrm{RP} = \frac{\mathrm{RP}}{\mathrm{RP} + R_M} E_b \tag{6.2.8}$$

图 6.2.15(b)是两个磁敏电阻 $R_{M1}$ 和 $R_{M2}$ 串联连接的电路结构，从两个磁敏电阻串联连接的中点得到输出信号。两个电路基本相同，但图 6.2.15(b)所示电路有温度补偿作用。这种结构具有分压器作用，因此作为非接触式磁性分压器在与机电有关的机构中广泛采用。

**4. 磁敏电阻的应用实例**

磁敏电阻可以用来作为电流传感器、磁敏接近开关、角速度/角位移传感器、磁场传感

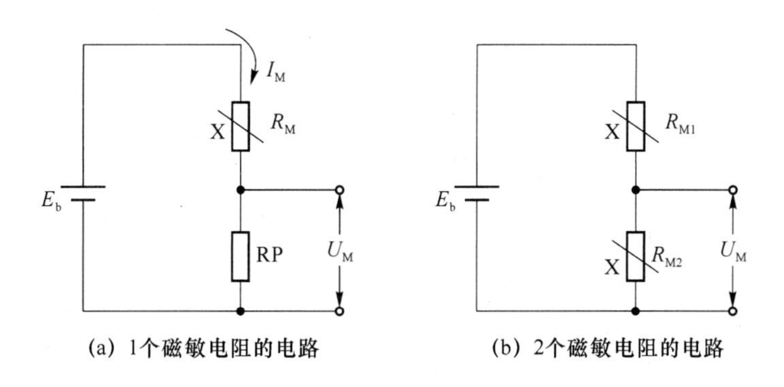


(a) 1个磁敏电阻的电路　　(b) 2个磁敏电阻的电路

图 6.2.15　磁敏电阻的基本应用电路

器等，可用于开关电源、UPS、变频器、伺服马达驱动器、家庭网络智能化管理、电子仪器仪表、工业自动化、智能机器人、机床、断路器、家用电器、医疗设备、地磁场的测量以及探矿等方面。

(1) 磁敏传感器电路

图 6.2.16 是采用 FP212L100 磁敏电阻的磁敏传感器电路，电路中采用两个磁敏电阻进行温度补偿。$R_{M1}$ 和 $R_{M2}$ 与电阻接成桥式电路，RP 用于调整零磁场时的漂移。

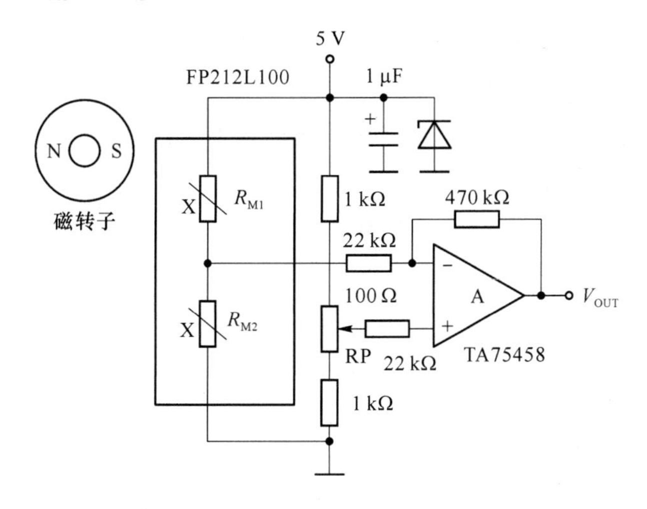


图 6.2.16　磁敏传感器电路

(2) 磁图形检测电路

图 6.2.17 是磁图形检测电路，采用 BS051HFAA 作为图形识别传感器，运放 TA75458 作为放大器。

图形识别传感器的处理信号一般极其微弱，因此需要接高放大倍数的放大器。这时磁敏电阻有较大零点漂移，采用直流放大器不太合适，根据其要求采用专用的交流放大器。磁敏电阻的输出信号可经电容耦合的多级放大器进行放大，获得所需的电压信号。磁图形检测电路可应用于自动售货机等设备中。

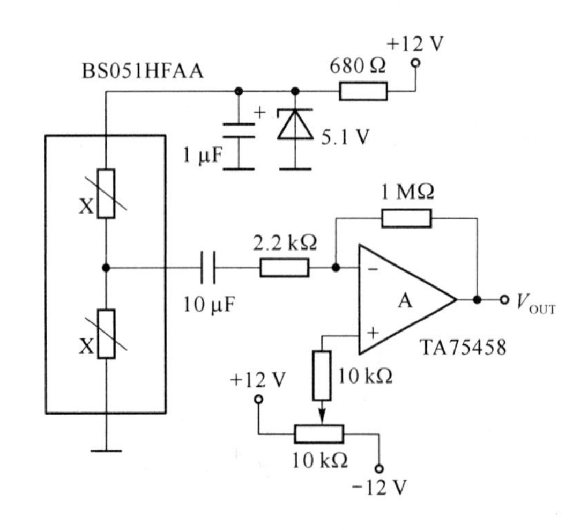


图 6.2.17　磁图形检测电路

# 课后习题

6.1　什么是霍尔效应？

6.2　什么是不等位电势？其产生原因及补偿办法是什么？

6.3　推导在霍尔元件测量电路中的负载电阻取值，使其能完成霍尔元件的温度补偿。

6.4　掌握霍尔元件在测量位移、转速中的应用特点。

# 第7章　气体、声音及味觉检测

## 7.1　气敏传感器

### 7.1.1　概述

气敏传感器是用来检测气体类别、浓度和成分的传感器。它将气体种类及其浓度等有关的信息转换成电信号，根据这些电信号的强弱便可获得与待测气体在环境中存在情况有关的信息。气敏传感器主要用于工业上天然气、煤气、石油化工等部门的易燃、易爆、有毒、有害气体的监测、预报和自动控制。

**1. 气敏传感器的性能要求**

气敏传感器是暴露在各种成分的气体中使用的，由于检测现场温度、湿度的变化很大，又存在大量粉尘和油雾等，所以其工作条件较恶劣，而且气体对传感元件的材料会产生化学反应物附着在元件表面，使其性能变差。因此，对气敏元件有下列要求。

（1）对被测气体具有较高的灵敏度。

（2）对被测气体以外的共存气体或物质不敏感。

（3）性能稳定，重复性好。

（4）动态特性好，对检测信号响应迅速。

（5）使用寿命长。

（6）制造成本低，使用与维护方便等。

**2. 气敏传感器的分类**

由于气体种类繁多，性质各不相同，不可能用一种传感器检测所有类别的气体，因此能实现气—电转换的传感器种类很多，如表7.1.1所示。

**表7.1.1　气敏传感器的分类**

| 类型 | 原理 | 检测对象 | 特点 |
|---|---|---|---|
| 半导体式 | 若气体接触到加热的金属氧化物（$SnO_2$、$Fe_2O_3$、$ZnO_2$ 等），电阻值会增大或减小 | 还原性气体、城市排放气体、丙烷气等 | 灵敏度高，构造与电路简单，但输出与气体浓度不成比例 |

续 表

| 类型 | 原理 | 检测对象 | 特点 |
|---|---|---|---|
| 接触燃烧式 | 可燃性气体接触到氧气就会燃烧，使得作为气敏材料的铂丝温度升高，电阻值相应增大 | 燃烧气体 | 输出与气体浓度成比例，但灵敏度较低 |
| 化学反应式 | 利用化学溶剂与气体反应产生的电流、颜色、电导率的增加等 | CO、$H_2$、$CH_4$、$C_2H_5OH$、$SO_2$ 等 | 气体选择性好，但不能重复使用 |
| 光干涉式 | 利用与空气的折射率不同而产生的干涉现象 | 与空气折射率不同的气体，如 $CO_2$ 等 | 寿命长，但选择性差 |
| 热传导式 | 根据热传导率差而放热的发热元件的温度降低进行检测 | 与空气热传导率不同的气体，如 $H_2$ 等 | 构造简单，但灵敏度低，选择性差 |
| 红外线吸收散射式 | 由于红外线照射气体分子谐振而吸收或散射量进行检测 | CO、$CO_2$ 等 | 能定性测量，但装置大，价格高 |

按构成气敏传感器材料可分为半导体和非半导体两大类。目前实际使用最多的是半导体气敏传感器。

### 7.1.2 半导体式气敏传感器

半导体式气敏传感器是利用半导体气敏元件同气体接触，造成半导体的电导率等物理性质发生变化的原理来检测特定气体的成分或者浓度。气敏电阻的材料主要是金属氧化物半导体，其中 P 型如氧化钴、氧化铅、氧化铜、氧化镍等，N 型如氧化锡、氧化铁、氧化锌、氧化钨等。合成材料有时还渗入了催化剂，如钯(Pd)、铂(Pt)、银(Ag)等。

**1. 半导体式气敏传感器的分类**

按照半导体与气体相互作用时产生的变化只限于半导体表面或深入到半导体内部，可分为表面控制型和体控制型。表面控制型：半导体表面吸附的气体与半导体间发生电子接触，结果使半导体的电导率等物理性质发生变化，但内部化学组成不变；体控制型：半导体与气体的反应使半导体内部组成发生变化，从而使电导率变化。

按照半导体变化的物理特性，又可分为电阻型和非电阻型。电阻型半导体气敏元件是利用敏感材料接触气体时，其阻值变化来检测气体的成分或浓度；非电阻型半导体气敏元件是利用其他参数，如二极管伏安特性和场效应晶体管的阈值电压变化来检测被测气体的。表 7.1.2 为半导体气敏元件的分类。

表 7.1.2　半导体气敏元件的分类

| | 主要物理特性 | 类型 | 检测气体 | 气敏元件 |
|---|---|---|---|---|
| 电阻型 | 电阻 | 表面控制型 | 可燃性气体 | $SnO_2$、ZnO 等的烧结体、薄膜、厚膜 |
| | | 体控制型 | 酒精<br>可燃性气体<br>氧气 | 氧化镁，$SnO_2$<br>氧化钛(烧结体)<br>T-$Fe_2O_3$ |
| 非电阻型 | 二极管整流特性 | 表面控制型 | 氢气<br>一氧化碳<br>酒精 | 铂—硫化镉<br>铂—氧化钛<br>(金属—半导体结型二极管) |
| | 晶体管特性 | | 氢气、硫化氢 | 铂栅、钯栅 MOS 场效应管 |

### 2. 电阻型半导体气敏材料的导电机理

电阻型半导体气敏材料是利用气体在半导体表面的氧化还原反应导致敏感元件阻值变化而制成的。半导体气敏材料吸附气体的能力很强。当半导体器件被加热到稳定状态，在气体接触半导体表面而被吸附时，被吸附的分子首先在表面自由扩散，失去运动能量，一部分分子被蒸发掉，另一部分残留分子产生热分解而固定在吸附处(化学吸附)。

当半导体的功函数小于吸附分子的亲和力时，吸附分子将从器件夺得电子而变成负离子吸附，半导体表面呈现电荷层。氧气等具有负离子吸附倾向的气体被称为氧化型气体或电子接收性气体。

如果半导体的功函数大于吸附分子的离解能，吸附分子将向器件释放出电子，从而形成正离子吸附。具有正离子吸附倾向的气体有石油蒸气、酒精蒸汽、甲烷、乙烷、煤气、天然气、氢气等。它们被称为还原型气体或电子供给性气体，也就是在化学反应中能给出电子、化学价升高的气体，多数属于可燃性气体。

当氧化型气体吸附到 N 型半导体($SnO_2$、ZnO)上，还原型气体吸附到 P 型半导体($CrO_3$)上时，半导体载流子减少，而使电阻值增大。当还原型气体吸附到 N 型半导体上，氧化型气体吸附到 P 型半导体上时，载流子增多，使半导体电阻值下降。

金属氧化物在常温下是绝缘的，制成半导体后却显示气敏特性。该类气敏元件通常工作在高温状态(200～450 ℃)，目的是为了加速上述的氧化还原反应。

### 3. 半导体气敏传感器的类型及结构

半导体气敏传感器的主要类型有烧结型气敏器件、薄膜型气敏器件、厚膜型气敏器件等。其中烧结型气敏元件是目前工艺最成熟、应用最广泛的元件。

(1) 烧结型气敏器件

烧结型气敏器件的制作是将一定比例的敏感材料($SnO_2$、ZnO 等)和一些掺杂剂(Pt、Pb 等)用水或黏合剂调和，经研磨后使其均匀混合，然后将混合好的膏状物倒入模具，埋入加热丝和测量电极，经传统的制陶方法烧结，最后将加热丝和电极焊在管座上，加上特制外壳就构成了器件，如图 7.1.1 所示。

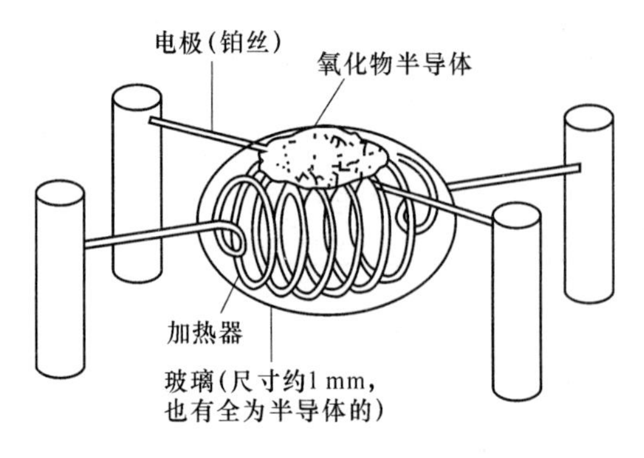


图 7.1.1 烧结型气敏器件

这种半导体陶瓷简称半导瓷,内部的晶粒直径为 1 μm 左右,晶粒的大小对电阻有一定影响,但对气体检测灵敏度则无很大的影响。烧结型器件制作方法简单,器件寿命长;但由于烧结不充分,器件机械强度不高,电极材料较贵重,电性能一致性较差,因此应用受到一定限制。

气敏元件工作时必须加热,其目的是:加速被测气体的吸附、脱出过程;烧去气敏元件的油垢或污垢物,起清洗作用;控制不同的加热温度能对不同的被测气体有选择作用。加热温度与元件输出的灵敏度有关,一般加热温度为 200～400 ℃。

该类器件分为两种结构:直热式和旁热式。

直热式器件是将加热丝、测量丝直接埋入 $SnO_2$ 或 ZnO 等粉末中烧结而成的,工作时加热丝通电,测量丝用于测量器件阻值。国产 QN 型和日本 TGS109 型气敏传感器均属此类结构。优点是制造工艺简单、成本低、功耗小,可以在高电压回路下使用。缺点是热容量小,易受环境气流的影响;测量电路与加热电路之间相互干扰,影响其测量参数;加热丝在加热与不加热两种情况下产生的膨胀与冷缩容易造成器件接触不良。

旁热式气敏器件是把高阻加热丝放置在陶瓷绝缘管内,在管外涂上梳状金电极,再在金电极外涂上气敏半导体材料,就构成了器件,如图 7.1.2 所示。

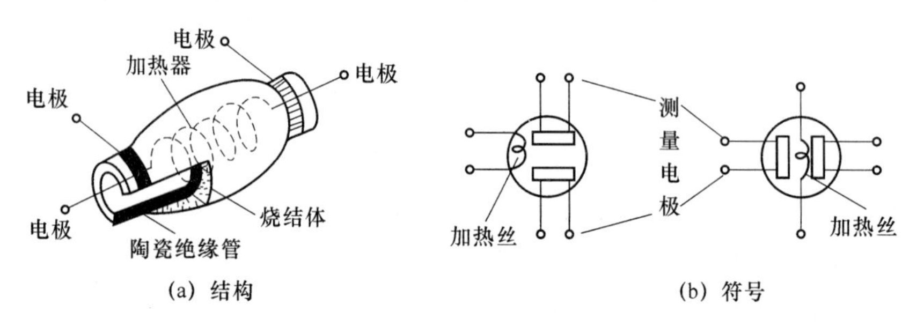


图 7.1.2 旁热式气敏器件的结构和符号

旁热式气敏器件克服了直热式结构的缺点,使测量极和加热极分离,而且加热丝不与气敏材料接触,避免了测量回路和加热回路的相互影响,器件热容量大,降低了环境温度对器件加热温度的影响,所以这类结构器件的稳定性、可靠性都较直热式器件好,目前国产 QM-N5 型和日本 TGS812、813 型等气敏传感器都采用这种结构。

(2) 薄膜型气敏器件

采用蒸发或溅射的方法,在处理好的石英基片上形成一薄层金属氧化物薄膜(如 $SnO_2$、ZnO 等),再引出电极。实验证明,$SnO_2$ 和 ZnO 薄膜的气敏特性较好。优点是灵敏度高、响应迅速、机械强度高、互换性好、产量高、成本低等,如图 7.1.3 所示。

(3) 厚膜型气敏器件

厚膜型气敏器件是将 $SnO_2$ 和 ZnO 等材料与 3%～15%重量的硅凝胶混合制成能印刷的厚膜胶，把厚膜胶用丝网印制到装有铂电极的氧化铝绝缘基片上，在 400～800 ℃高温下烧结 1～2 小时制成的，如图 7.1.4 所示。优点是一致性好、机械强度高，适于批量生产。

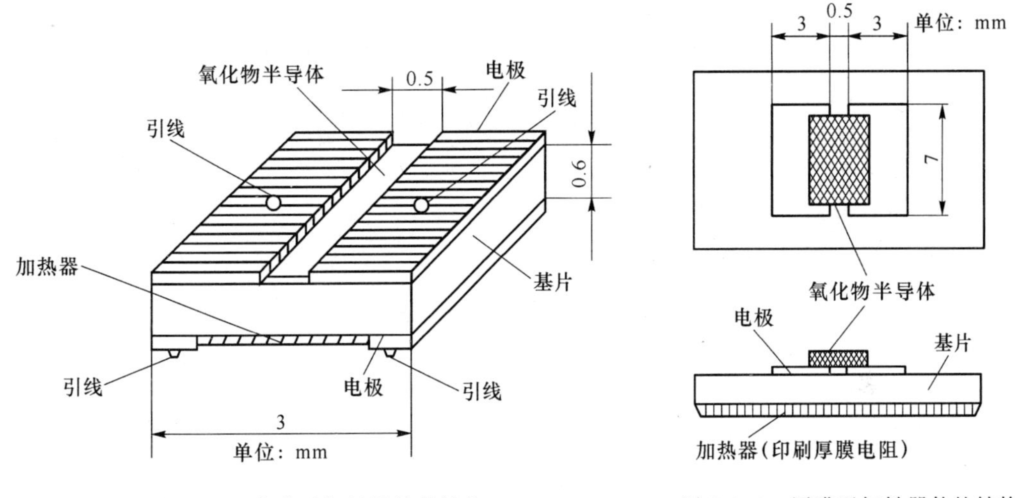


图 7.1.3　薄膜型气敏器件的结构　　图 7.1.4　厚膜型气敏器件的结构

这些器件全部附有加热器，它的作用是将附着在敏感元件表面上的尘埃、油雾等烧掉，加速气体的吸附，从而提高器件的灵敏度和响应速度。加热器的温度一般控制在 200～400 ℃。

**4. $SnO_2$ 气敏元件的特点**

电阻型半导体气敏元件的优点是工艺简单，价格便宜，使用方便；气体浓度发生变化时响应迅速；即使是在低浓度下，灵敏度也较高。缺点是稳定性差，老化较快，气体识别能力不强，各器件之间的特性差异较大。$SnO_2$ 是常见的电阻型半导体气敏元件，其特性如下。

(1) 灵敏度特性

在气敏材料 $SnO_2$ 中添加铂(Pt)或钯(Pd)等作为催化剂，可以提高其灵敏度和对气体的选择性。添加剂的成分和含量、元件的烧结温度和工作温度都将影响元件的选样性。

(2) $SnO_2$ 材料的物理、化学稳定性较好，与其他类型气敏元件(如接触燃烧式气敏元件)相比，$SnO_2$ 气敏元件寿命长、稳定性好、耐腐蚀性强。

(3) $SnO_2$ 气敏元件对气体检测是可逆的，而且吸附、脱附时间短，可连续长时间使用。

(4) 元件结构简单，成本低，可靠性较高，机械性能良好。

(5) 对气体检测不需要复杂的处理设备。可将待检测气体浓度直接转变为电信号，信号处理电路简单。

影响 $SnO_2$ 气敏效应的主要因素如下。

(1) $SnO_2$ 结构组成对气敏效应的影响

用于制作气敏元件的 $SnO_2$ 一般都是偏离化学计量比的,在 $SnO_2$ 中有氧空位或锡间隙原子。这种结构缺陷直接影响气敏器件的特征。一般来说,$SnO_2$ 中氧空位多,气敏效应明显。

(2) $SnO_2$ 中的添加物对气敏效应的影响

$SnO_2$ 中的添加物质对其气敏效应有明显影响。表 7.1.3 列出了具有不同添加物质的 $SnO_2$ 气敏元件的气敏效应。

(3) 烧结温度和加热温度对气敏效应的影响

制作元件的烧结温度和元件工作时的加热温度对其气敏性能有明显影响。因此,利用元件这一特性可进行选择检测。

(4) $SnO_2$ 气敏元件易受环境温度和湿度的影响

由于环境温度、湿度对其特性有影响,所以使用时通常需要加温度补偿。

**表 7.1.3 添加物对 $SnO_2$ 气敏效应的影响**

| 添加物质 | 检测气体 | 使用温度/(℃) |
|---|---|---|
| PdO,Pd | CO,$C_3H_8$ 酒精 | 200~300 |
| Pd,Pt 过渡金属 | CO,$C_3H_8$ | 200~300 |
| $PdCl_2$,$SbCl_3$ | $CH_4$,$C_3H_8$,CO | 200~300 |
| $Sb_2O_3$,$TiO_2$,$TiO_3$ | CO,城市煤气,酒精 | 250~300 |
| $V_2O_5$,Cu | 酒精,丙酮 | 250~400 |
| 稀土类 | 酒精系可燃性气体 | |
| 过渡金属 | 还原性气体 | 250~300 |
| $Sb_2O_3$,$Bi_2O_3$ | 还原性气体 | 500~800 |
| 高岭土、$Bi_2O_3$ | 碳氢系还原性气体 | 200~300 |

**5. 气敏传感器的主要参数及特性**

(1) 电阻 $R_0$ 和 $R_s$

固有电阻 $R_0$ 表示气敏元件在正常空气条件下(或洁净条件下)的阻值,又称正常电阻。工作电阻 $R_s$ 代表气敏元件在一定浓度的检测气体中的阻值。

(2) 灵敏度 $K$

气敏元件的灵敏度通常用气敏元件在一定浓度的检测气体中的电阻与正常空气中的电阻之比来表示。

(3) 气敏元件的响应时间

响应时间表示在工作温度下,气敏元件对被测气体的响应速度。一般从气敏元件与一定浓度的被测气体接触时开始计时,直到气敏元件的阻值达到在此浓度下的稳定电阻值的 63%时为止,所需时间称为气敏元件在此浓度下的被测气体中的响应时间。

(4) 气敏元件的恢复时间

在工作温度下,被测气体由该元件上解除吸附的速度,一般从气敏元件脱离被测气体时开始计时，直到其阻值恢复到在洁净空气中阻值的 63%时所需时间。

(5) 加热电阻 $R_H$ 和加热功率 $P_H$

为气敏元件提供工作温度的加热器电阻称为加热电阻，用 $R_H$ 表示。气敏元件正常工作所需要的功率称为加热功率，用 $P_H$ 表示。

(6) 洁净空气电压

在洁净空气中，气敏元件负载电阻上的电压定义为洁净空气电压，用 $U_0$ 表示。

(7) 标定气体中的电压

$SnO_2$ 气敏元件在不同气体、不同浓度条件下，其阻值将发生相应变化。因此，为了给出元件的特性，一般总是在一定浓度的气体中进行测度标定，因此把这种气体称为标定气体。例如，QM-N5 气敏元件用 0.1%丁烷（空气稀释）为标定气体，TGS813 气敏元件用 0.1%甲烷（空气稀释）为标定气体等。在标定气体中，气敏元件的负载电阻上的电压稳定值称为标定气体中的电压，用 $U_{cs}$表示。

(8) 电压比

电压比表示气敏元件对气体的敏感特性，与气敏元件灵敏度相关。它的物理意义可用下式表示：

$$K_u = \frac{U_{c1}}{U_{c2}} \tag{7.1.1}$$

式中，$U_{c1}$和 $U_{c2}$为气敏元件在接触浓度为 $c_1$ 和 $c_2$ 的标定气体时，负载电阻上电压的稳定值。

(9) 回路电压

测试 $SnO_2$ 气敏元件的测试回路所加电压称为回路电压，用 $U_c$ 表示。这个电压对测试和使用气敏器件很有实用价值。根据此电压值，可以选负载电阻，并对气敏元件输出的信号进行调整。对旁热式 $SnO_2$ 气敏元件，一般取 $U_c=10$ V。

**6. 非电阻型半导体气敏传感器**

非电阻型气敏器件也是半导体气敏传感器之一。它是利用 MOS 二极管的电容—电压特性的变化以及 MOS 场效应晶体管（MOSFET）的阈值电压的变化等物性而制成的气敏元件。由于这类器件的制造工艺成熟，便于器件集成化，因而其性能稳定且价格便宜。利用特定材料还可以使器件对某些气体特别敏感。

(1) MOS 二极管气敏传感器

在 P 型半导体硅芯片上，采用热氧化工艺生成一层厚度为 50～100 nm 的 $SiO_2$ 层，然后再在其上蒸镀一层钯金属薄膜作为栅电极，如图 7.1.5 所示。

由于 $SiO_2$ 层电容 $C_{ax}$ 是固定不变的，Si—$SiO_2$ 界面电容 $C_x$ 是外加电压的函数，所以总电容 $C$ 是栅极偏压 $U$ 的函数，其函数关系称为 MOS 管的电容—电压特性（即 $C$—$U$ 特性）。

当传感器工作时，钯在吸附 $H_2$ 气体后，会使钯的功函数降低，从而引起 MOS 管的 $C$—$U$ 特性向负偏压方向平移，如图 7.1.6 所示，由此可测定 $H_2$ 浓度。

(2) Pd-MOSFET 气敏传感器

Pd-MOSFET 气敏传感器是利用 MOS 场效应晶体管（MOSFET）的阈值电压随被测气体变化而变化的原理制成的气敏器件。

Pd-MOSFET 与普通 MOSFET 的主要区别是采用钯(Pd)薄膜取代铝(Al)膜作为栅极,并将沟道的宽长比($W/L$)增大到 50～100,所以又称为钯栅场效应晶体管,其结构如图 7.1.7 所示。

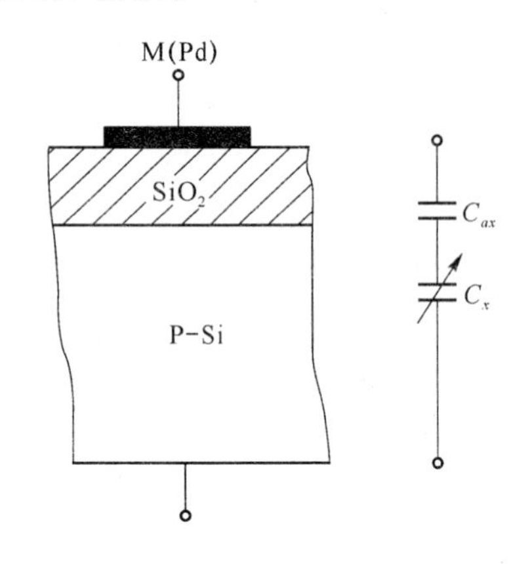


图 7.1.5　MOS 二极管气敏结构和等效电路

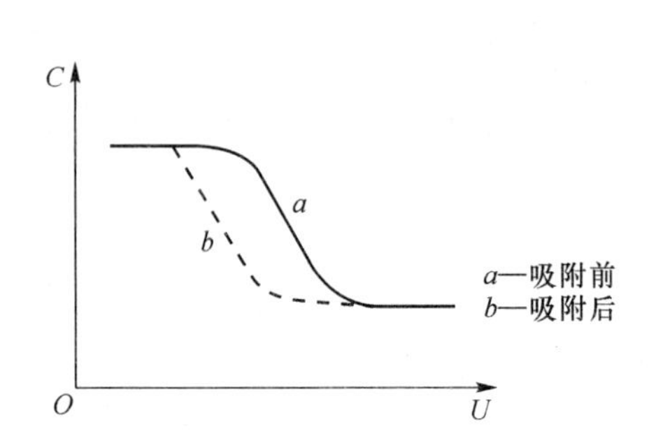


图 7.1.6　MOS 二极管气敏 $C$—$U$ 特性

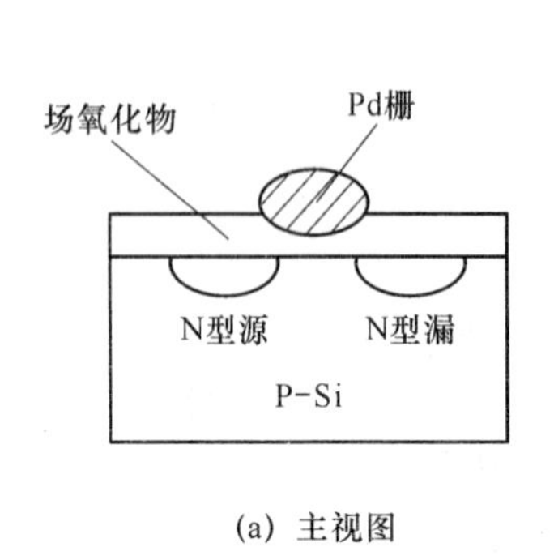


(a) 主视图

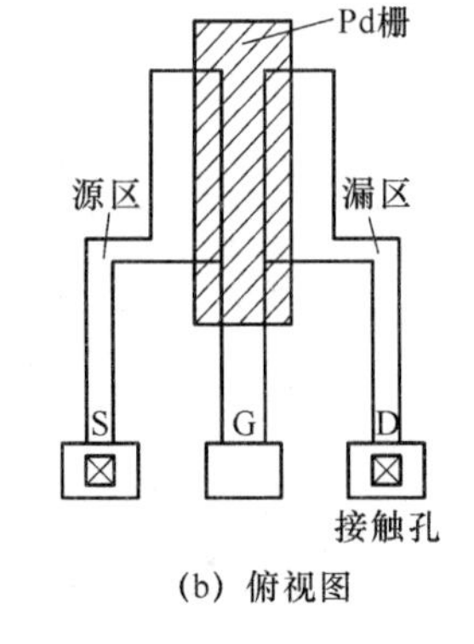


(b) 俯视图

图 7.1.7　Pd-MOSFET 气敏器件的结构示意图

由于 Pd 对 $H_2$ 有很强的吸附性,当 $H_2$ 吸附在 Pd 栅极上时,会引起 Pd 的功函数降低。由 MOSFET 工作原理可知,当栅极(G)、源极(S)之间加正向偏压 $U_{GS}$,且 $U_{GS}>U_T$(阈值电压)时,则栅极氧化层下面的硅从 P 型变为 N 型。这个 N 型区就将源极和漏极连接起来,形成导电通道,即为 N 型沟道。此时,MOSFET 进入工作状态。若在源(S)漏(D)极之间加电压 $U_{DS}$,则源极和漏极之间有电流($I_{DS}$)流通。$I_{DS}$随 $U_{DS}$和 $U_{GS}$的大小而变化,其变化规律即为 MOSFET 的伏安特性。当 $U_{GS}<U_T$ 时,MOSFET 的沟道未形成,故无漏源电流。$U_T$ 的大小除了与衬底材料的性质有关外,还与金属和半导体之间的功函数有关。Pd-MOSFET 气敏器件就是利用 $H_2$ 在钯栅极上吸附后引起阈值电压 $U_T$ 下降这一特性来检测 $H_2$ 浓度的。

## 7.1.3　气敏传感器的应用

半导体气敏传感器由于具有灵敏度高、响应时间和恢复时间快、使用寿命长以及成本低等优点，从而得到了广泛的应用。按其用途可分为以下几种类型。

① 检漏仪或探测器：利用气敏元件的气敏特性，将其作为电路中气—电转换元件，配以相应的电路、指示仪表或声光显示部分而组成的气体探测仪器。这类仪器通常都要求有高灵敏度。

② 报警器：对泄漏气体达到危险限值时自动进行报警。

③ 自动控制仪器：利用气敏元件的气敏特性实现电气设备自动控制，如电子灶烹调自动控制、换气扇自动换气控制等。

④ 测试仪器：利用气敏元件与不同气体浓度的关系来测量、确定气体的种类和浓度。这种应用对气敏元件的性能要求较高，测试部分也要配以高精度测量电路。

气敏传感器广泛应用于防灾报警，如可制成液化石油气、城市煤气以及有毒气体等方面的报警器，也可用于对大气污染进行检测，在生活中则可用于烹饪控制、酒精浓度探测等方面。半导体气敏传感器常见的检测气体如表 7.1.4 所示。

**表 7.1.4　半导体气敏传感器的各种检测对象气体**

| 分类 | 检测对象气体 | 应用场所 |
|---|---|---|
| 爆炸性气体 | 液化石油气、城市用煤气<br>甲烷<br>可燃性煤气 | 家庭<br>煤矿<br>办事处 |
| 有毒气体 | 一氧化碳（不完全燃烧的煤气）<br>硫化氢、含硫的有机化合物<br>卤素、卤化物、氨气等 | 煤气灶<br>（特殊场所）<br>（特殊场所） |
| 环境气体 | 氧气（防止缺氧）<br>二氧化碳（防止缺氧）<br>水蒸气（调节温度、防止结露）<br>大气污染（$SO_x$、$NO_x$）等 | 家庭、办公室<br>家庭、办公室<br>电子设备、汽车<br>温室 |
| 工业气体 | 氧气（控制燃烧、调节空气燃料比）<br>一氧化碳（防止不完全燃烧）<br>水蒸气（食品加工） | 发电机、锅炉<br>发电机、锅炉<br>电炊灶 |
| 其他 | 呼出气体中的酒精、烟等 | |

### 1. 家用煤气、液化石油气泄漏报警器

家用煤气、液化石油气泄漏报警器有不少型号可供选择。图 7.1.8 所示为一种简单、廉价的家用煤气、液化石油气报警器电路。

该电路能承受较高的交流电压，因此可直接由 220 V 市电供电，且不需要再加复杂的放大电路就能驱动蜂鸣器来报警。由该电路的组成可见，蜂鸣器与气敏传感器 QM-N6 的等效电阻构成了简单串联电路，当气敏传感器探测到泄漏气体（如煤气、液化石油气）时，随着气体浓度的增大，气敏传感器 QM-N6 的等效电阻降低，回路电流增大，超过危险的浓度时，蜂鸣器发声报警。

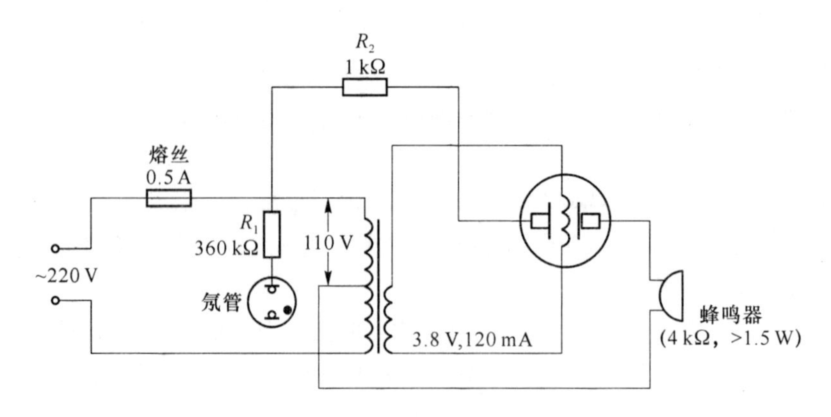


图 7.1.8 家用煤气、液化石油气报警电路

**2. 可燃气体泄漏报警器**

图 7.1.9 为可燃气体泄漏报警电路，电路中采用 TGS813 气敏传感器。

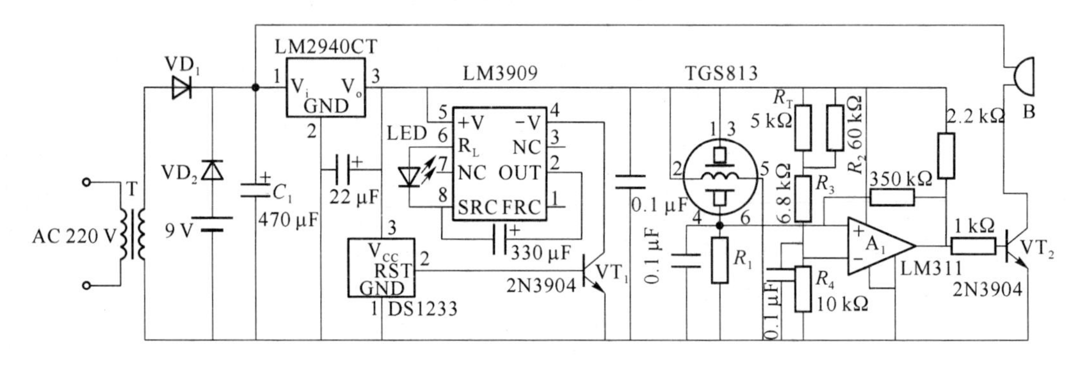


图 7.1.9 可燃气体泄漏报警电路

本电路采用交直流供电方式，9 V 电池为备用电源，交流 220 V 经变压器降压、$VD_1$ 整流和 $C_1$ 滤波为电路提供工作电压。LM2940CT 低耗稳压器为电路提供稳定工作电压。TGS813 和 $R_1$ 组成气体浓度检测电路，$R_1$ 为厂家校准电阻，其输出接到比较器 $A_1$ 的同相输入端。$R_T$ 为温度补偿电阻，它与 $R_2$、$R_3$ 和 $R_4$ 决定比较器 $A_1$ 反相输入端的参考电压。当气体浓度超出设定值时，$A_1$ 输出高电平，晶体管 $VT_2$ 导通，蜂鸣器 B 发出报警声。其中 LM3909 和 LED 构成指示电路，电压监测器 DS1233 用于监测 LM2940CT 的输出电压，当 LM2940CT 的输出电压低于 4.75 V 时，DS1233 输出低电平，晶体管 $VT_1$ 截止，LED 熄灭，表明供电电压异常。

**3. 防止酒后开车控制器**

图 7.1.10 为防止酒后开车控制器原理图。

图中 QM-$J_1$ 为酒精气敏元件，5G1555 为集成定时器。若驾驶员没有喝酒，在驾驶室合上开关 S，此时气敏器件的阻值很高，$V_a$ 为高电平，$V_1$ 为低电平，$V_3$ 为高电平，继电器 $K_2$ 线圈失电，其常闭触点 $K_{2-2}$ 闭合，发光二极管 $VL_1$ 导通，发绿光，能点火起动发动机。若驾驶员喝酒过量，则气敏元件的阻值急剧下降，使 $V_a$ 为低电平，$V_1$ 为高电平，$V_3$ 为低

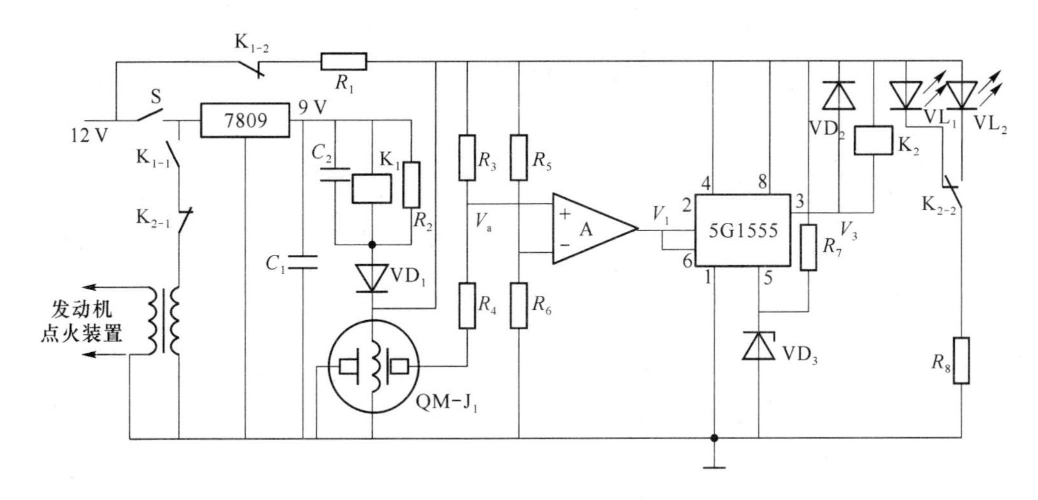


图 7.1.10　防止酒后开车控制器原理图

电平，继电器 $K_2$ 线圈通电，其常开触点闭合，发光二极管 $VL_2$ 导通，发红光，以示警告。同时，常闭触点 $K_{2-1}$ 断开，无法起动发动机。若驾驶员拔出气敏元件，继电器 $K_1$ 线圈失电，其常开触点 $K_{1-1}$ 断开，仍然无法起动发动机。常闭触点 $K_{1-2}$ 的作用是长期加热气敏元件，保证此控制器处于准备工作的状态。

# 7.2　声音检测

声音是空气或其他介质的波动，是物体的撞击、摩擦、运动产生的振动以波的形式向外传播的。根据物体振动所产生波的频率的高低，分为声波和超声波。凡振动频率低于 20 kHz 的声波为普通声波，高于 20 kHz 的声波为超声波。超声波不能被人耳所察觉，但在自然界和普通声波一样可能被听到。

## 7.2.1　概述

声音传感器的作用相当于一个话筒（麦克风），根据物体的振动（比如振动膜）来检测声波。话筒可以设计成压力式、速率式和混合式三种类型。纯压力式话筒是全方向的，无论哪个方向传来的声音对于这类话筒产生的响应都是相同的，这是因为空气压力是无方向量（标量）。与压力式话筒恰好相反，速率式话筒是有方向的，根据声音的方向不同存在最大响应。无论是压力式话筒还是速率式话筒，更多的是从结构设计角度考虑，而与声音检测方法无关。比如，如果振动膜的两侧都是开放的，则它将主要受空气速率的影响；如果振荡膜仅一侧是开放的，则它将主要受压力的影响。在话筒中，可以利用不同形式的振动膜构成各种形式的检测系统。

### 1. 变磁阻式（或动铁式）话筒

有一种十分常见的检测系统称为变磁阻式（或动铁式）话筒，如图 7.2.1 所示。

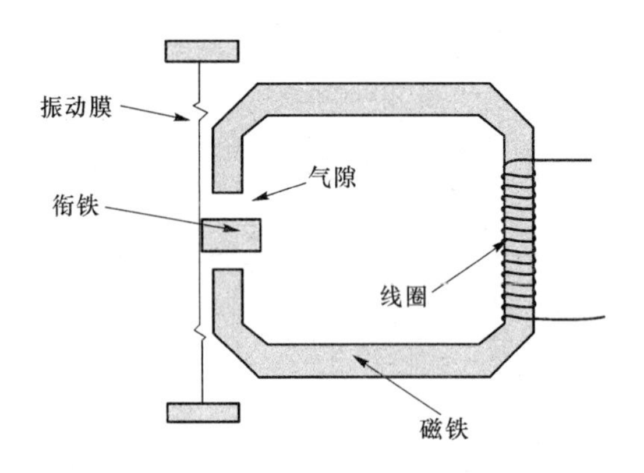


图 7.2.1　变磁阻式(或动铁式)话筒

在该检测系统中,振动膜上装载一块软磁衔铁,并且该衔铁可以在两磁极之间运动。衔铁的运动将改变磁通,从而使磁铁上缠绕的线圈产生感应电压。如果气隙和衔铁的形状设计合理,则输出感应电压具有很好的线性度。输出电压的大小约为 50 mV,电路阻抗为几百欧,对于话筒而言,该阻抗是相当大的阻抗。

**2. 动圈式话筒**

动圈式话筒由强力磁铁和附着在振动膜上小型线圈组成,其阻抗极低,如图 7.2.2 所示。

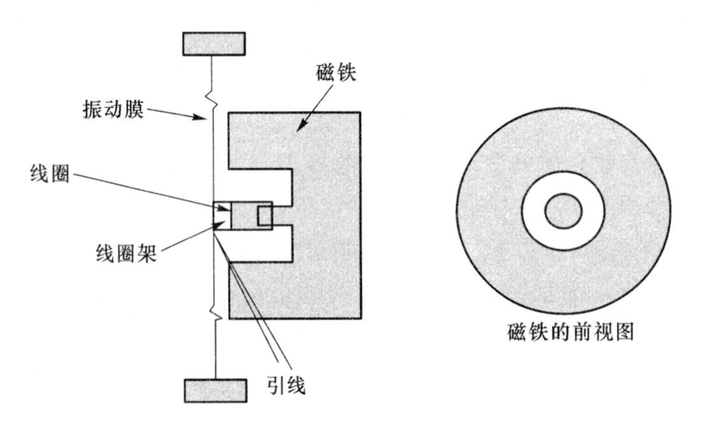


图 7.2.2　动圈式话筒

与变磁阻式话筒相比,这类话筒不易拾取杂声,然而其输出电压很低,仅为几毫伏。带式话筒是一种更加专业的话筒,它将振动膜和线圈整合在一条窄金属条中,并放置在卡形磁铁的两个磁极之间。其输出电压和阻抗都很低,一般这种话筒都内建变压器或前置放大器。带式话筒具有很好的方向性,广泛应用于嘈杂场合的广播系统中。压电式话筒将振动膜与压电晶体相连接,也可以制成声波直接作用晶体的结构形式,其阻抗很高且输出电压也很高。压电式话筒是一种十分有效的声音检测器,但因其线性度差、易产生失真而极少用于录音或广播系统中。电容式话筒一直被认为是一种高质量的录音话筒,它是将电容器的一个极板作为振动膜。当振动膜振动时,两极板之间的电容值将发生改变,如果电容器经大电阻将一极板连接在电压源进行极化,则极板的电压将随声波的幅度变化,从而输出电压信号。电容式话筒的阻抗极高并且输出电压低，早期的电容式话筒一直被人们予以高度重视，但由于其阻抗高并且需要极化电压等问题，许多制造商不得不选用其他类型的话筒。

### 3. 驻极体话筒

驻极体的使用使电容式话筒的开发再次恢复了生机。对于电容式话筒而言，驻极体相当于永磁体，其中存在永久的静电荷。这使电容式话筒可以去掉极化电压，电容式话筒可以直接由一块驻极体材料(一侧镀金属膜用于连接引线)和单独的振动膜构成。将 MOSFET 前置放大器与驻极体话筒相结合就可以制造出高质量、低成本的话筒，如图 7.2.3所示。

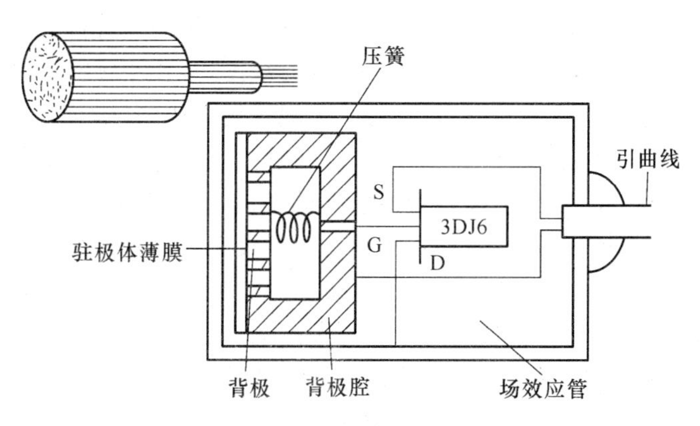


图 7.2.3　驻极体话筒

### 4. 压电陶瓷片

压电陶瓷片是另外一种常用的声音传感器，灵敏度高，结构简单，价格便宜。压电陶瓷是一种人工合成材料，收到外界压力时可以在两面产生电荷，电荷量与压力成正比，这种现象称为压电效应。压电陶瓷还具有逆压电效应，即在外电场作用下，会发生形变。由此，压电陶瓷片可以用作发声元件，例如压电蜂鸣。常用的压电陶瓷片如图 7.2.4 所示。

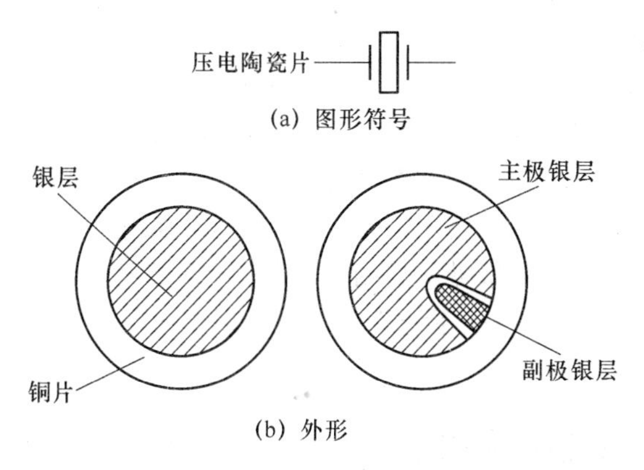


图 7.2.4　压电陶瓷片的符号及外形

### 7.2.2 主要技术指标

声音传感器的技术指标主要包括:灵敏度、频率响应、动态范围、指向性、重复性和几何尺寸等。

灵敏度是声音传感器最重要的技术指标,它是声音传感器的开路输出电压与作用在膜片上的声压之比。已知灵敏度后,只要将声音传感器放在待测区域中的某点,测出传声器在声压作用下的开路电压,就可以求出该点的声压和声压级。

根据作用在膜片上的声压的几种含义,驻极体声音传感器的灵敏度有自由场灵敏度、声压灵敏度和扩散场灵敏度之分。自由场灵敏度是声音传感器输出端的开路电压和置入前所在处的自由声场声压之比。声压灵敏度采用的是作用在声音传感器膜片上的实际电压。同一个声音传感器,声压灵敏度小于自由场灵敏度,且在高频时下降明显。扩散场灵敏度则是指声音传感器受到来自各不同方向、无规则场声压的均匀激励,其输出与声音传感器所处的方位无关。一般情况下,对于自场灵敏度,应使声音传感器的轴向与声波的入射方向一致;对于声压灵敏度,应使声音传感器的轴向与入射方向垂直,否则高频响应就会受到影响;对于扩散场灵敏度,可使用无规则入射校正器以获得良好的全向特性。

声音传感器的尺寸对测量结果也可能产生重要影响。当声音传感器的大小和被测声波的波长可比拟时,声音传感器的置入就会对原声场产生干扰,并有指向性。当波长远远大于声音传感器的尺寸时,这种效应可以忽略。因此从宽频和无向性的使用角度考虑,应选择较小尺寸的声音传感器,但这又和提高灵敏度发生矛盾。因为在一定的声压作用下,增大声音传感器膜片的面积,可以产生较大的电容量变化,从而获得较大的电容量输出。因此需要根据实际需求来对声传感器进行选择。

### 7.2.3 声音传感器的应用方向

声音传感器目前已在地面传感器侦察监视系统中得到广泛应用,其最大优点是分辨力强。如果运动目标是人员,则不仅可以直接听到声音,而且还能根据话音查明其国籍、身份和谈话内容;如果运动目标是车辆,则可根据声响判断车辆种类。例如,美国陆军使用的一种可悬挂在树上的被称为“音响浮标”的装置,探测距离 300～400 m,接近人的听觉范围。

光纤麦克风具有对磁场天然的抗干扰能力,可以应用于核磁共振成像的通信,是唯一在核磁共振成像扫描时可以在病人和医生之间进行通信的麦克风。

音响入侵探测器除了可用于门户的入口控制以外,还可用来监控入侵者出现的区域。其突出优点是可用来鉴别引起报警的原因。此外,声音传感器在汽车防盗及航空探测等方面都有涉及,声音传感器对声呐系统的改进也贡献不小。各式各样的声控开关也大放异彩。

### 7.2.4 声音传感器应用电路

#### 1. 声控开关电路

在白天或光线较亮时,声控开关处于关闭状态,灯不亮。夜间或光线较暗时,声控开关处于预备工作状态。当有人经过该开关附近时，脚步声、说话声、拍手声等均可启动开关，灯亮，延时 40～50 s 后开关自动关闭。电路如图 7.2.5 所示。

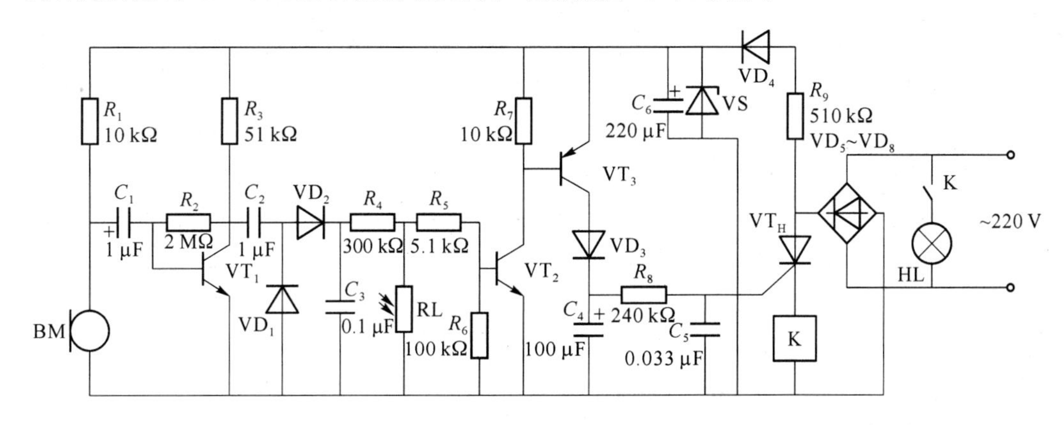


图 7.2.5　声控开关电路

声控节电开关电路由声音传感器、声音信号放大、半波整流、光控、电子开关、延时和交流开关 7 部分电路组成。

声音传感器 BM 和 $VT_1$、$R_1$～$R_3$、$C_1$ 组成声音放大电路。为了获得较高的灵敏度，$VT_1$ 的 $\beta$ 值应大于 100，声音传感器的灵敏度应较高。$R_3$ 不宜过小，否则电路容易产生间歇振荡。

$C_2$、$VD_1$ 和 $VD_2$、$C_3$ 构成整流电路，把声音信号变成直流控制电压。$R_4$、$R_5$ 和光敏电阻器 $R_L$ 组成光控电路。当光照射在 $R_L$ 上时，其阻值变小，直流控制电压衰减很大，$VT_2$ 截止。$VT_2$、$VT_3$ 和 $R_7$、$VD_3$ 组成电子开关。平时有光照时，$VT_2$、$VT_3$ 截止，$C_4$ 上无电压，单向晶闸管 $VT_H$ 截止，灯泡 HL 不亮。在 $VT_H$ 截止时，直流高压经 $R_9$、$VD_4$ 降压后加到 $C_6$ 上端，对 $C_6$ 充电，当充到 12 V 后 VS 击穿确保 $C_6$ 上的电压不超过 15 V。当没有光照射到 $R_L$ 上时，$R_L$ 阻值很大，对直流控制电压衰减很小，$VT_2$、$VT_3$ 导通，$VD_3$ 也导通，$C_4$、$C_5$ 开始充电，电压缓慢上升。$R_L$、$C_4$ 和单向晶闸管 $VT_H$ 组成延时与交流开关。$C_4$ 通过 $R_8$ 将直流触发电压加到 $VT_H$ 的门极，$VT_H$ 导通，继电器线圈 K 得电，串在 HL 支路的继电器常开触点 K 接通，灯泡 HL 点亮。灯泡点亮的时间长短由 $C_4$、$R_8$ 的参数决定，按图中所给出的元器件数值，在灯泡点亮约 40 s 后，$VT_H$ 截止，灯泡熄灭。$C_5$ 为抗干扰电容，用于消除灯泡发光抖动现象。

**2. 声控报警电路**

声控报警电路由声控放大电路、单稳态触发器电路和多谐振荡器组成，如图 7.2.6 所示。声控放大电路由压电陶瓷片 BC、电阻 $R_1$～$R_3$、电容 $C_1$、电位器 RP 和场效应晶体管 VF 组成。单稳态触发器电路由时基集成电路 $IC_1$、电阻 $R_4$ 和电容 $C_3$、$C_5$ 组成。多谐振荡器由时基集成电路 $IC_2$，电阻 $R_5$、$R_6$ 和电容 $C_6$ 组成。

压电陶瓷片 BC 作为声音传感器来检测盗情。在 BC 未检测到声音信号时，单稳态触发器电路处于稳态，$IC_1$ 的 3 脚输出低电平，多谐振荡器不振荡，扬声器不发声。当有人走进 BC 的监控区时，BC 将检测到的声音信号变换为电信号，此信号经 VF 放大后产生触

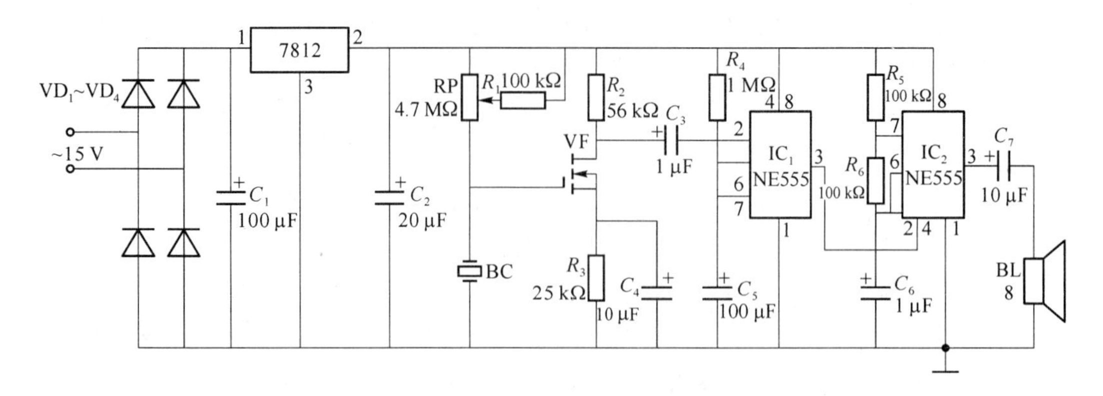


图 7.2.6　声控报警电路

发信号，使单稳态触发器电路受触发而翻转，由稳态变为暂稳态。$IC_1$ 的 3 脚由低电平变为高电平，多谐振荡器振荡工作，蜂鸣器 BL 发出报警声。与此同时，$C_5$ 通过 $IC_1$ 的 7 脚内电路快速放电后，又经 $R_4$ 充电。当 $C_5$ 充电结束后，单稳态触发器电路翻转，恢复为稳态，$IC_1$ 的 3 脚由高电平变为低电平，多谐振荡器停振，蜂鸣器停止发声，报警器又进入警戒状态。调整 RP 的阻值，可改变声控灵敏度。

# 7.3　味觉检测

味觉是可溶性呈味物质溶解在口腔中对味感受体进行刺激后产生的反应。舌头并不是一个光滑均匀的表面，舌头上隆起部位的一个个乳头是最重要的味感受器。在乳头上有味蕾，大部分分布在舌面的乳头上，小部分在软腭、咽后和会厌。每个乳头平均含有2～4 个味蕾，味蕾由味觉细胞和支持细胞组成，各个味蕾中的味觉细胞都有一根味毛(味神经)，经味孔伸入口腔。当呈味物质刺激味毛时，味毛便把这种刺激通过神经纤维向大脑皮层的味觉中枢传递，使人产生味觉。

传统的味觉检测都是品评专家来判断，但是人类鉴别具有很大的主观性，并且会受到身体状况、心情等因素的影响，因此采用科学有效的检测手段是评价味觉的一个必然的发展趋势。

## 7.3.1　概述

研究表明，酸、甜、咸、苦是味感中的四种基本味道，其余都是混合的味觉。许多研究者认为基本味觉和色彩的三原色相似，以不同浓度和比例组合时就形成自然界千差万别的各种味道。除四种基本味觉外，鲜味、辣味和金属味等也列入味觉之列。但是有些学者认为这些不是真正的味觉，而可能是触觉、嗅觉或者是味觉与触觉、嗅觉融合在一起产生的综合反应。

舌的不同部位对味觉分别有不同的敏感性，如舌的前部对甜味最敏感，舌尖和舌边缘对咸味最敏感，靠腮的两边对酸味最敏感，舌根则对苦味最敏感，因此许多食物直至下咽才能感觉到苦味。

一般人对味觉的品评需要把样品含于口中并不咽下，做口腔运动使样品接触整个舌头，仔细辨别味道，然后吐出后用温水漱口。这类工作通常需要训练有素、经验丰富的专家来进行。人的鉴别带有很大的主观性，判断结果随着年龄、性别、识别能力及语言文字表达能力的不同存在相当大的个体差异。即使是同一人员，也随其身体状态、情绪变化的不同产生不同的结果。味觉鉴别是一个品尝过程，因此长期工作对身体健康有一定影响，某些难闻、难喝或令鉴别人员特别敏感的食品，往往得不到仔细的品闻而造成结果有误。人工鉴别的时间不能太长，否则敏感度易减退，甚至丧失殆尽。

目前在人工味觉检测方面运用较多的是人工味觉传感器，也称为电子舌系统，它是20世纪80年代中期发展起来的一种分析、识别液体味道的新型检测手段。

人工味觉传感器主要由传感器阵列和模式识别系统组成，传感器阵列对液体试样作出响应并输出信号，信号经计算机系统进行数据处理和模式识别后，得到反映样品味觉特征的结果。目前运用广泛的生物模拟味觉和味觉传感系统是根据对接触味觉物质溶液的类脂、高聚物膜产生电势差的原理制成的一种多通道味觉传感器，可以部分再现人体对味觉物质引起的味蕾细胞感受器的膜电势的机理，具有很好的仿真效果和分辨率，能够为人类感觉的表示提供一个客观尺度。

### 7.3.2　电子舌的工作原理及应用领域

电子舌是一种模拟人类味觉鉴别味道的仪器，由味觉传感器、信号采集器和模式识别工具三部分组成。其中，味觉传感器是由数种可敏感味觉成分的金属丝组成（多传感器阵列）的，这些金属丝能将味觉信号转换成电信号；信号采集器将样本收集并存储在计算机内存中；模式识别工具则模拟人脑将采集的电信号加以分析、识别。它是具有识别单一和复杂味道能力的装置。电子舌的输出信号表明，它可以对不同的味道质量也就是不同的化学物质成分进行模式识别。

目前，国外对电子舌的研究较多，虽已有商业化的产品，但都是在20世纪90年代末才开始生产。在国内，对该项技术的研究尚处于起步阶段，商业化的电子舌产品很少。随着传感器数据融合技术、模式识别、人工智能、模糊理论、概率统计等交叉的新兴学科的发展，电子舌的功能必将进一步增强，具有更高级的智能，并以其独特的功能，拥有更加广阔的应用前景。

电子舌技术主要用于液体食物的味觉检测和识别上，对于其他领域的应用尚处于研究和探索阶段。电子舌可以对酸、甜、苦、辣、咸进行有效的识别。目前，使用电子舌技术能容易地区分多种不同的饮料。俄罗斯的科学家使用由30个传感器组成阵列的电子舌技术检测不同的矿泉水和葡萄酒，能可靠地区分所有的样品，重复性好，两周后再次测量结果无明显的改变。另外，电子舌技术也能对啤酒和咖啡等饮料作出评价。对33种品牌的啤酒进行测试，电子舌技术能清楚地显示各种啤酒的味觉特征，同时，样品并不需要经过预处理，因此这种技术能满足生产过程在线检测的要求。对于咖啡，通常认为咖啡因是咖啡形成苦味的主要成分，但不含咖啡因的咖啡喝起来反而让人觉得更苦。因为味觉传感器能同时对许多不同的化学物质作出反应，并经过特定的模式识别得到对样品的综合评价，所以它能鉴别不同的咖啡，显示出这种技术独特的优越性。

电子舌技术不仅可以用于液体食物的味觉检测，也可以用在胶状食物或固体食物上。例如对番茄进行味觉评价，可以先用搅拌器将其打碎，所得到的结果同样与人的味觉感受相符。此外，国外的一些研究者尝试把电子舌与电子鼻（人工嗅觉系统）这两种技术融合在一起，从不同角度分析同一个样品，模拟人的嗅觉与味觉的结合，在一些情况下能大大提高识别能力。

# 课后习题

7.1 掌握半导体式气敏传感器的工作原理。

7.2 设计并分析可燃性气体的检测报警电路。

7.3 设计并分析声控开关电路。

# 第8章　传感器在智慧城市中的应用

在整个智慧城市系统里，传感器就如同人的五官一样，发挥着不可替代的作用。所谓智能传感器，就是指传感器在基本的功能之外，具有自动调零、自校准、自标定功能，同时具备逻辑判断和信息处理能力，能对被测量信号进行信号调理或信号处理。传感器在物联网中起着桥梁的重要作用，而且传感器的升级换代成为物联网能否快速发展的关键。随着物联网技术的进步，不仅仅要求传感器具备基础的信息收集处理功能，高度智能化也成为衡量其性能高低的基本依据。

## 8.1　智慧城市的建设

### 8.1.1　智慧城市概述

智慧城市＝数字城市＋物联网＋云计算＋移动互联网，就是运用信息和通信技术手段感测、分析、整合城市运行核心系统的各项关键信息，从而对包括民生、环保、公共安全、城市服务、工商业活动在内的各种需求作出智能响应。其实质是利用先进的信息技术，实现城市智慧式管理和运行，进而为城市中的人们创造更美好的生活，促进城市的和谐及可持续成长。建设智慧城市的主要目的是使城市的精细化、信息化、便利化的水平明显提高，应急体系更加完善、服务保障能力显著增强，应致力于国民经济信息化、环境维护自动化、生活服务便捷化和社会管理智能化的发展。当今时代兴起的物联网技术和云计算对于智能化城市的建设是一个极大的挑战和机会，通过物联网将所有设施都智能地结合在一起，形成一套便于管理的系统，从中收集的海量数据则可以在云计算平台上进行大数据分析，对城市的发展状况有更加清晰的感知，对城市的未来发展和城市管理等方面有一定的预测作用，对于城市的管理提供了更加便利的平台。普适计算的发展也正改变着人们以往对计算机的认识，不仅可以在计算机上对数据进行计算，越来越多的移动设备正在慢慢地取代笨重的计算机，降低了计算机作为获取数字服务的中央媒体地位。随着科技的快速发展，未来建设智慧城市要达到的目标是融合、统一、互联互通，避免城市内部和城市之间形成信息孤岛。智慧城市的基础建设是智慧城市发展的基础部分，基础建设的发展直接关系到城市的发展前景，提高智慧城市基础建设的水平是促进智慧城市建设的关键。

智慧城市的核心内容是各层设施之间的贯穿力、每一层设施之间的灵敏度、快速反应能力、对事件的处理能力和速度。在以移动互联网为前提的时代下，物联网和云计算的发展对智慧城市的发展显得极其重要。物联网指的是把射频识别装置、红外感应器、全球定位系统、激光扫描器等多种装置与互联网连接起来，从而实现智能化识别和管理。它还是当前信息技术的重要组成部分，通过智能感知技术、语音图像等识别技术与当下流行的普适计算、泛在网络融合应用，达到人与人、人与物之间的互联，让人可以联系到物体，与物达到很好的交互。云计算的定义至今仍不统一，但在智慧城市的建设中可以理解为能够快速有效地处理智慧城市中海量的不同领域的信息，从而更加方便快捷地了解到城市当前的局势和预测城市未来发展的状况。智慧城市的建设是一个时代发展的标志，是人类进步的里程碑，它主要体现在城市的基础设施、城市的管理方式、物联网技术及产业发展、智能生活方式等方面。智慧城市的建立提高了城市在各个领域对信息的灵敏度及快速反应能力，使得现代城市为快节奏生活的人们进一步提高了效率，使得城市管理和应用更加灵活自如。

从功能角度看，智慧城市体系可以分感知层、网络层和应用层，分别对应以下三方面特征：更透彻的感知、更广泛的互联互通、更深入的智能化，如图 8.1.1 所示。

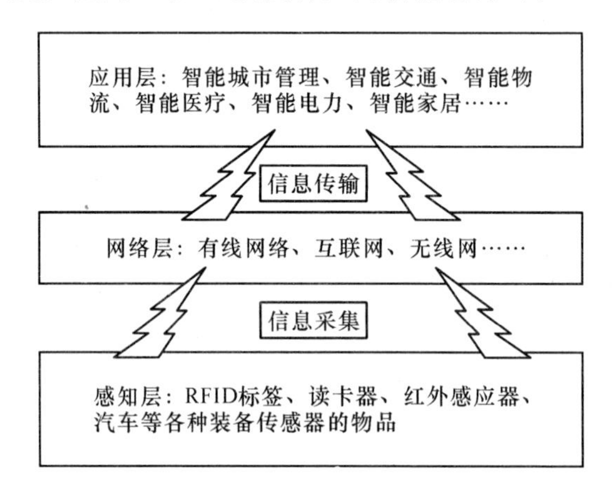


图 8.1.1　智慧城市三层结构示意图

其中更透彻的感知是指利用任何可以随时随地感知、测量、捕获和传递信息的设备、系统或流程快速获取城市任何信息并进行分析，便于立即采取应对措施并进行长期规划；更全面的互联互通指通过各种形式的高速高带宽通信网络工具，将个人电子设备、组织和政府信息系统中收集和储存的分散信息及数据进行连接、交互和多方共享，从而对环境和业务状况进行实时监控，从全局角度分析形势并实时解决问题，使得工作和任务可以通过多方协作完成，改变整个城市的运作方式；更深入的智能化指深入分析收集到的数据，以获取更加新颖、系统且全面的信息来解决特定问题，以更好地支持城市的发展决策和行动。

### 8.1.2　智慧城市的发展

信息技术的高速发展带来了全球普遍的信息化浪潮，未来越来越依赖信息技术来推动智慧城市发展，世界各国和政府组织都不约而同地提出了依赖互联网和信息技术来改变城市未来发展蓝图的计划。美国、瑞典、爱尔兰、日本、韩国、新加坡等国家分别在城市的资源、自然环境等基础建设方面设立了智慧城市的试点并且取得了良好的效果。比较早也比较成熟的是美国哈德森河生态系统保护恢复计划，在北京用的较典型的是朝阳区垃圾物流管理系统。美国哈德森河生态系统布置了由移动和固定无线传感器组成的分布式传感器网络，负责收集传送流域的物理、化学和生物的变化实时数据，并借助 IBM 的新"流计算"技术，对收集到的数据流进行检查处理，为修订区域发展政策和模式提供数据支撑。北京市朝阳区垃圾物流管理系统通过在垃圾楼建立称重系统准确分析各楼宇和商户产生的垃圾数量，在垃圾处理厂建设 WSN 智能称重系统与环卫中心 GPS 相沟通，为垃圾减量化、垃圾分类和垃圾收费改革提供数据支持。

我国提出，"在传感网发展中，要早一点谋划未来，早一点攻破核心技术"，并且明确要求尽快建立中国的传感信息中心，或者叫"感知中国"中心。在全球智慧风潮和国家政策的鼓励下，全国各省市已把智慧城市列入重点研究课题，纷纷加入"智慧城市""感知中国"建设的赛跑，希望借助物联网布局在未来的经济竞争中脱颖而出，有的甚至已经着手编制智慧城市专项规划。可见，智慧城市的建设是时代发展的必然趋势，多个国家地区对智慧城市的基础建设已经着手实施并且取得了可喜的成绩，国内智慧城市的发展更加急迫，不能有丝毫的懈怠。

### 8.1.3 智慧城市中的物联网应用

物联网是当今时代发展必不可少的力量，是智慧城市发展建设中的一个重要环节，物联网在城市中不同层次的设施之间建立起直接联系，能够更好地协调城市中各层设施的融合性和统一性。使得城市的管理更加便利和智慧，对基础设施的建设起着其不可少的作用，是互联网进一步的应用拓展。随着城市化和移动互联网时代的到来，城市的信息量越来越大，对信息需求的问题也亟待解决。物联网是解决这个问题最佳途径中的一部分，且其终极目标是搭建普适计算的环境，达到信息空间与物理空间的融合。在这个融合的空间，人们可以随时随地透明地获得数字化的服务，其中传感器的作用可见一斑。环境中的各种信息都直接或者间接地通过各种传感器传送到应用层被管理者使用，在普适计算环境下，整个世界是一个网络的世界，数不清的为不同目的服务的计算和通信设备都连接在网络中，在不同的服务环境中自由移动，智慧城市也将是其中的一部分。物联网技术的快速发展为许多行业注入了新鲜的血液，而且改变了一些技术的传统运营模式。

## 8.2 智慧城市中传感器的应用实例

### 8.2.1 传感器和智慧城市的关系

智慧城市是目前城市的发展趋势，提高智慧城市的智慧程度需要各种技术和底层各种智能设备的支持，传感器是底层设施中的重要环节。传感器遍布在城市建设基层的各个角落，实现城市数据采集的全面性、系统性和智能性。通过监测采集各种底层信息，再利用网络层来进行数据传送工作，最终在协议最多、安全性最强的应用层来实现各种信息的处理与完成，从而达到智慧控制的作用。这些传感器种类丰富多样，有超声波传感器、红外传感器、雷达传感器、压力传感器等，当前又有多种多样的传感器进入人们的生活中，不知不觉地影响着人们的生活和工作。智能传感器的出现，加速了智慧城市的快速发展。

### 8.2.2 智能 LED 路灯中传感器的应用

道路照明系统是智慧城市体系研究中城市基础设施的重要组成部分，在路灯照明约占全国照明用电量 30%的庞大基数下，将传统钠灯改为寿命长的节能型 LED 灯的节能效果是显而易见的，但节省成本 5 年的回收期显然较长，利用改进的智能 LED 照明系统不仅能大幅度缩短回收期，改进的技术关键对城市化管理也更加便捷。将智能化技术赋予其中，智能 LED 路灯照明系统实现路灯高度智能化控制，对道路状况的追踪监测实现 LED 智能化调光。当有人或车辆经过时，灯光亮度达到 80%；无人或无车状态时，灯光亮度会自动降到 10%。在保证电力系统和交通系统安全的情况下，最大限度节省能源，实现对城市进行信息化和智能化的管理，全力应对我国城市建设中环境恶劣、能源紧张等一系列问题，从而给智慧城市的建设提供了新能量，加速了智慧城市的发展建设，有利于偏远地区的离网用途。未来发展能够根据不同的环境，自动调节亮度、颜色、角度，还可以对灯具的使用状况进行实时监控。能够根据需要，适时调节城市管理范围内的每一盏灯的节能率，能够足不出户便可设定和调整城市中每一盏路灯的开关时间及不同时间的照度，节约能源并提高灯具寿命。

其中对道路监测的工作是由分布在各个路灯上的红外传感器和雷达传感器实现的，此类传感器是市场上已经发展成熟的器件，通过实时检测道路上的人流和车流的情况，把信息准确快速地发送给上位机，经过上位机处理，再向下传达命令对路灯实施控制。该系统在提高节能效率的同时，还能提升道路通车的安全性，并可实时察觉单灯的故障和故障单灯的精确位置，还可免除道路巡查，大量节省维护费用，并且大大减少了光污染的问题。

智能照明系统的基本原理为：采用“三层架构”思想，分为系统终端、主控端、上位机三部分。系统终端和主控端采用的是市场上已经成熟的低成本传感器和分布式安装控制技术，上位机是采用.NET 语言编写的客户端软件，可视化强且易于操作。其基本框架如图 8.2.1 所示。

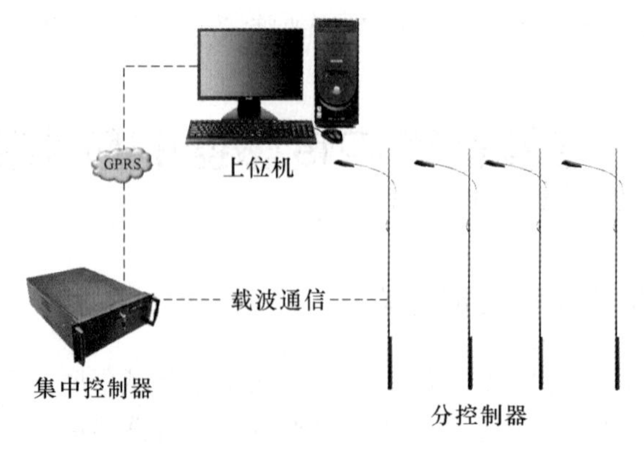


图 8.2.1 LED 照明系统的基本框架

系统终端使用动态侦测技术，对车辆和行人进行跟踪，判断车辆和行人的位置及行驶方向，使用PWM调光技术实现智能调光，解决了无须照明状态下电能的损耗，通过电力载波通信技术与主控端实现互联。

主控端是整个系统的核心控制部分，分为联网状态工作方式和脱机状态工作方式两种工作状态。联网时，向上以网络GPRS为主、电力载波为辅的通信方式连接上位机，接收和处理上位机的信息，并且反馈给上位机下达查询命令的结果数据；向下连接系统终端，接收系统终端的信息和直接对系统终端下达命令。脱机时，采用脱机前的工作策略，除和上位机通信之外正常工作。主控端的工作以图形化显示方式展现在人们面前，可以实现对路灯定时控制、实时控制和分组控制，依据需要动态添加路灯的个数，随时查询灯的状态等，提高了系统的可执行性、灵活性和可靠性。

上位机是整个系统的显示部分，通过上位机直接明确控制灯的状态和策略方案。方案分为对灯的关联和非关联两种。上位机主要用于对路灯的信息修改、状态的设置和统计，被检测的分区中每一个灯的状态都可以清晰地看到，在灯具故障、设备及线路被盗、非正常工作状态时报警，为智慧城市中道路照明的透明性和安全性提供了保证。LED路灯的寿命比一般的路灯寿命都长几年以上，是新一代的节能型照明灯具，是市场上灯具的未来趋势。此系统的未来市场前景不可估量，还可与大数据互联，利用已经测试过可靠性很高的算法对上位机采集到的海量数据进行分析，可以预测出市场上未来季度的电能消耗和能源在市场上的需求等，在经济性、智能性和节能性上较好地发挥了智慧城市在节能环保领域的控制力、影响力和带动力，在智慧城市的基础设施方面奠定了良好的基础。此外，该系统的思想和算法可以应用到其他领域，比如农业喷灌、小区照明、校园照明等方面，还可以与其他如智能楼宇系统等进行联动，以更加智能的方式改善城市的发展。

### 8.2.3 智能家居中传感器的应用

近年来随着人们生活水平的不断提高，人们对家居环境的智能化、舒适化、安全化、个性化的要求也越来越高，同时伴随着计算机和电子信息技术的高速发展，尤其是近年来兴起的物联网热潮，都给智能家居的快速发展提供了绝佳的条件。人们越来越注重家庭生活中每个成员的舒适、安全和便利。智慧城市的目的就是让居家环境更加智能化，家中的各种信息将会实时地、智能地、透明地为人们服务，亲民型的智能家居系统的实现正好满足了人们对更高要求的居住生活的需求，让人们享受到高科技带来的数字化生活。

智能家居的第一阶段是人们通过各个平台主动控制家中的设备，当前已经有许多国内外的公司实现了部分的功能。第二阶段是人们完全不用主动控制，或者说只有在必要的时候才控制家中的设备，智能家居将会智能化地为人们提供服务。

智能家居分移动设备和固定设备两部分。移动设备是系统主要的功能表现端，实现了通过手机短信发送拍照命令拍摄家中现状，通过彩信的方式返回到用户的手机上，可以实时检测家中的情况。通过短信能设置防区，添加或删除对本系统具有权限的手机号码以保证系统的安全性，如果有特殊情况（如入贼、着火、地震等），发送相应的短信到设定好的手机上，通过短信控制家中的灯光以及各种电器的开关。可以设置回家和离家模式，以便在紧急情况迅速采取补救措施。比如通过手机客户端，语音控制家中的灯光及电器开关、查看家中画面、查看家中温湿度值等。固定设备则是应用温湿度传感器和红外传感器实现以上功能的具体过程，如短信发送拍照命令、控制照明设备的开关、控制窗帘的拉动等。

其主要固定设施的工作原理如图 8.2.2 所示。

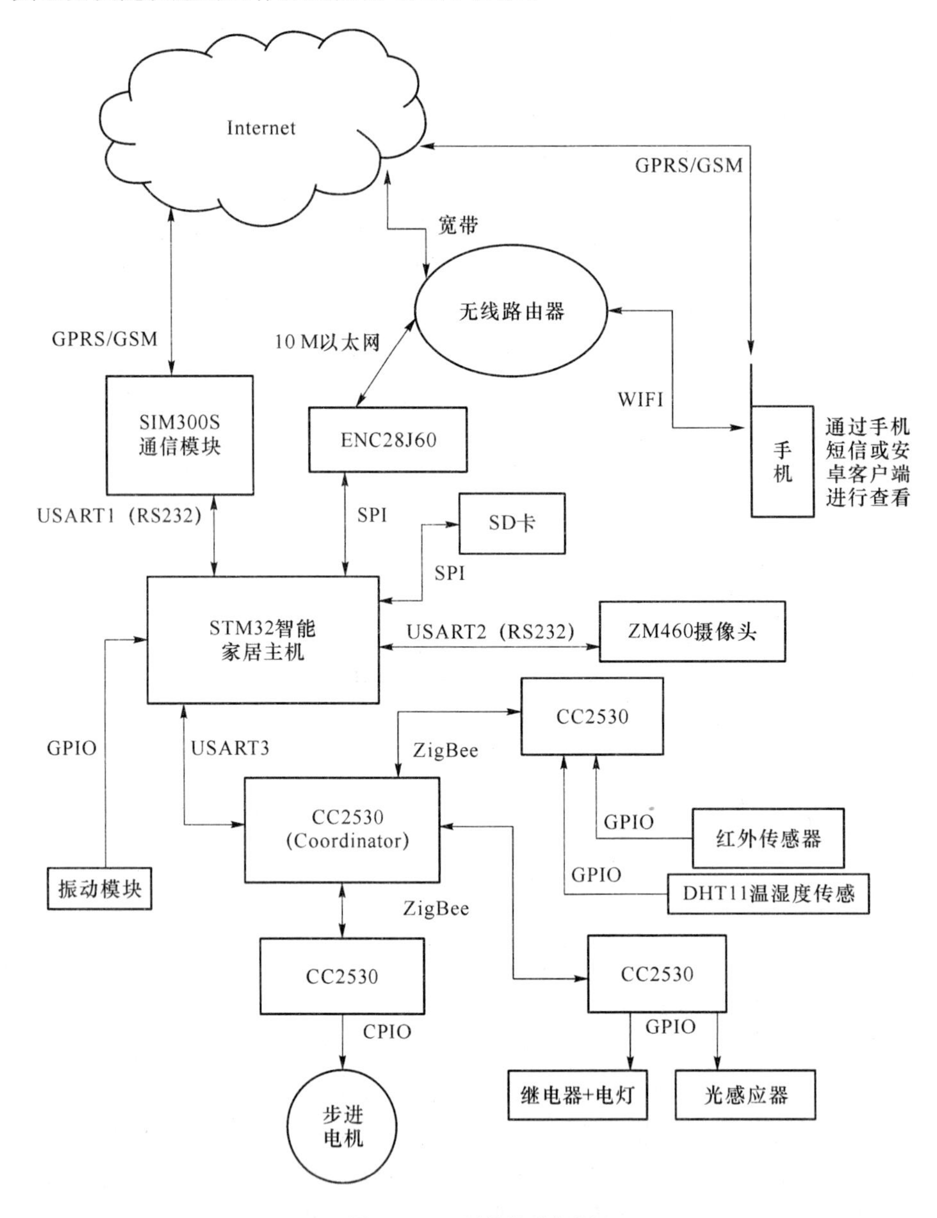


图 8.2.2 硬件设计框图

智能家居是以住宅为实现平台，利用网络通信技术、安全防护技术、自动化控制技术、音频视频技术将家庭中相关的设施有机地结合到一起，以人为研制核心，从而通过统一的管理端实现对家中相关设施的智能化集中管理，提升家居的安全性、便利性、舒适性。

图 8.2.2 所示系统采用低成本、低功耗、高性能的 32 位 Cortex M3 内核单片机 STM32F103VET6 作为整个系统的核心芯片，CC2530 为各种传感器和受控器件与主机的通信模块，SIM300 为 GSM/GPRS 通信模块，采用 ZigBee 无线通信方式控制家用设

备。外设主要有振动模块、红外模块、超声波测距模块、步进电机、串口摄像头、温湿度采集模块。系统中有些数据由于要求在断电后能够保存，所以必须要把这些文件存储到外存储器上。FATFS 为单片机中文件读写提供了方便。选择这些模块不但能满足智能家居的一些基本实用功能，同时成本低廉，为普通百姓能用上智能家居提供了可能，对实现智能家居的平民化、智能家居行业的快速发展意义重大。

研究此套系统离不开物联网技术的支持，同时物联网技术的革新又能深刻地影响智能家居行业，人们迫切需要数据的传输、存储、处理等方面技术的快速发展，这还客观推动了云计算技术、移动通信技术的飞速发展，为普适计算的服务的建设提供了有效的物理基础。随着物联网技术的发展，更多的设备 IP 化并要求连接到网络中，很多的微型非 IP 传感器通过设备代理的方式接入物联网中。物联网中的各种传感器、终端设备与传统互联网中的计算机网络系统相互融合，形成了物联网环境下普适计算的物理计算基础环境。在智能家居中，甚至可以直接拿手机等移动客户端远程控制家居，而且系统可以通过把采集到的相关数据存储到云端，通过智能手机客户端连接到云端，就可以便捷地掌控查看家中的一切情况，从而做到智能、放心，真正使智能家居无缝地融入普通家庭和生活中。IPv6 的启用和普及可以为每个人提供一个唯一识别的 IP 地址的硬件设备，就像每台计算机有唯一识别的网卡地址一样。系统可以根据每个硬件地址以及定位系统来实现精准定位。

在智能家居的实现过程中，直接对屋内状态进行检测的是遍布在室内的各种传感器，它们的具体工作过程如下。

红外感应传感器在家居安防中具有很重要的作用。当有人经过时，区域内的热量就会立即发生变化，探测器检测到这一变化就会发出报警声并自动向主人拨号报警，红外感应模块的一个数据引脚产生高电平，离开后电平复位。这样可以用 CC2530 采用中断事件（比如按键事件）来描述红外感应器事件的发生。同时对应的终端节点或者路由节点通过发送红外信息帧给协调器来表示红外感应器事件的发生。探测器负责探测温度变化，主机负责拨号并发出警报或者其他动作，遥控器则通过主人发出指令决定布防、撤防。

温湿度采集传感器使用的是 DHT11，通过把 DHT11 驱动移植到 Z-Stack 协议栈，然后使用周期性无线发送函数，5 秒更新发送一次数据给协调器，协调器再通过串口发送给 STM32 单片机，这样就可以实现 STM32 主机对温度、湿度的及时更新。终端采集模块不断采集信息、保存最新的温湿度数据并保存到智能家居主机中，当客户端向主机询问信息时，主机将最新的数据信息传给客户端显示给用户。温湿度查看流程如图 8.2.3 所示。

要体现智能家居的便捷性和可扩展性，ZigBee 是一种很好的选择。CC2530（ZigBee 模块）是协调器，与 STM32 主机通过串口连接，通过 Z-Stack 协议栈来实现 ZigBee 通信。ZigBee 技术是一种新兴的短距离、低速率无线网络技术，它介于蓝牙和射频识别之间，也可以用于室内定位。它有自己的无线电通信标准，在数千个微小的传感器之间相互协调通信以实现定位。这些传感器只需要很少的能量，以接力的方式通过无线电波将数据从一个传感器传到另一个传感器，所以它们的通信效率非常高。ZigBee 通信技术最显著的技术特点就是它的低功耗和低成本。

通过 ZigBee 可以实现对电灯、电机等电器的控制。在控制电灯的设计中，当 STM32 从短信或者从网络接收到开关灯命令时，比如，打开第一个灯的原始命令是“led on 1”，STM 接收到此命令后就会向连接在串口 3 的协调器发送一个“led on 1”的命令，协调器

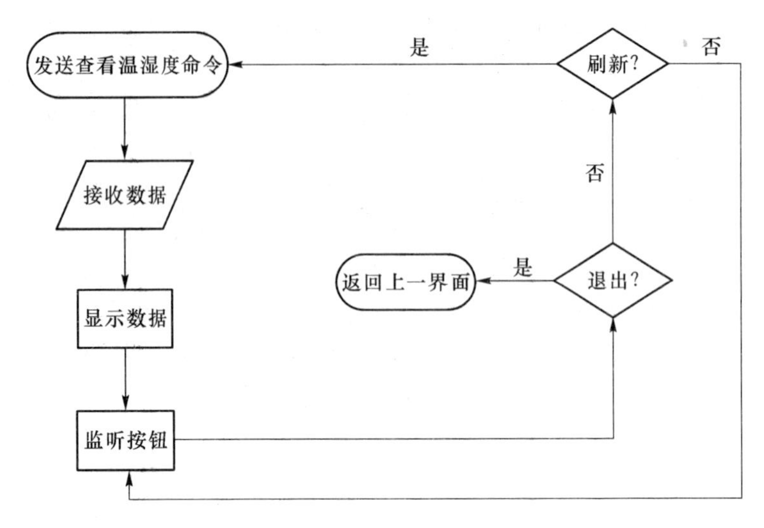


图 8.2.3 温湿度查看程序流程图

根据接收到的命令来确定要发送的终端节点的地址，然后通过无线把开灯命令发送出去。终端节点接收到命令后，解析命令，然后执行开灯命令，从而实现对电灯的控制。

除了对电灯的控制外，还可以对电灯的开关状态进行查看，用一个字节来表示所有灯的状态。当 STM32 主机通过客户端接收到命令“ask status”时，主机立即返回“ask led status”帧头 3 个字节，灯状态为一个字节“led status”，其中每一位代表一个灯的状态，比如“led status”值为 2 代表第二个灯是打开的状态，其他的全部关闭。

CC2530 通过串口和 STM32 主机通信，传感器的信息数据帧格式如下。

(1) 帧标示符，一字节，用来标识此智能家居传感器信息，固定为 0xAA。

(2) 设备类型，一字节，用来区分不同设备传来的数据，比如，温湿度信息 0x01、红外信息 0x02、光感信息 0x03、振动信息 0x04。

(3) 设备 ID，一字节，从 0x01 到 0x255 用来区分同一类传感器的不同设备。

(4) 数据长度，一字节，它指明后面具体数据的字节数，比如温湿度 2 字节，红外信息 1 字节等(开关量，0x00 表示关，0x01 表示开)。

(5) 具体数据，就是此传感器传来的具体数据。

(6) 校验和，一字节，就是校验从设备类型开始到具体数据结束部分的数据。

通过多种传感器的融合使用，实时记录人的位置。当系统有需要的时候将信息提供给系统使用，而这个不是以人的主观意识来操控的，体现的是环境中资源的利用，为人提供透明的服务。CC2530 中的软件流程图如图 8.2.4 所示。

当人处于某个房间时，只需下命令“开灯”或者“关灯”，系统根据原先记录的人的位置变化信息，将人所在房间的位置打开。比如，人在厨房，发现光线暗了需要开灯，只需下命令开灯，通过语音控制模块的音识别技术，即让机器通过识别和理解过程把语音信号转变为相应的文本或命令的高技术，它包括特征提取技术、模式匹配准则及模型训练技术这三个方面，即可实现开灯的命令。

应用场景的平面模拟图如图 8.2.5 所示。

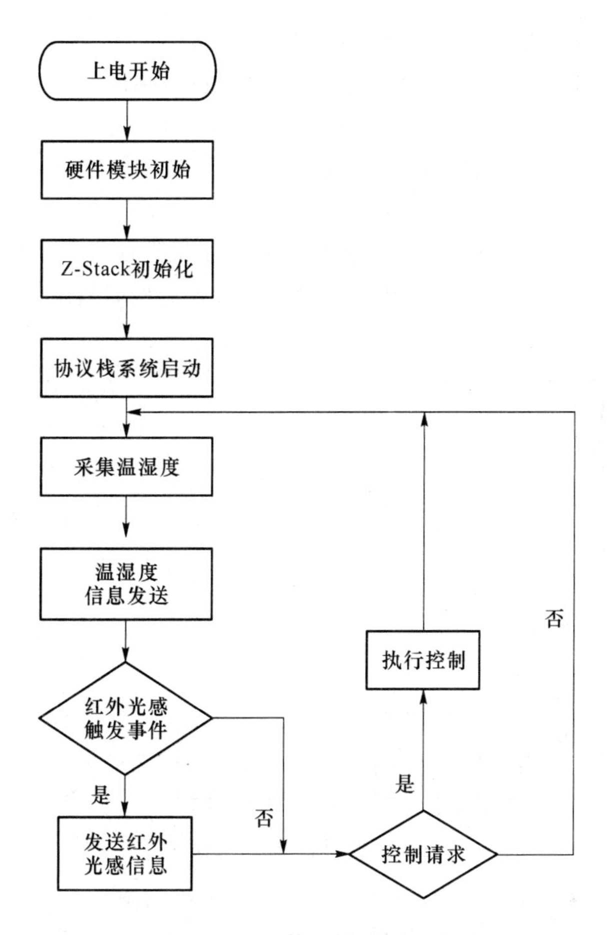


图 8.2.4 CC2530 软件流程图

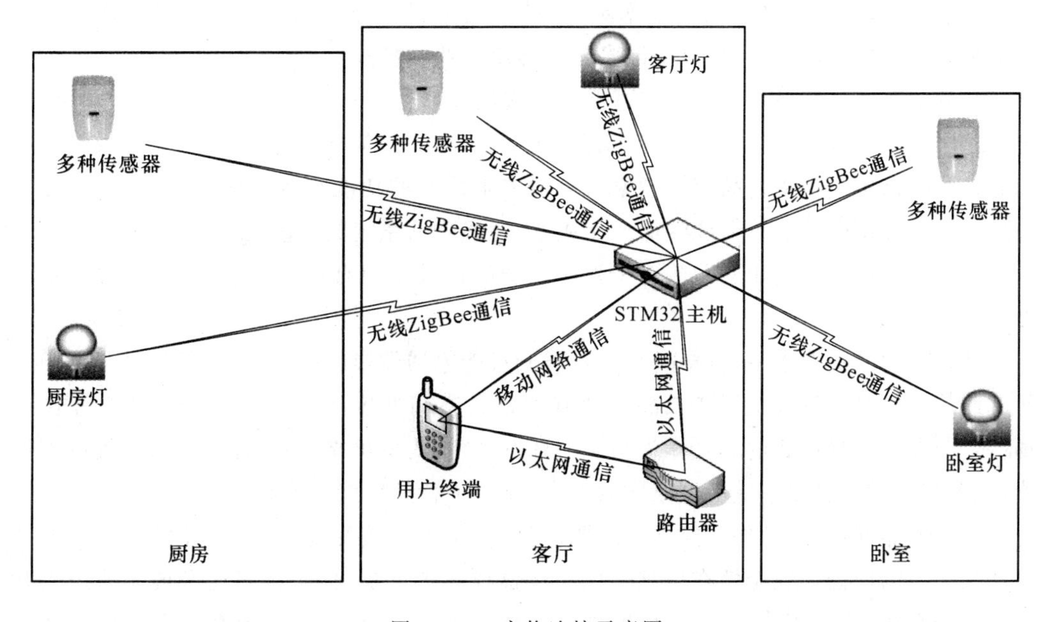


图 8.2.5 实物连接示意图

语音识别的实现是通过以下方法:程序调用 Google 基于网络的语音搜索软件,将要识别的内容上传到 Google 的云端进行处理,接收返回来的结果,然后判断结果,进行下一步的操作。所以该智能家居系统需要先安装 Google 的语音搜索,而且在用的时候需要有畅通的网络环境。终端连接可上网的路由器,和智能家居主机通信也是基于局域网。

当用户语音下达命令为开/关灯时,客户端先向主机发命令获取用户当前的位置,成功获得用户的位置以后,向主机下达相应的命令。实现流程如图 8.2.6 所示。

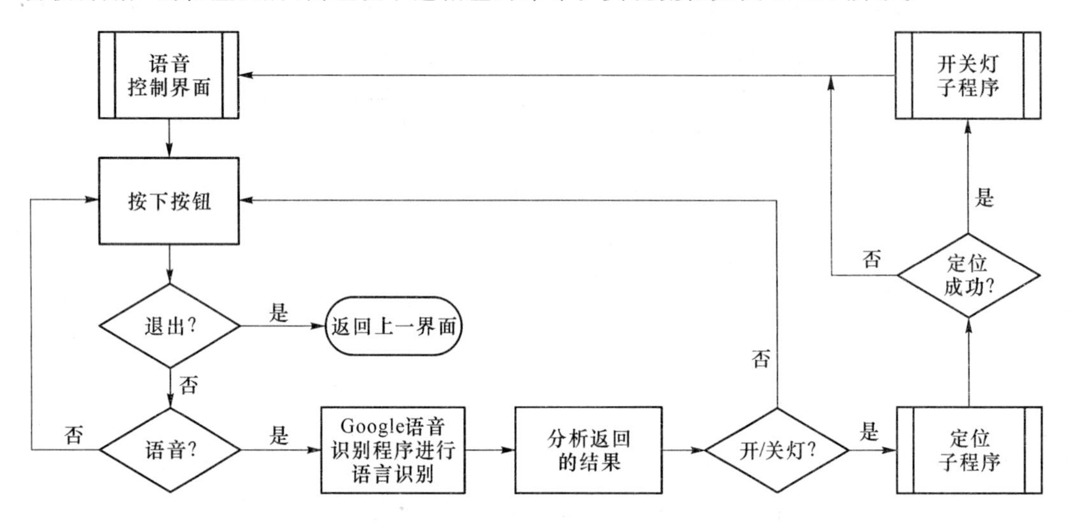


图 8.2.6　语音控制流程图

STM32 主机是整个系统的核心,其软件设计的流程如图 8.2.7 所示。

目前,智能家居仍未处于普及阶段,由于成本较高,也只是在高端市场上出现,但在不久的将来必将是 IT 界又一次的技术革新,就如同手机一样快速普及。这也是整个行业的一个新的发展机遇,并且会改变许多其他传统行业的模式。

智慧型家居系统设计时应严格遵循简单实用、价格亲民、稳定安全、容易扩展的原则,智能家居对于一般的家庭来说都好像有点遥不可及,除去价格不说,其各种复杂操作设置让老人和小孩望而生畏。高端智能家居有很多个性化的功能在普通家庭中是用不着的,去除一些不常用的功能不但能降低产品成本,还能降低系统的复杂度,缩短研发周期。所以提供简单的操作和实用的功能对于智能家居的普及是很有必要的,对于建设智慧城市也是很好的选择。

结合我国的消费水平,价格过高也是限制智能家居发展的一个重要原因,纵观市场上所有产品只要是能够大范围普及的东西基本都具备高性价比,所以选择 STM32 等在市场上十分成熟而且便宜的芯片作为系统的开发平台,为低价格、高性能智能家居提供了可能,让大多数的人可以享受智慧家居的魅力,拉动了智慧城市的建设。

一个产品即使再好,如果经常出问题,用户也是不能接受的,所以选择稳定的元器件是产品稳定的保证。安全性在信息时代的地位越来越重要,为防止其他人员非法进入和控制家居系统,应采用许可认证、传输加密等技术增强安全性,保证智慧城市的持久性和

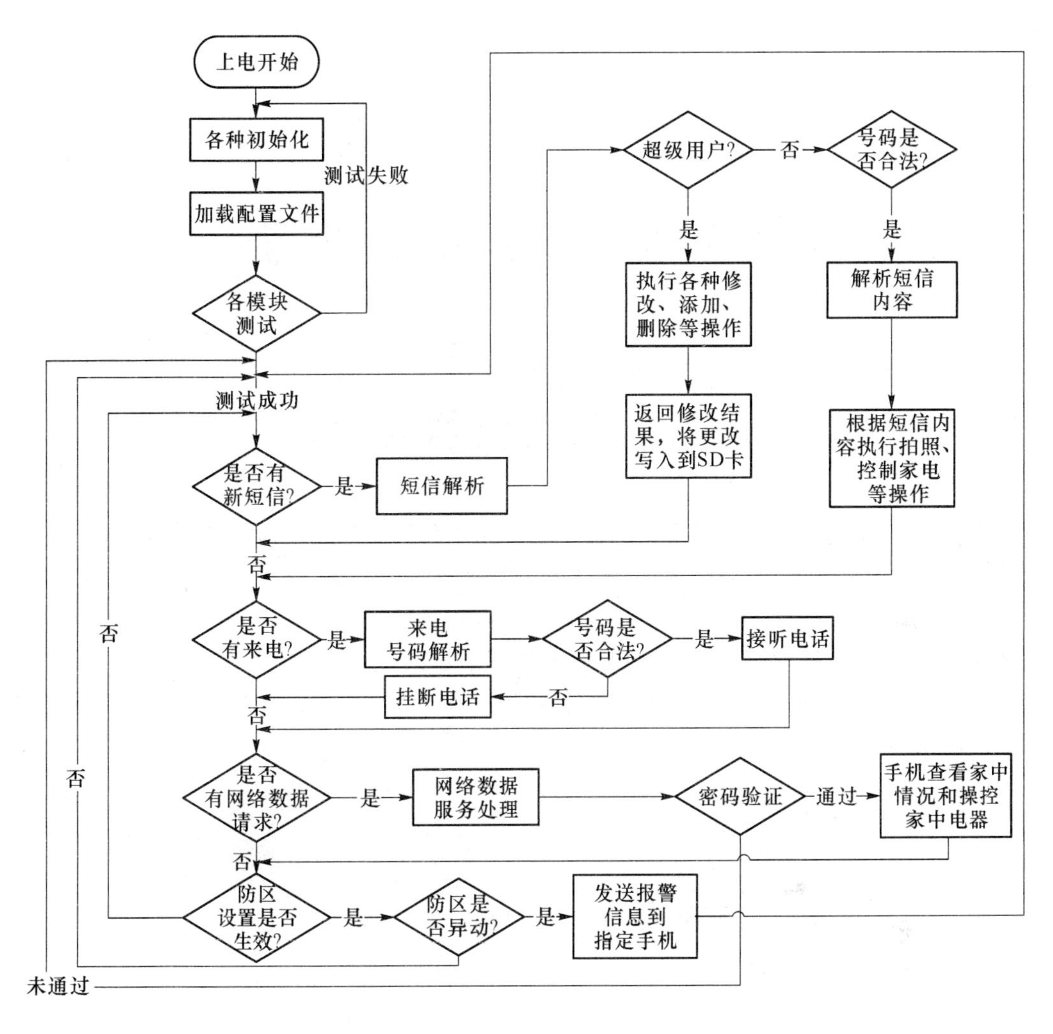


图 8.2.7　智能家居系统基本图解

安全性。一个优秀的产品是容易扩展升级的，模块化设计和 ZigBee 无线通信技术使得扩展和升级易于实现，对于智慧城市的进一步发展奠定了基础。

# 课后习题

8.1　了解在智能家居系统中常用的传感器。

8.2　掌握智能家居系统的软件设计流程。

# 第 9 章　实验指导参考

## 9.1　实验仪器简介

传感器系统实验仪是为配合课程教学实验而制作的高档多功能实验仪器。它的特点是集被测体、各种传感器、激励源、显示仪表和处理电路于一体，组成了一个完整的测量系统。各部分的连接都有连接线在面板上进行。实验者可对各种不同的传感器以及测量系统有直观而具体的感性认识，更好地掌握所学理论知识。

实验仪主要由信号源、显示仪表、传感器工作台和处理变换电路四部分组成，如图 9.1.1所示。

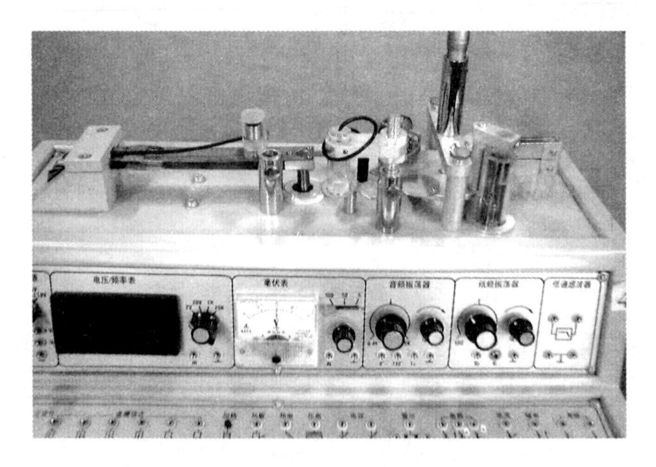

图 9.1.1　实验仪外观

### 9.1.1　信号源

信号源位于仪器上部面板，有如下几种。

(1) ±15 V 稳压电源：提供处理变换电路的工作电源和温度实验时的加热电源，最大输出为 1.5 A。

(2) ±2～±10 V 稳压电源：分五挡输出，提供直流信号源。

(3) 音频振荡器：0.4～10 kHz 输出连续可调，$V_{P-P}$ 值为 20 V，最大功率输出为0.5 W。

(4) 低频振荡器:1～30 Hz 输出连续可调。

### 9.1.2　显示仪表

显示仪表位于仪器上部面板,有以下两种。

(1) $3\frac{1}{2}$位数字电压/频率表:分 2 V、20 V、2 kHz、20 kHz 四挡,灵敏度为 50 mV,频率显示 5 Hz～20 kHz。

(2) 指针式毫伏表:分 500 mV、50 mV、5 mV 三挡。

一般实验中常用的是第一种仪表。

### 9.1.3　传感器工作台

传感器工作台位于仪器顶部,包含各种常见传感器。

工作台左边是一副平行式悬臂梁,梁上装有应变式、热敏式、PN 结温度式、热电式和压电加速度五种传感器。平行梁上、下表面对应地贴有半导体式应变片两片和金属箔式应变片 4 片,其受力状况为:半导体应变片 1 片拉伸 1 片压缩,金属箔式应变片两片拉伸两片压缩。串接工作的两个铜—康铜热电偶分别装在上、下梁表面,冷端温度为环境温度。上梁表面装有玻璃珠状半导体热敏电阻 MF-51,负温度系数,25 ℃时阻值为 8～10 kΩ。还有一个根据半导体 PN 结温度特性所制成的具有良好线性范围的 PN 结式温度传感器。压电加速度传感器位于悬臂梁右部,由 PZT-5 双压电晶片、铜质量块和压簧组成,装在透明外壳中。

工作台右边是电容、光纤、霍尔、电感、电涡流、磁电等几种传感器。螺旋测微头作为静态实验时的位移标尺,悬臂梁的结构和激振器可以产生低频振动,使仪器具有进行动态实验的功能。

### 9.1.4　处理变换电路

处理变换电路包含电桥、差动放大器、电荷放大器、低通滤波器、移相器、相敏检波器、温度变换器、光电变换器、电容变换器、涡流变换器等。利用这些电路和对应传感器相配合,可以方便地组成数十种不同的实验。

## 9.2　热电偶与热敏电阻测温

**1. 实验目的**

(1) 掌握热电偶测温的范围和方法,熟悉热电偶的工作特性,学会查阅热电偶分度表。

(2) 了解热敏电阻的工作原理及测温方法。

(3) 结合本专业相关课程(模拟电子技术、数字电子技术),综合本专业课程知识,能独立设计温度传感器测温系统。

**2. 实验原理**

(1) 热电偶

热电偶的基本工作原理是热电效应,当其热端和冷端的温度不同时,即产生热电势。通过测量此电动势即可知道两端温差。如固定某一端温度(一般固定冷端为室温或0 ℃),则另一端的温度就可知,从而实现温度的测量。

本仪器中热电偶为铜—康铜热电偶。

(2) 热敏电阻

应用半导体材料制成的热敏电阻具有灵敏度高,可以应用于各个领域的优点,热电偶一般测高温线性较好,热敏电阻则用于 200 ℃以下的温度较为方便。

本实验中所用热敏电阻为负温度系数热敏电阻,温度变化时其阻值变小,从而使得运算放大器组成的变换电路输出电压发生相应的变化。

**3. 实验所需部件**

热电偶、加热器、差动放大器、电压/频率表、温度计、热敏电阻、温度变换器。

**4. 实验内容**

(1) 热电偶实验

① 差动放大器两输入端接入热电偶,打开电源,差动放大器增益约为 100 倍(旋钮顺时针拧到底),调节电位器,使差动放大器输出为零。热电偶与仪器的连接如图 9.2.1 所示。

② 用温度计读出热电偶参考端所处的环境温度 $t_1$。

③ 打开加热器(无加热开关的仪器,需将 15 V 电压接入加热器,如图 9.2.2 所示),差动放大器输出如有微小变化,马上通过调节调零电位器再度调零。

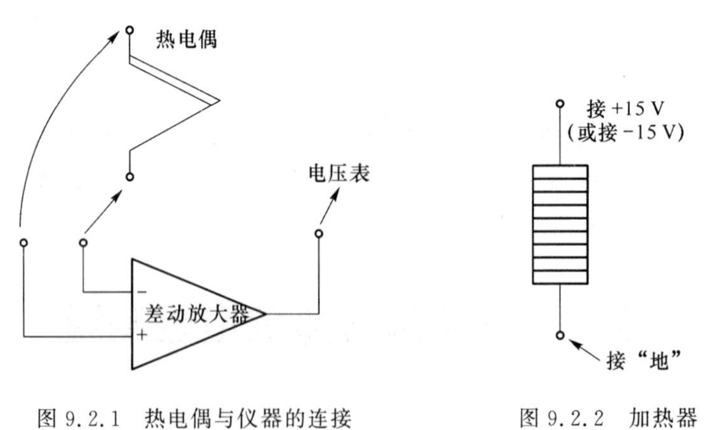


图 9.2.1　热电偶与仪器的连接　　图 9.2.2　加热器

④ 随着加热温度上升,观察差动放大器的输出电压的变化,待加热温度不再上升时,记录电压/频率表读数。

⑤ 本仪器上热电偶是由两只铜—康铜热电偶串接而成的,热电偶的冷端温度为室

温，放大器增益为 100 倍，计算热电势时均应考虑进去。热电势的表示为

$$E(t,t_0)=E(t,t_1)+E(t_1,t_0) \tag{9.2.1}$$

式中，$E(t,t_0)$为实际电动势；$E(t,t_1)$为测量所得电动势；$E(t_1,t_0)$为温度修正电动势；$t$ 为热电偶热端温度；$t_0$ 为热电偶参考端为 0 ℃；$t_1$ 为热电偶参考端所处的温度(环境温度)。

⑥ 查阅铜—康铜热电偶分度表(如表 9.2.1 所示)，求出加热端温度 $t$。

**表 9.2.1　铜—康铜热电偶分度表**　（自由端温度 0 ℃）

| 工作端温度 | 0 | 1 | 2 | 3 | 4 | 5 | 6 | 7 | 8 | 9 |
|---|---|---|---|---|---|---|---|---|---|---|
| 0 | 0.000 0 | 0.039 | 0.078 | 0.116 | 0.155 | 0.194 | 0.234 | 0.273 | 0.312 | 0.352 |
| 10 | 0.391 | 0.431 | 0.471 | 0.510 | 0.550 | 0.590 | 0.630 | 0.671 | 0.711 | 0.751 |
| 20 | 0.792 | 0.832 | 0.873 | 0.914 | 0.954 | 0.995 | 1.036 | 1.077 | 1.118 | 1.159 |
| 30 | 1.201 | 1.242 | 1.284 | 1.325 | 1.367 | 1.408 | 1.450 | 1.492 | 1.534 | 1.576 |
| 40 | 1.618 | 1.661 | 1.703 | 1.745 | 1.788 | 1.830 | 1.873 | 1.916 | 1.958 | 2.001 |
| 50 | 2.044 | 2.087 | 2.130 | 2.174 | 2.217 | 2.260 | 2.304 | 2.347 | 2.391 | 2.435 |
| 60 | 2.478 | 2.522 | 2.566 | 2.610 | 2.654 | 2.698 | 2.743 | 2.787 | 2.831 | 2.876 |
| 70 | 3.920 | 2.965 | 3.010 | 3.054 | 3.099 | 3.144 | 3.189 | 3.234 | 3.279 | 3.325 |
| 80 | 3.370 | 3.415 | 3.491 | 3.506 | 3.552 | 3.597 | 3.643 | 3.689 | 3.735 | 3.781 |
| 90 | 3.827 | 3.873 | 3.919 | 3.965 | 4.012 | 4.058 | 4.105 | 4.151 | 4.198 | 4.244 |
| 100 | 4.291 | 4.338 | 4.385 | 4.432 | 4.479 | 4.529 | 4.573 | 4.621 | 4.668 | 4.715 |

(2) 热敏电阻实验

① 观察装于悬臂梁上封套内的热敏电阻，将热敏电阻接入温度变换器 $R_t$ 端口，调节"增益"旋钮，使加热前电压输出端的电压值尽可能大但不饱和。用温度计测出环境温度 $t_1$ 并记录。

② 将温度计的探头放入两片应变梁的热敏器上，打开加热器，观察温度计的温升和温度变换器 $V_o$ 端的输出电压变化情况，每升温 1 ℃记录一下电压值，填入表 9.2.2。待电压稳定后记下最终温度 $T$。根据表中数据作出 $V—t$ 曲线，求出灵敏度 $S$。

**表 9.2.2　实验记录表**

| $t_1$/℃ | | | | | | | | | | | | | |
|---|---|---|---|---|---|---|---|---|---|---|---|---|---|
| $V_o$/V | | | | | | | | | | | | | |

(3) 温度传感器测温系统设计

综合电路知识、模拟电子电路知识、数字电子电路知识，结合本课程中传感器设计应用电路的知识，自行设计一套自动测温系统。要求如下。

① 电路元件有参数，价格合理。

② 整个系统设计原理正确可行。

③ 信号放大驱动电路采用模拟电子电路。

④ 显示部分采用数码管,需要将模拟温度信号进行模/数转换。

**5. 实验注意事项**

因为仪器中差动放大器的放大倍数近似于 100 倍,所以用差动放大器放大后的热电势并非十分精确,因此查表所得到的热端温度也是近似值。

**6. 实验报告要求**

(1) 整理实验数据。

(2) 试用热电偶的基本原理证明热电偶回路的几点结论。

(3) 试比较热敏电阻与热电偶测温传感器的特点及其对测量电路的要求。

(4) 完成温度传感器测温系统设计说明书。

# 9.3 应变片电桥特性实验

**1. 实验目的**

(1) 了解金属箔式电阻应变片的结构及粘贴方式。

(2) 掌握金属箔式电阻应变片在检测线路中的接法及特性。

(3) 比较单臂、半桥、全桥的测量灵敏度,熟悉提高桥路检测线路灵敏度的途径。

**2. 实验原理**

应变片是最常用的测力传感元件。当应用应变片测试时,应变片要牢固地粘贴在测试体表面。当测件受力变形时,应变片的敏感栅随之变形,其电阻值也随之发生相应的变化。通过构成单臂、半桥、全桥的应变片电桥测量电路,将其转化为电压或电流信号输出。图 9.3.1 示出了应变片在悬臂梁上的位置。

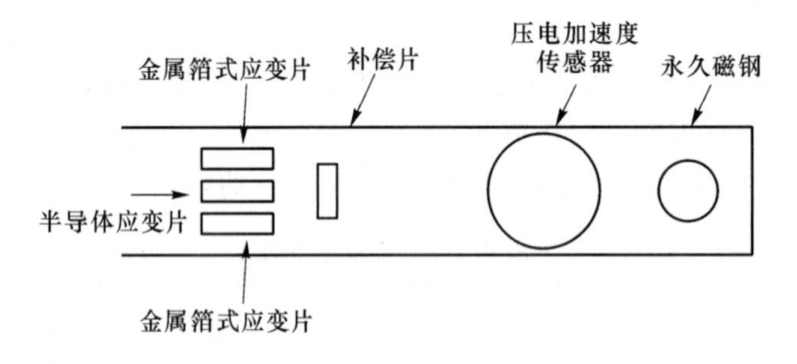


图 9.3.1 应变片在悬臂梁上的粘贴位置

**3. 实验用部件**

直流稳压电源、电桥、差动放大器、电压/频率表、称重平台、砝码。

**4. 实验步骤**

(1) 打开电源开关,将稳压电源调到±4 V 挡,将电压/频率表置于 2 V 挡。

(2) 差动放大器调零：将差动放大器的正负输入端对地短路，输出端接到电压/频率表的输入端，确认连接正确后，打开±15 V开关，调整差动放大器的增益旋钮，使增益尽可能大，然后调整差动放大器的调零旋钮，使电压/频率表指示为零。调好零点后，此调零旋钮在测试时就不能再调整。

(3) 将称重平台放在悬臂梁顶端，首先进行单臂实验，按图9.3.2连接实验电路，这时 $R_4$ 为金属应变片，$R_1$、$R_2$、$R_3$ 为标准电阻。确认电源电压和电路连接正确。

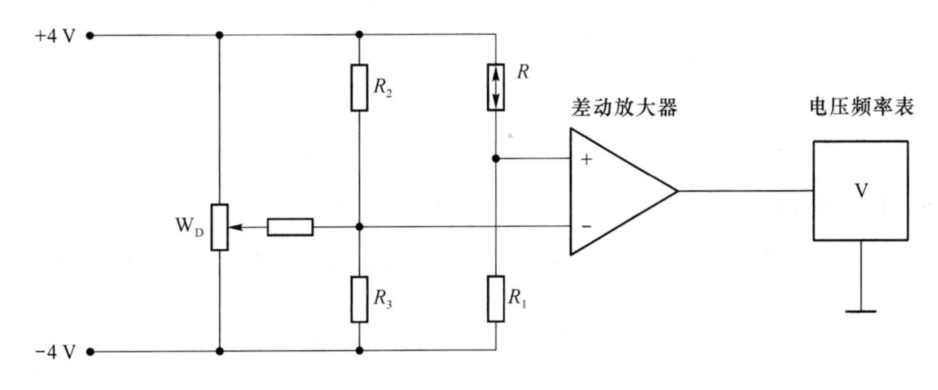


图9.3.2 单臂电桥

(4) 系统调零：用电桥的调零旋钮 $W_D$ 进行系统调零，此时调整电桥的调零旋钮，使系统的输出为零。

(5) 加满载荷，调整差动放大器的增益旋钮，使电压/频率表的指示为某一确定值，去掉载荷看零点是否正确，反复调整电桥的调零旋钮和差动放大器的增益旋钮直至正确。此后，差动放大器的增益旋钮在实验中就不能再调整。

(6) 测量实验电路的输入—输出特性：加载、去载各记录一组数据。

(7) 将实验电路连接为半桥测量电路，如图9.3.3所示，$R_1$、$R_4$ 为金属应变片，受力方向为一拉一压，$R_2$、$R_3$ 为标准电阻，重复步骤(3)、(4)、(6)，完成半桥测量实验。

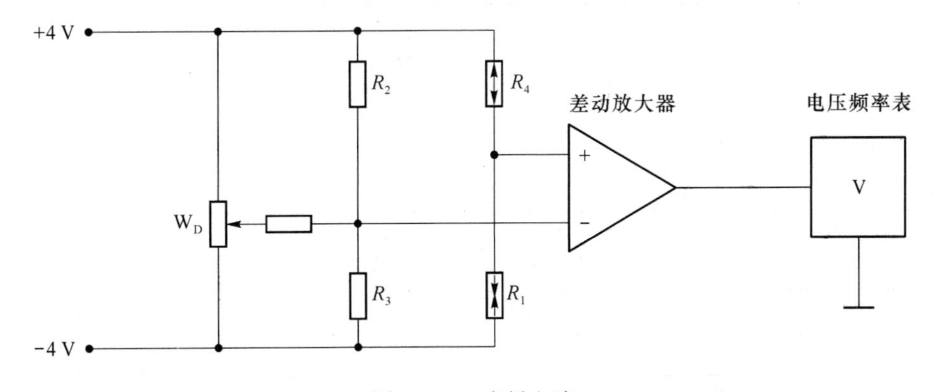


图9.3.3 半桥电路

(8) 将实验电路连接为全桥测量电路，如图9.3.4所示，$R_1$、$R_2$、$R_3$、$R_4$ 均为金属应变片，受力方向为对臂相同。重复步骤(3)、(4)、(6)，完成全桥测量实验。

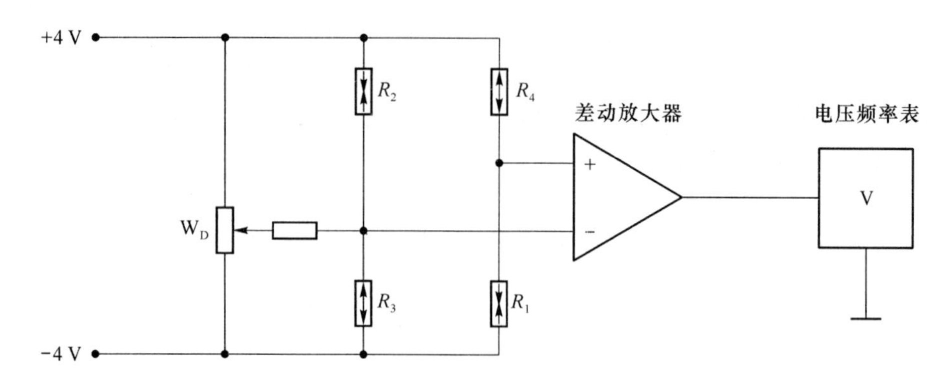


图 9.3.4　全桥电路

**5. 实验注意事项**

(1) 实验前应检查实验接插线是否完好，连接电路时应尽量使用较短的接插线，以免引入干扰。

(2) 接插线插入插孔时轻轻地做一个小角度的转动，以保证接触良好，拔出时也轻轻转动一下拔出，切忌用力拉扯接插线尾部，以免造成内导线断裂。

(3) 稳压电源不要对地短路。

**6. 实验报告要求**

(1) 简要说明应变片检测应力的原理。

(2) 将单臂、半桥、全桥实验数据分别填写在表 9.3.1～表 9.3.3 中。

**表 9.3.1　实验记录表 1**

| 单臂 | 载荷/g | | 0 | 50 | 100 | 150 | 200 |
|---|---|---|---|---|---|---|---|
| | 输出值/mV | 加载 | | | | | |
| | | 去载 | | | | | |

**表 9.3.2　实验记录表 2**

| 半桥 | 载荷/g | | 0 | 50 | 100 | 150 | 200 |
|---|---|---|---|---|---|---|---|
| | 输出值/mV | 加载 | | | | | |
| | | 去载 | | | | | |

**表 9.3.3　实验记录表 3**

| 全桥 | 载荷/g | | 0 | 50 | 100 | 150 | 200 |
|---|---|---|---|---|---|---|---|
| | 输出值/mV | 加载 | | | | | |
| | | 去载 | | | | | |

(3) 分别画出单臂、半桥、全桥实验时的输入—输出特性曲线。

(4) 什么是等精度测量？

(5) 为什么实验中差动放大器调零、调满旋钮一经调好，不得再动？

(6) 比较三种检测电路的输出灵敏度,为什么全桥的输出灵敏度在三者中最高?

# 9.4　电容传感器特性实验

### 1. 实验目的

掌握电容式传感器的工作原理和测量方法。

### 2. 实验原理

电容式传感器有多种形式,如变介电常数、变极间距离、变面积等,本实验中是差动变面积式。电容传感器是由上、下两组定片和一组装在振动台上的动片组成。当改变振动台上、下位置时,动片随之改变垂直位置,使上、下两组动静片之间的重叠面积相应发生变化,成为两个差动式电容。如将上层定片与动片形成的电容定为 $C_{x1}$,下层定片与动片形成的电容定为 $C_{x2}$,当将 $C_{x1}$ 和 $C_{x2}$ 接入桥路作为相邻两臂时,桥路输出电压 $V$ 与电容量的变化有关,即与振动台位移量有关。测量电路如图 9.4.1 所示。

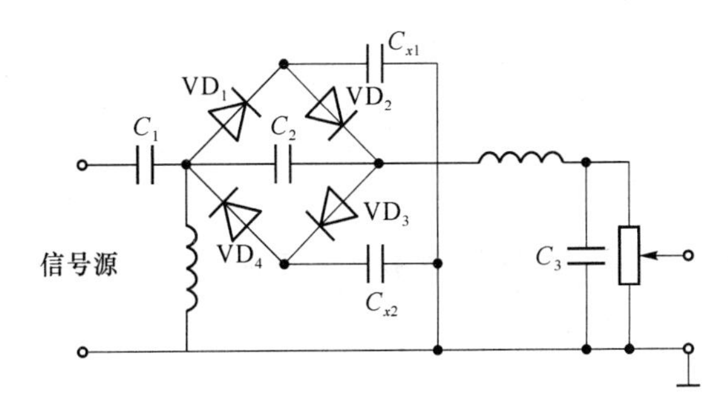


图 9.4.1　电容传感器测量电路

### 3. 实验所需部件

电容传感器、电容变换器、差动放大器、低通滤波器、低频振荡器、测微头。

### 4. 实验步骤

(1) 按图 9.4.2 连接测试电路,电容变换器和差放的增益均调为适中。

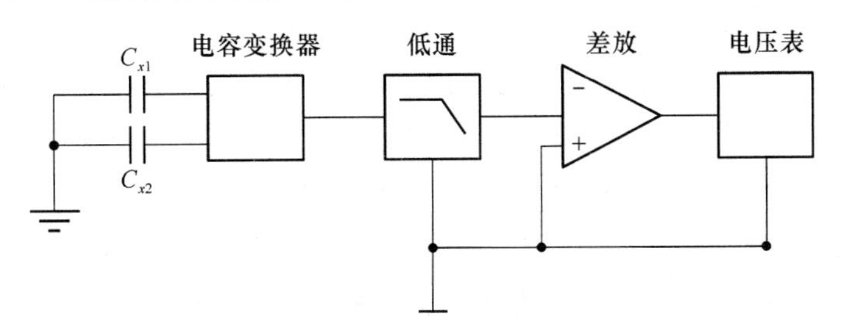


图 9.4.2　测试电路

(2) 调整测微头带动振动台移动,使电容动片位于两静片组中间,此时差动放大器输出应为零。

(3) 以此时为起点，分别向上和向下移动测微头，每次0.5 mm，记下位移$X$与电压输出$V$值，直至动片与一组静片全部重合，即覆盖面积最大为止。记下实验数据，填入表9.4.1。计算系统灵敏度$S=\Delta V/\Delta X$，并作出$V-X$曲线。

**表9.4.1 实验记录表**

| $X$/mm | | | | | | | | | |
|---|---|---|---|---|---|---|---|---|---|
| $V$/mV | | | | | | | | | |

**5. 实验注意事项**

(1) 电容动片与两定片之间的片间距离须相等，必要时可稍做调整。位移和振动时均不可有擦片现象，否则会造成输出信号突变。

(2) 如果差动放大器输出端用示波器观察到波形中有杂波，需将电容变换器增益进一步减小。

**6. 实验报告要求**

(1) 整理实验数据。

(2) 电容式传感器有哪几种类型？差动式结构具有什么优点？

(3) 比较变面积、变极间距离、变介电常数三种类型电容传感器的优缺点。

# 9.5 涡流传感器测位移

**1. 实验目的**

(1) 了解电涡流传感器的结构、原理。

(2) 了解电涡流传感器测量位移的原理、工作特性。

(3) 了解不同的材料对电涡流传感器特性的影响。

**2. 实验原理**

电涡流传感器是由平面线圈和金属涡流片组成，当线圈中通以高频交变电流后，与其平行的金属片上产生电涡流，电涡流的大小影响线圈的阻抗$Z$，而涡流的大小和金属涡流片的电阻率、磁导率、厚度、温度以及与线圈的距离$X$有关。若平面线圈、被测体(涡流片)、激励源已确定，并保持环境温度不变，阻抗$Z$只与$X$距离有关。经阻抗变化和涡流变换器变换成电压$V$输出，则输出电压是距离$X$的单值函数，因此可以进行位移测量。

**3. 实验所需部件**

电涡流线圈、金属涡流片、电涡流变换器、测微头、示波器、电压表、铜涡流片、铝涡流片。

**4. 实验步骤**

(1) 安装好电涡流线圈和金属涡流片，注意两者必须保持平行。安装好测微头，将电涡流线圈接入涡流变换器输入端。涡流变换器输出端接电压表 20 V 挡。

(2) 开启仪器电源，用测微头将电涡流线圈与涡流片分开一定距离，此时输出端有一电压输出。用示波器接涡流变换器输入端观察电涡流传感器的高频波形，信号频率约为 1 MHz。

(3) 用测微头带动振动平台使平面线圈完全贴紧金属涡流片，此时涡流变换器输出电压为零，涡流变换器中的振荡电路停振。

(4) 旋转测微头使平面线圈离开金属涡流片，从电压表开始有读数起，每移动 0.25 mm记录一个读数，并用示波器观察变换器的高频振荡波形。将 $V$、$X$ 数据填入表 9.5.1 中，并作出 $V-X$ 曲线。

**表 9.5.1　实验记录表 1**

| 输出电压 $V$ | | | | | | | | |
|---|---|---|---|---|---|---|---|---|
| 被测距离 $X$ | | | | | | | | |

(5) 用同样的方法分别对铜、铝被测体进行测量，在表 9.5.2 中记录数据，在同一个坐标纸上作出 $V-X$ 曲线。

**表 9.5.2　实验记录表 2**

| 铜 | 输出电压 $V$ | | | | | | | | | |
|---|---|---|---|---|---|---|---|---|---|---|
| | 被测距离 $X$ | | | | | | | | | |
| 铝 | 输出电压 $V$ | | | | | | | | | |
| | 被测距离 $X$ | | | | | | | | | |

(6) 分别找出各被测体的线性范围、灵敏度、最佳工作点(双向或单向)，并进行比较。

**5. 实验注意事项**

当涡流变换器接入电涡流线圈处于工作状态时，接入示波器会影响线圈的阻抗，使变换器的输出电压减小，或是使传感器的初始状态有一个死区。

**6. 实验报告要求**

(1) 整理实验数据。

(2) 电涡流传感器的量程与哪些因素有关?

(3) 不同材料时，灵敏度、线性范围、最佳工作点有什么变化?

# 9.6　差动变压器特性实验

**1. 实验目的**

了解差动变压器的基本结构及原理，通过实验验证差动变压器的基本特性。

**2. 实验原理**

差动变压器由衔铁、初级线圈、次级线圈和线圈骨架等组成。初级线圈作为差动变压器激励用，相当于变压器的一次侧。次级线圈是由两个结构尺寸和参数相同的线圈反相串接而成的，相当于变压器的二次侧。差动变压器是开磁路，工作是建立在互感基础上的。其原理及输出特性如图 9.6.1 所示。

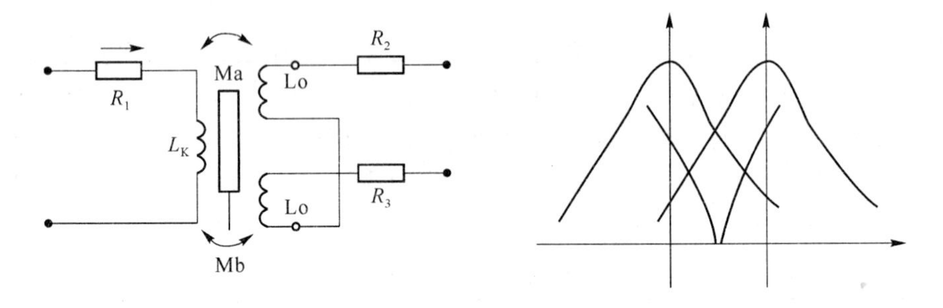


图 9.6.1　差动变压器的原理与输出特性

### 3. 实验所需部件

差动变压器、音频振荡器、测微头、示波器。

### 4. 实验步骤

（1）按图 9.6.2 接线，差动变压器初级线圈必须从音频振荡器 $L_V$ 端功率输出，双踪示波器第一通道灵敏度 500 mV/格，第二通道 10 mV/格。

（2）音频振荡器输出频率 4 kHz，输出峰峰值 2 V。

（3）用手提压变压器磁心，观察示波器第二通道波形是否能过零翻转，如不能则改变两个次级线圈的串接端。

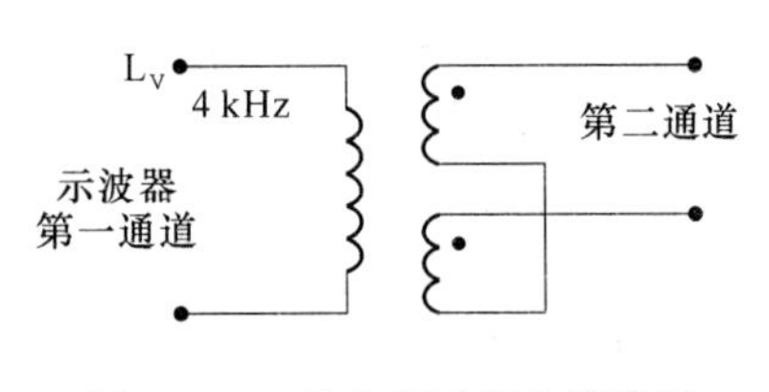


图 9.6.2　差动变压器的接线图

（4）旋动测微头，带动差动变压器衔铁在线圈中移动，从示波器中读出次级输出电压峰峰值，读的过程中注意初、次级波形的相位关系，记录在表 9.6.1 中。

**表 9.6.1　实验记录表**

| 位移/mm | | | | | | | | | |
|---|---|---|---|---|---|---|---|---|---|
| 电压/V | | | | | | | | | |

（5）仔细调节测微头使次级线圈的输出波形幅度为最小，这就是零点残余电压。

### 5. 实验注意事项

示波器的第二通道为悬浮工作状态。

### 6. 实验报告要求

（1）整理实验数据，画出 $V—X$ 曲线，指出线性工作范围。

（2）观察零点残余电压波形，指出基频分量以及与输入电压的相位关系。

（3）说出造成零点残余电压的原因。

# 参考文献


[1] 宋文绪,杨帆.传感器与检测技术.北京:高等教育出版社,2009.

[2] 丁继斌.传感器.北京:化学工业出版社,2010.

[3] 唐文彦.传感器.北京:机械工业出版社,2014.

[4] 赵玉刚,邱东.传感器基础.北京:北京大学出版社,2013.

[5] 王晓敏.传感器检测技术及应用.北京:北京大学出版社,2011.

[6] 吴建平.传感器原理及应用.北京:机械工业出版社,2009.

[7] 彭承琳.生物医学传感器原理及应用.北京:高等教育出版社,2000.

[8] 彭杰纲.传感器原理及应用.北京:电子工业出版社,2012.

[9] 王化祥,张淑英.传感器原理及应用.天津:天津大学出版社,2007.

[10] 钱裕禄.实用数字电子技术.北京:北京大学出版社,2013.

[11] 瞿安连.电子电路分析与设计.武汉:华中科技大学出版社,2010.

[12] 刘爱华,满宝元.传感器原理与应用技术.北京:人民邮电出版社,2010.

[13] 胡斌.电子电路分析方法.北京:电子工业出版社,2013.

[14] 谢兰清.电子电路分析与制作.北京:北京理工大学出版社,2012.

[15] 唐俊英.电子电路分析与实践.北京:电子工业出版社,2009.

[16] 陶红艳,余成波.传感器与现代检测技术.北京:清华大学出版社,2009.

[17] 刘冬香.电子电路分析与制作.北京:清华大学出版社,2011.

[18] 李立华.电子电路基础.北京:北京邮电大学出版社,2009.

[19] 库振勋,王建,郭赞.实用电子电路.沈阳:辽宁科学技术出版社,2011.

[20] 岳香梅,闫晓艳,任国凤.电子电路分析与创新设计.北京:中国商务出版社,2012.

[21] 陈杰,黄鸿.传感器与检测技术.北京:高等教育出版社,2002.

[22] 栾桂冬,张金铎,金欢阳.传感器及其应用.西安:西安电子科技大学出版社,2002.

[23] 张宪.传感器与测控电路.北京:化学工业出版社,2011.